U0316044

冶金职业技能培训丛书

轧钢机械知识问答

周建男　编著

北　京
冶金工业出版社
2007

内 容 简 介

本书以问答的形式系统地讲述了轧钢机械的基础理论及应用技术。全书共分14章，即概述、轧制理论基础、轧辊、轧辊轴承、轧辊调整装置及上辊平衡装置、机架与轨座、轧钢机座的刚度、轧钢机主传动装置、剪切机、锯切机械、矫直机、卷取机、冷床、辊道及升降台。

本书可供从事轧钢机械的技术工人自学及技术人员、管理人员和专业师生参考。

图书在版编目(CIP)数据

轧钢机械知识问答/周建男编著. —北京:冶金工业出版社，2007.7

(冶金职业技能培训丛书)

ISBN 978-7-5024-4290-3

Ⅰ.轧… Ⅱ.周… Ⅲ.轧制设备—问答 Ⅳ.TG333-44

中国版本图书馆 CIP 数据核字(2007)第 107143 号

出 版 人 曹胜利 (北京沙滩嵩祝院北巷 39 号,邮编 100009)
责任编辑 张 卫 王雪涛 美术编辑 王耀忠 版面设计 张 青
责任校对 符燕蓉 李文彦 责任印制 丁小晶
ISBN 978-7-5024-4290-3
北京百善印刷厂印刷；冶金工业出版社发行；各地新华书店经销
2007 年 7 月第 1 版，2007 年 7 月第 1 次印刷
850mm×1168mm 1/32；13 印张；345 千字；388 页；1—4000 册
30.00 元
冶金工业出版社发行部 电话：(010) 64044283 传真：(010) 64027893
冶金书店 地址：北京东四西大街 46 号(100711) 电话：(010) 65289081
(本社图书如有印装质量问题,本社发行部负责退换)

序

新的世纪刚刚开始，中国冶金工业就在高速发展。2002年中国已是钢铁生产的"超级"大国，其钢产总量不仅连续七年居世界之冠，而且比居第二和第三位的美、日两国钢产量总和还高。这是国民经济高速发展对钢材需求旺盛的结果，也是冶金工业从20世纪90年代加速结构调整，特别是工艺、产品、技术、装备调整的结果。

在这良好发展势态下，我们深深地感觉到我们的人员素质还不能完全适应这一持续走强形势的要求。当前不仅需要运筹帷幄的管理决策人员，需要不断开发创新的科技人员，更需要适应这一新变化的大量技术工人和技师。没有适应新流程、新装备、新产品生产的熟练技师和技工，我们即使有国际先进水平的装备，也不能规模地生产出国际先进水平的产品。为此，提高技工知识水平和操作水平需要开展系列的技能培训。

冶金工业出版社根据这一客观需要，为了配合职业技能培训，组织国内有实践经验的专家、技术人员和院校老师编写了《冶金职业技能培训丛书》，以支持各钢铁企业、中国金属学会各相关组织普及和培训工作的需要。这套丛书按照不同工种分类编辑成册，各册根据不同工种的特点，从基础知识、操作技能技巧到事故防范，采用一问一答形式分章讲解，语言简练，易读易懂易记，适合于技术工人阅读。冶金工业出版社的这一努力是希望为更好发展冶金工业而做出贡献。感谢编著者和出版社的辛勤劳动。

　　借此机会，向工作在冶金工业战线上的技术工人同志们致意，感谢你们为行业发展做出的无私奉献，希望不断学习以适应时代变化的要求。

　　　　　　　原冶金工业部副部长　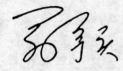
　　　　　　　中国金属学会理事长

　　　　　　　　　　　　2003 年 6 月 18 日

前　言

2006 年世界钢产量达 12.395 亿 t，与十年前比提高了 65.3%。1996 年中国钢产量为 1.012 亿 t，占世界钢产量的 13.5%，第一次成为世界产钢量最大的国家；2006 年中国钢产量达 4.188 亿 t，占世界钢产量的 33.8%，约是产量居第 2 位日本、第 3 位美国和第 4 位俄罗斯三国产钢量总和的 1.5 倍。随着科学技术的发展和社会对钢需求量的增大，轧钢机械技术也有了巨大发展，其发展方向是大型化、高速化、节能化，如轧钢生产内部的两个或多个工序的连续化生产、高精度轧制、近终型轧制等技术。

轧钢机械技术的快速发展迫切需要广大从事轧钢工作的人们进一步提高理论水平和实际操作的能力。应冶金工业出版社之邀，本着简练、明确、理论联系实际，在保证轧钢机械理论系统性的前提下，作者结合在薄板厂、初轧厂、型材厂、棒材连轧厂和高速线材厂的多年生产实践，以问答的形式编写了这本书，旨在使读者，尤其是广大一线的操作工人易读、易学、易懂。

全书共分 14 章、401 个问题：

第 1 章　概述（84 问），讲述了钢、钢材、轧钢生产流程及方法、各类轧钢机及轧钢机新技术等。

第 2 章　轧制理论基础（29 问），讲述了轧制原理、轧制基本参数、轧制力和轧制力矩等。

第 3 章　轧辊（12 问），讲述了轧辊的工作特点、结构、基本尺寸参数、常用材料、安全系数和几种典型轧辊断裂的形式。

第 4 章　轧辊轴承（29 问），讲述了轧辊轴承的工作特点、主要类型、工作原理、结构形式和调整使用方法。

第 5 章　轧辊调整装置及上辊平衡装置（23 问），讲述了轧辊调整装置的作用、结构，轧辊"坐辊"现象，压下螺丝"自动旋松"现象和上辊平衡装置。

第 6 章　机架与轨座（16 问），讲述了轧钢机机架形式、结构、连接方式、立柱断面形状、尺寸、立柱内表面耐磨滑板作用、窗口尺寸、使用材料和安全系数等以及轨座的结构、安装和机架与轨座的连接。

第 7 章　轧钢机座的刚度（16 问），讲述了轧钢机座的刚度及其对产品质量的影响、机座弹性变形曲线、机座弹跳方程、轧钢机刚性的测量、轧制速度和轧件宽度对轧钢机刚性的影响、塑性变形曲线与塑性方程、弹-塑曲线（P-H 图）、提高轧机机座刚度的措施、轧机的应力回线、缩短轧机应力回线长度的目的、预应力轧机理论上讲不能提高轧机刚性的道理、轧机的横向刚性、轧机刚度系数的计算和轧机的刚度系数计算实例。

第 8 章　轧钢机主传动装置（30 问），讲述了轧钢机主传动装置的主要类型、作用、部件组成、作用及配置。

第 9 章　剪切机（43 问），讲述了平刃剪、斜刃剪、圆盘剪和飞剪机的工作制度、主要参数、剪切力、机构和结构等。

第 10 章　锯切机械（22 问），讲述了热锯机的三个组成机构、主要类型、锯片材料及热处理方法、锯片圆周速度、锯片进锯速度、生产率以及冷锯机和飞锯机。

第11章　矫直机（46问），讲述了压力矫直机、平行辊式矫直机、斜辊矫直机、转毂式矫直机、平动式（振动式）矫直机、组合辊系型（双向辊式）矫直机、二辊矫直机、拉伸弯曲矫直机的工作原理、主要参数和结构以及弹塑性弯曲的变形理论和辊式矫直机小变形量矫直方案　大变形量矫直方案。

第12章　卷取机（22问），讲述了带钢卷取机的类型、卷取工艺过程、各组成装置结构以及热卷箱、线材卷取机、吐丝机和棒材筒卷生产线。

第13章　冷床（9问），讲述了冷床的基本结构、主要参数及固定床体式冷床、绳式冷床、曲柄连杆-推杆式冷床、曲柄摇杆式冷床、运动床体式冷床和步进齿条式冷床等。

第14章　辊道及升降台（20问），讲述了辊道的作用、类型、传动结构、基本参数及升降台的作用、曲柄连杆式升降台。

在编写本书的过程中，作者参阅了有关书籍和相关资料，在此向有关作者表示诚挚的感谢。

由于作者水平所限，加之时间仓促，书中不妥之处恳请广大读者批评指正。

周建男

2007年1月于青岛

目 录

1 概 述

2 轧制理论基础

3　轧　　辊

4　轧辊轴承

5 轧辊调整装置及上辊平衡装置

6　机架与轨座

7 轧钢机座的刚度

8 轧钢机主传动装置

9　剪　切　机

10　锯　切　机　械

11 矫 直 机

12　卷　取　机

13 冷 床

14 辊道、升降台

1 概　　述

1. 什么是铁?

金属是一种不透明的晶体,具有高强度和良好的导电性、导热性、延伸性,有正的电阻温度系数。纯金属可作为金属材料使用,但多数情况以合金状态使用。在一种金属中加入其他金属或非金属元素组成合金,仍有金属的特性。人们通常称的钢铁是钢和铁的总称,其实钢和铁是有区别的,钢铁主要由两个元素——铁和碳构成。一般碳和元素铁形成化合物,叫铁碳合金。由铁原子构成的物质叫纯铁。碳含量多少是区别钢、铁的主要标准,通常把碳含量在 2.0% 以上的铁碳合金叫生铁。生铁组成元素有铁、碳 (2.0%~4.5%) 和共生杂质:硅、锰、硫、磷。生铁碳含量高,硬而脆,几乎没有塑性。

碳在铁中有石墨和碳化铁两种状态,前者碳将铁染成灰色,断口为灰色,所以叫灰口铁,又由于石墨可使铁水流动性变好适于浇注铸件,因此灰口铁又叫铸造铁。后者为白色,也叫白口铁,主要用于炼钢,故又叫炼钢铁。

铁在自然界中蕴藏量极为丰富,占地壳元素含量的 5%,居地球物质中的第四位。铁的获得方法主要有高炉法、直接还原法和熔融还原法。

2. 什么是钢?

钢也是铁碳合金,碳含量一般在 2.0% 以下,并含有其他元素 (如硅、锰、硫、磷等)。也有个别钢种碳含量大于 2.0%,如模具钢 (Cr12) 碳含量在 2.0%~2.3%。钢的获得方法主要有转炉法、电炉法和平炉法,但平炉法炼钢属于淘汰工艺。钢是应用最广泛的一种金属材料，钢的一小部分用于铸造或锻造机械零件，大部分经轧钢机轧成各种规格钢材后使用。

3. 什么是钢铁工业？

钢铁工业是指以黑色金属（铁、铬、锰三种金属元素）作为主要开采、冶炼及压延加工对象的工业产业。现代钢铁工业是个庞大的工业生产系统，主要生产部门包括采矿、选矿、烧结、球团、炼铁、炼钢、轧钢等；还包括大量的辅助生产部门，如焦化、耐火材料、炭素、机修、动力、运输等。

4. 钢铁生产工艺流程是什么？

钢铁生产工艺流程实际上是一个钢铁冶金过程工程，集物质状态转变、物质性质控制、物资流动管理于一体的生产制造体系，是一种多维的过程物质流管理控制系统。流程的结构决定着钢铁企业的模式，新一代钢厂的工程设计首先应在总体上选择好钢厂模式及其结构，其核心正是从市场需求出发选择合适的产品大纲，再从产品大纲出发结合资源、能源、运输、资金、技术等条件，选择合适的工艺流程、装备能力、装备水平，并在此基础上确定合理的生产规模。

当今世界，钢铁生产的工艺流程经过长期的发展和选择，只剩下两种主要的流程，即：以氧气转炉炼钢工艺为中心的钢铁联合企业生产流程和以电炉炼钢工艺为中心的小钢厂生产流程。通常习惯上人们把前者叫做长流程，把后者叫做短流程。

5. 铁是怎样炼成的？

炼铁过程实质上是将铁从其自然形态——矿石等含铁化合物中还原出来的过程。炼铁方法主要有高炉法、直接还原法和熔融还原法。

高炉炼铁是目前获得大量生铁的主要手段。它的原料是富矿或人造块矿。燃料主要是焦炭，其次是煤粉、重油、天然气等，熔剂是石灰、白云石、蛇纹石等。高炉冶炼是还原过程，把氧化铁还原成含有碳、硅、锰、硫、磷等杂质的生铁。副产品有煤气和炉渣。

自然界中没有纯铁存在，多与 O_2 结合成氧化铁，有赤铁矿 (Fe_2O_3)（理论上含铁为70%，氧含量30%，是世界上贮量最大的矿种，且氧含量也最大；含水的 Fe_2O_3 称为褐铁矿 ($2Fe_2O_3 \cdot 3H_2O$)）、磁铁矿 (Fe_3O_4)、菱铁矿 ($FeCO_3$)、黄铁矿 (FeS_2) 等。

高炉炼铁是一个比较经济合理的办法，利用 C、CO、H_2 做还原剂，将铁还原出来。

(1) 用 CO 还原（间接）

大于 570℃ 时：$Fe_2O_3 + CO \rightarrow Fe_3O_4 + CO_2$

$$Fe_3O_4 + CO \rightarrow FeO + CO_2$$

$$FeO + CO \rightarrow Fe + CO_2$$

小于 570℃ 时：（FeO 不能稳定存在）

$$Fe_2O_3 + CO \rightarrow Fe_3O_4 + CO_2$$

$$Fe_3O_4 + CO \rightarrow Fe + CO_2$$

(2) 固体碳还原（直接）

大于 570℃ 时：$Fe_2O_3 + C \rightarrow Fe_3O_4 + CO$

$$Fe_3O_4 + C \rightarrow FeO + CO$$

$$FeO + C \rightarrow Fe + CO$$

小于 570℃ 时：$Fe_2O_3 + C \rightarrow Fe_3O_4 + CO$

$$Fe_3O_4 + C \rightarrow Fe + CO$$

(3) 一部分氢在低温代替 CO 还原，另一部分氢在高温代替碳直接还原。

大于 570℃ 时：$Fe_2O_3 + H_2 \rightarrow Fe_3O_4 + H_2O$

$$Fe_3O_4 + H_2 \rightarrow FeO + H_2O$$

$$FeO + H_2 \rightarrow Fe + H_2O$$

小于 570℃时：$Fe_2O_3 + H_2 \rightarrow Fe_3O_4 + H_2O$

$$Fe_3O_4 + H_2 \rightarrow Fe + H_2O$$

由此可知：（1）铁矿石的还原过程是逐级进行的，即由含 O_2 量最多的高级氧化物逐步失去 O_2，最后成为金属 Fe。FeO 是氧含量最低的中间产物，在自然界中不能单独存在，只有在炉内还原气氛下，或与其他成分组成复杂矿物才能存在。（2）每个还原反应都伴随有热量的收入或放出。用 CO 作还原剂总的效果是放热，用 H_2 作还原剂总的效果为吸热，用碳作还原剂则为强烈的还原反应，即必须额外供给大量的热，否则反应不能完成。（3）用气体 CO、H_2 作还原剂，产物为 CO_2 和 H_2O，统称为间接还原，用固体碳作还原剂，产物为 CO，称为直接还原。

高炉中由于碳的气化反应 $C + CO_2 \rightarrow 2CO$ 的存在，把直接还原与间接还原沟通起来。例如，铁的氧化物与 CO 发生间接还原反应，但其产物 CO_2 又与碳素发生气化反应，总的效果是：

$$FeO + CO \rightarrow Fe + CO_2$$

$$CO_2 + C \rightarrow 2CO$$

$$FeO + C \rightarrow Fe + CO$$

即：间接还原＋碳的气化＝直接还原

实际上，在高炉中矿石仍保持固体状态时，它与焦炭靠互相接触而发生直接还原的机会很少，但间接还原是在气体与固体之间发生的，两者接触条件比较好，反应容易发生。碳的气化反应也是气体与固体之间的反应，所以，高炉内某地区主要进行哪一类反应，要看碳的气化反应能否顺利进行而决定。

直接还原铁是铁矿在固态直接还原成铁，可以为电炉冶炼高级钢提供优质原料，也可作为铸造、铁合金、粉末冶金等工艺含铁原料。由于这种工艺可不用焦炭炼铁，原料也可使用冷压球团不用烧结矿。

直接还原炼铁工艺按还原剂种类可分为气基法和煤基法；按主体设备分为竖炉法、回转窑法、转底炉法、反应罐法、罐式炉法和流化床法等，目前气基竖炉法占绝对优势。

熔融还原铁是指用熔融还原法从铁矿石中还原出的液态金属铁。它可不用焦炭而直接使用煤，并可用块矿、球团、烧结及其混合物。与高炉炼铁法比较，熔融还原法工艺流程简单、生产流程短、效率高、成本低、能耗少、投资和生产费用低、生产灵活性大、工艺流程易控制并可实现自动化，另外省去了炼焦工序，使环境污染大大减轻，但氧气消耗较多。近 10 年来，许多国家积极开发不同的熔融还原技术，目前已有 Corex 熔融还原工艺用于工业化生产，其他最有进展的熔融还原方法有 DIOS、Hismelt 和 Romelt 等工艺。

6. 钢是怎样炼成的？

炼钢是利用氧来氧化炉料中杂质的复杂的金属提纯过程。钢的冶炼方法主要有转炉法、电炉法和平炉法，但平炉法炼钢属于淘汰工艺。

氧气转炉炼钢有几种方法：顶吹转炉、底吹转炉、顶底吹转炉、斜吹和侧吹转炉等炼钢方法。

在氧气转炉炼钢过程中，同时而连续地进行着多种多相物理化学反应，通常在转炉中同时存在着金属和炉渣两种液相，CO、CO_2、O_2 和炉气等几种气相，炉衬、固体成渣材料、废钢、铁合金和固体非金属夹杂物等多种固相。下面叙述的是顶吹转炉炼钢工艺方法：将炼钢的原料（主要是铁水、废钢、造渣剂）按量、按时加入到炉中，用水冷氧枪将一定压力、一定纯度的氧气从炉顶部喷吹到炉内，氧气将铁水中的硅、锰、碳、磷等元素迅速氧化到一定含量范围，并放出大量的化学反应热，使加入的废钢熔化并使钢水温度提高到规定值。这些元素氧化后，有的在高温下与造渣剂（石灰石、石灰等）反应生成炉渣，有的变成气体逸出，去除炉渣就得到了钢水。由于钢水在炼钢过程中吸收了过量的氧，要用锰铁、硅铁和铝等进行脱氧，得到了所需的钢水，再通过钢锭模或连铸机铸成钢锭或钢坯，也有的直接铸成钢件。

电炉炼钢是以电能作为热源，由炉用变压器供电，靠电极与炉料间放电产生电弧，使电能在弧光中转变为热能，用电弧的热量来熔化炉料并进行必要的精炼，冶炼出所需要的钢和合金的一种炼钢方法。电弧可以通过电流、电压加以控制，因此电炉较其他炼钢方法具有独特的优点：温度高（可达 2000℃以上）、易精确控制温度和成分、热效率高、能控制炉内气氛等，同时较转炉炼钢能较多地使用固体炉料，不像转炉那样需要热铁水，自然不需要庞大的炼铁和炼焦系统。此外，电炉可以间断性生产，还可以满足各种小批量，特殊规格、品种用户的需要，因此，是一种"柔性"的炼钢法。由于电炉炼钢具有上述优点，能保证冶炼含磷、硫、氧低的优质钢，能使用各种元素（包括铝、钛等容易被氧化的元素）来使钢合金化，冶炼出各种类型的优质钢和合金钢，且还用来冶炼普通钢。

平炉炼钢是利用蓄热室原理，通过拱形炉顶反射，在高温作用下，对金属原料进行冶炼的过程。

7. 钢的塑性加工方法有哪些？

钢的塑性加工，即用不同的工具对金属施加压力，使之产生塑性变形，制成具有一定尺寸形状的产品的加工方法。塑性加工的主要方法有：(1) 热轧法；(2) 冷加工法；(3) 锻压法；(4) 挤压法。此外还有涂镀层钢材，也是钢材生产方法的重要组成内容。

上述四种方法中，热轧法是最主要的生产方法，约有 90% 的钢是采用热轧法直接成材或先经热轧，然后再采用其他加工方法成材的。

8. 什么叫轧钢？

在旋转的轧辊间改变钢锭、钢坯形状的压力加工过程叫轧钢。

轧钢方法按轧制温度不同可分为热轧与冷轧；按轧制时轧件与轧辊的相对运动关系不同可分为纵轧、横轧和斜轧；按轧制产品的成形特点还可分为一般轧制和特殊轧制。

9. 什么是热轧法？

热轧法是将钢料加热到 $1000\sim1250℃$ 左右用轧钢机制成材的方法。若从金属学观点看，热轧与冷轧的界限应以金属的再结晶温度 $T_{再}$ 来区分，即低于 $T_{再}$ 的轧制为冷轧，高于 $T_{再}$ 的轧制为热轧。钢的 $T_{再}=450\sim650℃$。

10. 什么是冷加工法？

冷加工法是将热轧后的钢材在再结晶温度以下继续进行加工，使之成为冷加工钢材。冷加工法包括冷轧、冷拔、冷弯、冷拉、冷挤压等方法。

11. 什么是锻压法？

锻压法是用锻锤、精锻机、快锻机或液压机将钢锭锻压成钢材、钢坯或锻件的方法。

12. 什么是挤压法？

挤压法是将坯料装入挤压机的挤压筒中加压，使之从挤压筒的孔中挤出，形成比坯料断面小，并有一定断面形状的型材、管材或空心材等。

13. 什么是钢材？

钢材是一种具备了一定质量标准（尺寸、形状、化学性能和物理性能）并可以直接供社会使用的产品。

14. 钢材产品分哪些类？

钢材种类繁多，品种规格达数万种，可按加工工艺、化学成分、品种、用途、规格等分类。国际上习惯于将其归纳为长材、扁平材、管材和其他钢材共四大类 。例如，钢材按品种划分，共分为 22 类：

钢材分类

（1）铁道用钢材

（2）大型型钢（高度≥80mm）

（3）中小型型钢（高度＜80mm）

（4）棒材

（5）钢筋

（6）线材（盘条）

（7）特厚板（厚度≥50mm）

（8）厚板（20mm≤厚度＜50mm）

（9）中板（3mm≤厚度＜20mm）

（10）热轧薄板（厚度＜3mm，单张）

（11）冷轧薄板（厚度＜3mm，单张）

（12）中厚宽钢带（3mm＜厚度＜20mm，宽度≥600mm）

（13）热轧薄宽钢带（厚度＜3mm，宽度≥600mm）

（14）冷轧薄宽钢带（厚度＜3mm，宽度≥600mm）

（15）热轧窄钢带（宽度＜600mm）

（16）冷轧窄钢带（宽度＜600mm）

（17）镀层板（带）

（18）涂层板（带）

（19）电工钢板（带）

（20）无缝钢管

（21）焊接钢管

（22）其他钢材

新的钢材品种分类体系（2003 年）与原统计体系（1989 年）的钢材品种分类相比有较大不同。

15. 什么是长材？

长材包括铁道用钢材、钢板桩、大型型钢、中小型型钢、冷弯型钢、棒材、钢筋和盘条。长材中的工、槽、角钢用于各种建筑结构、桥梁、车辆和船舶制造；钢轨用于铁道和矿山运输等；窗框钢用于工业和民用建筑；钢板桩用于水利和矿山建设。盘条即线材主要用于生产钢丝、钢丝绳、螺钉、螺帽等。

16. 什么是扁平材？

扁平材（即钢板）是指厚度与宽度、长度比相差较大的平板钢材，一般用厚×宽×长表示其规格。钢板按厚度分为薄板、中板、厚板、特厚板；按宽度分为宽钢带、窄钢带；按生产方法分为热轧钢板、冷轧钢板；按表面特征分为镀锌板、镀锡板、有机涂层钢板等；按用途分为桥梁钢板、锅炉钢板、造船钢板、装甲钢板、汽车钢板、电工钢板等；按钢的化学成分分为非合金钢板、低合金钢板、合金钢板；成品钢板有单张的块板，也有成卷的钢带。国内常用的"板管比"中的板材概念，包含厚钢板（带）、薄钢板（带）、涂镀层钢板和电工钢板。

17. 什么是管材？

钢管是指两端开口并具有中空断面，其长度与周边之比较大的钢材，按生产方法可分为无缝钢管和焊接钢管。钢管的规格用外形尺寸（如外径或边长）及壁厚表示，其尺寸范围很广，从直径很小的毛细管直到直径达数米的大口径管。钢管可用于管道、热工设备、机械工业、石油地质勘探、容器、化学工业和特殊用途。

18. 轧钢生产工艺流程是什么？

轧钢生产是将钢锭或连铸坯轧制成钢材的过程，这个过程要经过多种工序，这些工序按顺序的排列叫做工艺流程。轧钢生产工艺流程一般地说由坯料准备、坯料加热、钢的轧制、精整等基本工序组成。图1-1为轧钢生产的基本工艺流程。

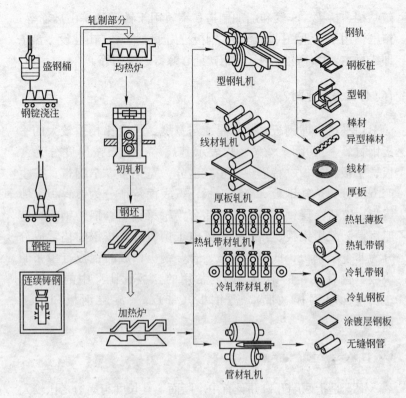

图 1-1 轧钢生产的基本工艺流程

19. 什么是钢坯车间？

从轧制工艺和车间作用来看，轧钢车间可分成两大类：一类是钢坯车间，另一类是成品车间。随着钢铁生产技术的迅速发展，近年来薄板坯连铸连轧技术也取得了巨大成功。除上述两类轧钢车间外又出现了紧凑带钢生产线（CSP）；在线带钢生产线（ISP），即连铸连轧车间。

将钢锭轧成钢坯的车间叫钢坯车间。根据轧制的钢锭质量和钢坯品种，钢坯车间可分为初轧车间、板坯车间和开坯车间。图1-2为初轧车间的生产工艺流程。

图 1-2 初轧车间工艺流程

20. 什么是成品车间？

将钢坯（包括连铸坯）进一步轧成各种钢材的车间叫成品车间。根据成品品种，成品车间可分为型钢车间、热轧钢板车间、冷轧钢板车间、无缝钢管车间以及近终形成品车间。图 1-3 为某型钢厂成品车间的生产工艺流程。

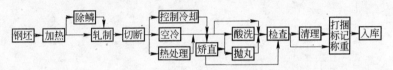

图 1-3 某型钢厂成品车间的生产工艺流程

21. 什么是连铸连轧车间？

钢的连铸和轧制工序衔接连续完成的车间叫连铸连轧车间。图 1-4 为某工厂薄板连铸连轧车间的工艺流程。

钢水 → 连铸 → 切断 → 板坯 → 加热 → 轧制 → 平整 → 水冷 → 钢板

图 1-4 某工厂薄板连铸连轧车间的工艺流程

薄板坯连铸发展很快，最典型的是德国施罗曼·西马克公司的 CSP 工艺和曼内斯曼·德马克公司的 ISP 工艺，世界上已有多条生产线投入工业生产。我国邯钢、包钢、广州珠江钢厂也引进了 CSP 生产线。

目前不锈钢的薄带连铸也已研制成功。

图 1-5 为德国西马克公司提供的第一条紧凑带钢生产线（Compact Strip Production，缩写为 CSP）。

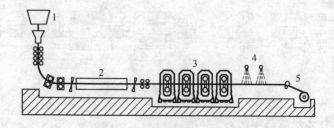

图 1-5　第一条 CSP 生产线
1—连铸机；2—均热炉；3—轧机；4—冷却段；5—卷取机

图 1-6 为德国德马克公司与意大利阿雅迪公司合作提供的在线生产带钢（In Line Strip Production，缩写 ISP）的生产线示意图。

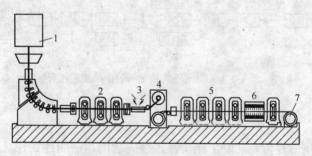

图 1-6　ISP 装置示意图
1—连铸机；2—大压下量轧机；3—感应加热；4—Cremona 箱；
5—轧机；6—冷却；7—卷取机

22. 什么是轧钢机械？

轧钢机械就是轧制钢材生产工艺主要和辅助工序所需的成套机组，它包括：轧制、运输、翻钢、剪切、矫直等设备。轧钢机广义地讲也称轧钢机械。

23. 什么是轧钢机？

轧钢机定义：使轧件在转动的轧辊间产生塑性变形，轧出所需断面形状和尺寸的钢材，这个机器叫轧钢机。轧钢机的标称：钢坯和型钢车间轧机用轧辊名义直径标称。如果在一个轧钢车间中装有若干列或有若干架轧机时，则以最后一架精轧机的轧辊名义直径作为轧钢机的标称。钢板轧机则由辊身长度标称。钢管轧机则用其所轧钢管最大外径来标称。

24. 轧钢机主机列由哪些部分组成？

轧钢机主机列包括：主电机、传动机构和工作机座等部分。图 1-7 所示为三辊式轧机的主机列简图。

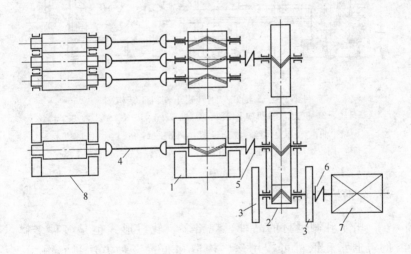

图 1-7 三辊式轧机主机列简图
1—齿轮机座；2—减速机；3—飞轮；4—万向接轴；5、6—主联轴器；
7—电机；8—工作机座

图 1-8 为三辊式型钢轧机工作机座的结构：包括轧辊、机架、轧辊轴承、轧辊调整装置、导板和固定横梁、地脚板等。不同类型的轧机，工作机座组成部分大体一致。

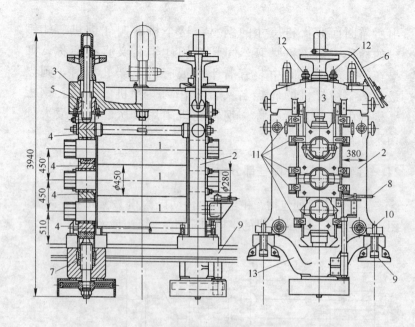

图1-8　三辊式型钢轧机工作机座结构图

1—轧辊；2—机架；3—机架上横梁；4—轴承；5—压下螺丝；6—压下螺丝
调整手柄；7—压上螺丝；8—压上螺丝调整手柄；9—轨座（地脚板）；
10—固定螺丝；11—轴向调整压板；12—平衡弹簧；13—机架下横梁

25. 轧钢机如何分类？

由于轧制钢材的品种、规格多，轧机形式也是多种多样的。通常轧钢机可按用途、构造和布置三种方法进行分类。另外，视轧辊轴线与轧件运动方向分纵轧机、横轧机和斜轧机。

26. 轧钢机按用途可分哪些类？

轧钢机按用途可分为：开坯轧机、型钢轧机、冷轧板带轧机、钢板轧机、特种轧机等，如表1-1所示。此分类法，可直观显现轧机的主要性能参数和所生产的产品的形状、尺寸。

表 1-1 轧钢机按用途分类

轧机类别		轧辊尺寸/mm		用　途
		直　径	辊身长度	
开坯机	初轧机	750～1500		将钢锭轧成方坯
	板坯机	1100～1200		将钢锭轧成板坯
	钢坯轧机	450～750		将方坯轧成（50mm×50mm）～（150mm×150mm）钢坯
型钢轧机	轨梁轧机	750～950		轧制 43～50kg/m 标准钢轨，高度 240～600mm 钢梁
	大型轧机	550～750		轧制大型钢材：80～150mm 方钢、圆钢、高度 120～240mm 工字钢、槽钢
	中型轧机	350～500		轧制中型钢材：40～80mm 方钢、圆钢、高度 120mm 以下工字钢及槽钢、（50mm×50mm）～（100mm×100mm）角钢
	小型轧机	250～300		轧制小型钢材：8～40mm 方钢、圆钢、（20mm×20mm）～（50mm×50mm）角钢
	线材轧机	约 250		轧制直径 5～9mm 线材
钢板轧机	厚板轧机		2000～5000	轧制厚 4～50mm 或更厚钢板
	热带钢轧机		500～2500	轧制 400～2300mm 宽热带钢卷
	薄板轧机		700～1300	热轧厚度 0.2～4mm、宽度 500～1200mm 薄板
冷轧板带轧机	冷轧钢板轧机		700～2800	轧制宽度 600～2500mm 冷轧板或板卷
	冷轧带钢轧机		150～700	轧制厚度 0.2～4mm、宽度 20～600mm 带钢卷
	箔材轧机		200～700	轧制厚度 0.005～0.012mm 金属箔
	钢管轧机			轧制直径达 650mm 或更大的无缝管
特种轧机	车轮轧机			轧制铁路车轮
	轮箍轧机			轧制轴承环及车轮轮箍
	钢球轧机			轧制钢球
	周期断面轧机			轧制变断面轧件
	齿轮轧机			轧制齿轮，即滚压齿轮的齿形

27. 什么是开坯轧机?

开坯的含义有两个:初轧开坯和二次开坯。初轧开坯是将炼钢生产的少数几种重量大的钢锭经过初轧机,轧成钢材轧机所需要的钢坯。二次开坯是将断面大的初轧坯进一步轧成小钢坯,供给成材轧机。开坯轧机是将钢锭轧成钢坯或将大钢坯轧成小钢坯(即二次开坯)的轧机。一般包括初轧机和钢坯轧机。

28. 什么是初轧机?

初轧机是将炼钢生产的大钢锭轧成钢材轧机所需尺寸钢坯的轧机。初轧机可分为方坯、方-板坯和万能板坯初轧机(均为可逆轧制)。

方坯初轧机,轧辊直径为 750~1500mm,上辊升高量较小,一般为 600~1000mm,轧辊辊身上刻有数个轧槽,采用方形或矩形断面钢锭,经多次翻钢轧制轧成方坯、矩形坯、异型坯或圆坯。

方-板坯初轧机,上辊升高量较大,可达 2200~2500mm,因而又称大扬程初轧机。它既能生产方、矩形坯又能生产板坯。

万能板坯初轧机,其特点是设有一对立辊轧制侧边,立辊可设在水平辊之前或之后。该种轧机一般专供轧制宽板坯。

随着连铸技术的发展,连铸坯已基本取代了初轧机。但目前用连铸法生产个别钢种(如某些工具钢)或特大、特小尺寸坯料尚有一定困难;也有时难以满足某些厚板和大型型材压缩比的要求;而且变换产品规格不灵活,往往难于满足板、管、型材坯料规格多样化的要求。所以,在发展连铸坯的同时,初轧机与连铸机仍然需要继续共存一段时间。

29. 什么是钢坯轧机?

钢坯轧机是将小钢锭或大钢坯轧成小钢坯的轧机,如三辊钢坯机、钢坯连轧机,轧辊直径 450~750mm。

30. 什么是型钢轧机?

型钢是钢材三大品种（型钢、钢板、钢管）之一。根据断面形状，型钢分简单断面型钢、复杂断面型钢和周期断面型钢。

简单断面型钢指方钢、圆钢、扁钢、角钢、六角钢等。

复杂断面型钢指工字钢、槽钢、钢轨、窗框钢、弯曲型钢等。

周期断面型钢是指在一根钢材上各处断面尺寸不相同的钢材，如螺纹钢、各种轴件、犁铧钢等。

型钢轧机是指生产各种型钢的轧机。它主要包括轨梁轧机（轧辊直径一般为 750～950mm）、大型轧机（轧辊直径一般为 550～650mm）、中型轧机（轧辊直径一般为 350～500mm）、小型轧机（轧辊直径一般为 250～300mm）、线材轧机（轧辊直径一般为 250mm 以下）。

31. 什么是热轧板带轧机?

热轧板带（成张为板，成卷为带）轧机是指坯料加热后生产钢板和带钢的轧机。它主要包括中厚板轧机、带钢轧机（炉卷轧机、行星式轧机、带钢热连轧机等）、薄板轧机。

32. 什么是冷轧板带轧机?

冷轧板带轧机是指将坯料在常温下生产钢板和带钢的轧机。它主要包括钢板冷轧机、宽带钢冷轧机、窄带钢冷轧机、箔带轧机。

33. 什么是热轧无缝钢管轧机?

热轧无缝钢管轧机是指将坯料加热后，生产无缝钢管的轧机，它主要包括 76、100、140、400 自动轧管机、168 连续轧管机等。

34. 什么是特种轧机?

特种轧制又称回转成形,是锻压与轧制方法组合的一种成形方法,特种轧制的设备称为特种轧机,如辊锻机、摆辗轧机、旋压机、钢球轧机、周期断面三辊斜轧机、轮箍轧机、车轮轧机等。

35. 轧钢机按构造可分哪些类?

为了适应各种轧件的形状、尺寸精度的要求,一台轧钢机轧辊的数量、轧辊在机座中的位置被设计成各种各样,因此,它们的构造是不同的。根据轧辊在机座中的布置形式不同,轧钢机可分为下列五种形式: (1)具有水平布置轧辊的轧钢机(见表1-2);(2)具有立式轧辊的轧机(见表1-3序号1);(3)具有水平轧辊和立式轧辊的轧机(见表1-3序号2、3、4);(4)具有倾斜布置轧辊的轧机(见表1-3序号5、6、7、8);(5)其他布置形式轧机(见表1-3序号9、10、11、12、13)。

表1-2 具有水平布置轧辊的轧钢机

轧辊布置形式	机座名称	用 途
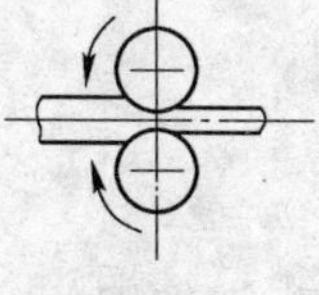 图1	二辊轧机	可逆式轧机,轧制大断面方坯、板坯、轨梁异型坯和厚板;薄板轧机:冷轧钢板及带钢轧机;高生产率生产钢坯和线材的连续式轧机以及布棋式和越野式型钢轧机
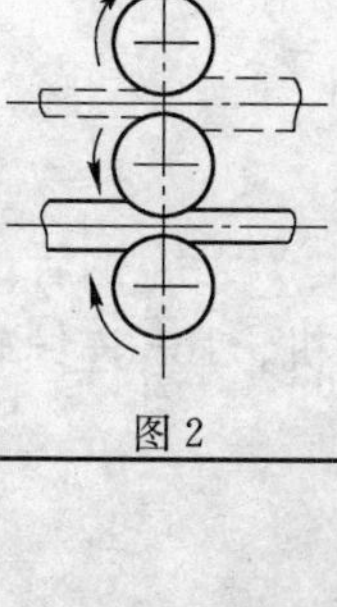 图2	三辊轧机	轧制钢梁、钢轨、方坯等大断面钢材及生产率不高的型钢

续表 1-2

轧辊布置形式	机座名称	用　　途
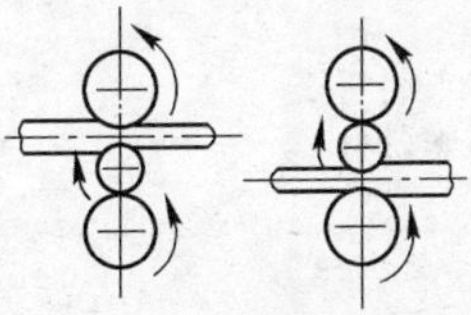 图 3	具有小直径浮动中辊的三辊轧机（劳特轧机）	轧制中厚板，有时也轧薄板
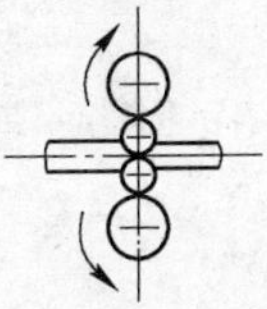 图 4	四辊轧机	冷轧及热轧板、带材
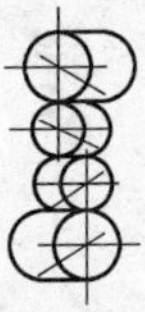 图 5	PC 四辊轧机	冷轧及热轧带材
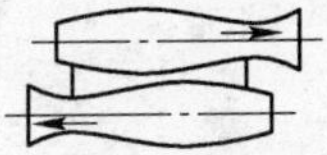 图 6	CVC 凸度连续可变轧机	热轧及冷轧带钢
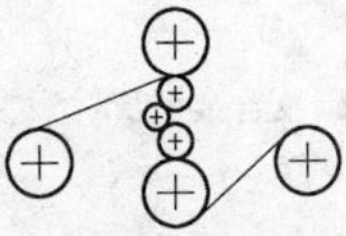 图 7	具有小弯曲辊的四辊轧机（偏五辊轧机），也叫 CBS 轧机（即接触-弯曲-拉直轧机）	冷轧难变形的合金带钢

续表 1-2

轧辊布置形式	机座名称	用　　途
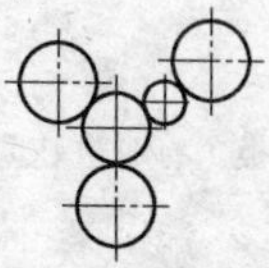 图 8	S轧机	冷轧薄带材
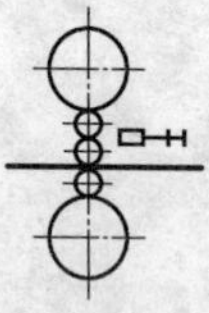 图 9	五辊轧机（泰勒轧机）	精轧不锈钢和有色金属带材
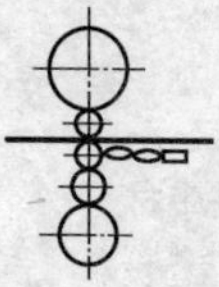 图 10	FFC平直度易控轧机	冷轧薄带钢
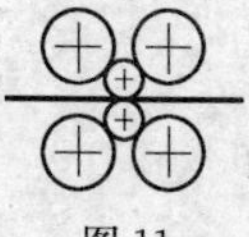 图 11	六辊轧机	热轧及冷轧板带材
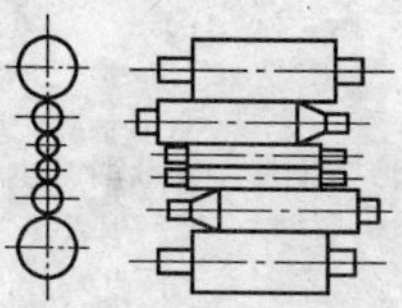 图 12	HC轧机	冷轧普碳及合金钢带材

续表 1-2

轧辊布置形式	机座名称	用　　途
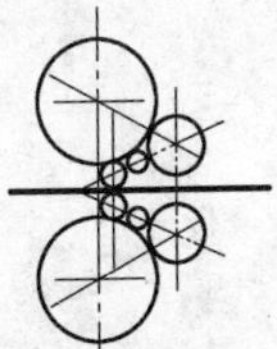 图 13	偏八辊轧机（MKW 轧机）	冷轧薄带材
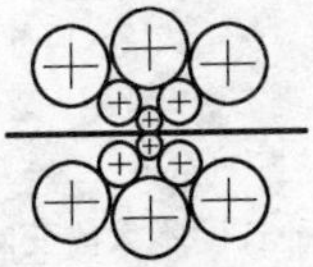 图 14	十二辊轧机	冷轧薄带材
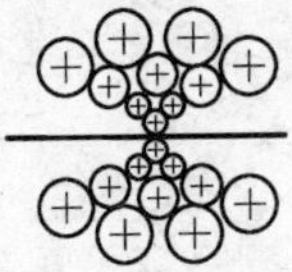 图 15	二十辊轧机	冷轧薄带材
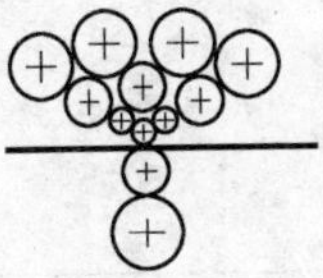 图 16	复合式十二辊轧机	冷轧薄带材
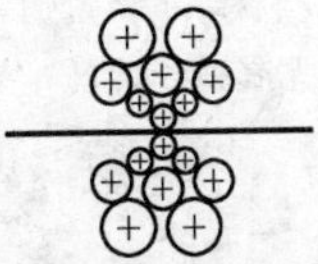 图 17	Dual Z 形轧机（1-2-1-4 型）	高强度合金带材

续表 1-2

轧辊布置形式	机座名称	用　　途
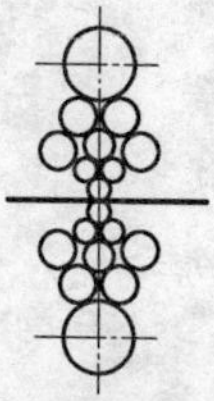 图 18	十八辊 Z 形轧机 (1-2-1-4-1 型)	高强度合金带材
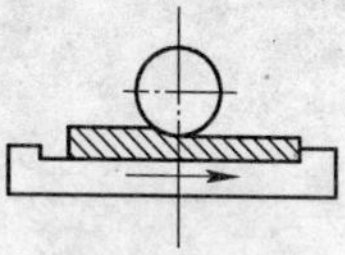 图 19	在平板上轧制的轧机	轧制各种长度不大的变断面轧件
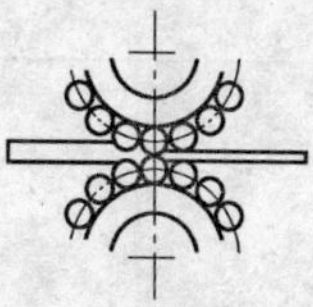 图 20	行星轧机	热轧及冷轧带钢与薄板坯
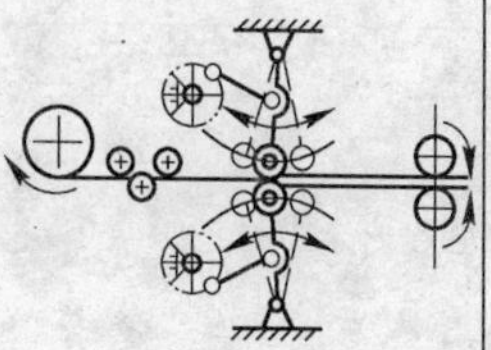 图 21	摆锻式轧机	冷轧钢及钛、铜、黄铜等有色带材，尤其适于冷轧难变形材料

表 1-3 具有垂直、倾斜布置轧辊的轧钢机和万能轧钢机

图号	轧辊布置形式	轧机名称	轧机特点与用途
1		立辊式轧机	轧制板坯侧边和热轧前的破鳞
2		二辊万能轧机（有一对立轧辊）	轧制板坯及宽带钢
3		二辊万能轧机（有两对立轧辊）	轧制宽带钢
4		万能钢梁轧机（H型钢轧机）	轧制高度为 300～1200mm 的宽边钢梁
5		二辊斜轧穿孔机	穿孔直径为 60～650mm 的钢管 两轧辊交叉倾斜布置，圆管坯作横向螺旋运动，在两轧辊与顶头、导板间穿轧成毛管

图号	轧辊布置形式	轧机名称	轧机特点与用途
6		三辊延伸机	借减小管壁厚度来延伸钢管
7		45°轧机	实现高速无扭轧制连续式线材轧机 钢管定径机、减径机 连续式钢管轧机
8		Y 形轧机	实现高速无扭轧制连续式线材轧机 钢管张力减径机
9		钢球轧机	轧制 18～60mm 以上的钢球
10		三辊周期断面轧机	轧制圆形周期断面的轧件

图号	轧辊布置形式	轧机名称	轧机特点与用途
11	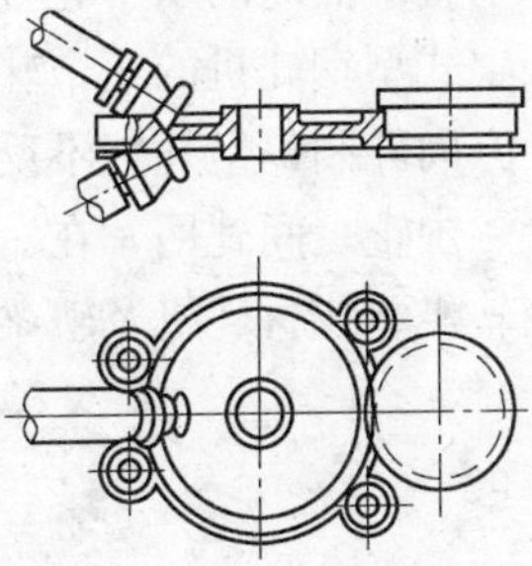	车轮轧机轮箍及圆环轧机	轧制车轮 轧制轮箍、大型滚动轴承座圈、大齿轮齿圈等毛坯
12	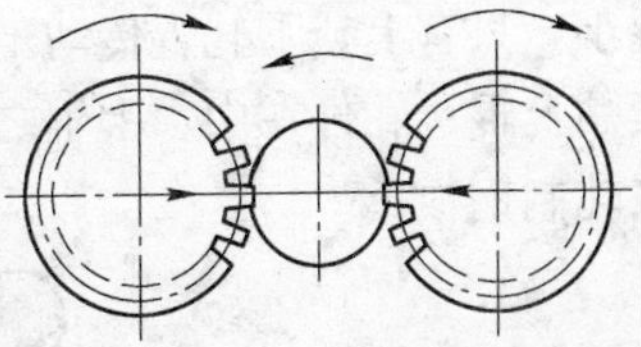	齿轮轧机	轧制齿轮 加热后的圆形坯料在按照啮合齿形设计的两个轧辊间进行横轧
13	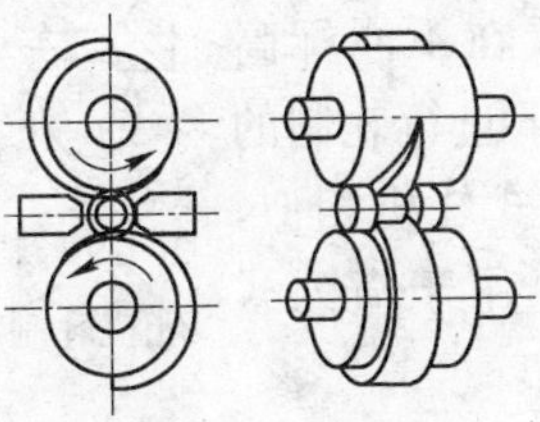	楔横轧机	两圆柱形轧辊转向相同，辊身上带有楔形模具 轧制在长度上变断面的轴类零件

36. 什么是二辊式轧钢机?

二辊式轧钢机是由两个位于同一垂直平面内的水平轧辊上下排列组成的轧机。这种轧机应用最广(见表 1-2 图 1)，按轧辊传动方式的不同有：(1) 不可逆式轧机，轧辊不能反向旋转；(2) 可逆式轧机，轧辊可正反旋转，往返轧制；(3) 单辊传动的不可逆式轧机，下辊单向传动，上辊不传动，靠摩擦力带动。

37. 什么是三辊式轧钢机?

三辊式轧机是由三个位于同一垂直平面内的水平轧辊上下排列组成的轧机(见表1-2 图2)。三辊式型钢轧机的三个轧辊直径相等,且都是传动的,轧件在两个方向轧制,但轧辊不反向,即轧件从下、中辊之间轧过后,从上、中辊之间轧回,在一个机座上往返轧制多次,各种横列式型钢轧机、线材轧机及轨梁轧机多属此类。

38. 什么是三辊劳特式轧机?

三辊劳特式轧机(见表1-2 图3)与三辊式轧机相比,它的中辊不传动且直径较上、下轧辊小,只有上、下轧辊传动。轧件在中、下辊之间轧制时,中辊紧贴上辊;轧件在中、上辊之间轧制时,中辊紧贴下辊。通常用来轧制钢板。

39. 什么是复二辊式轧机?

复二辊式轧机(见图1-9)具有两对转动方向相反的轧辊,两对轧辊布置在不同标高上,不需要反转就可在两个方向上进行轧制的水平辊工作机座。其作用与三辊式轧机相似,但轧辊调整、孔型配置较方便,用于横列式中、小型轧机。

图 1-9　复二辊式轧机轧制示意图

40. 什么是四辊式轧机?

四辊式轧机(见表1-2 图4)广泛用于钢板或带钢生产。该轧机由位于同一垂直平面内的四个轧辊即两个工作辊和两个支撑辊上下排列组成,轧制在两个工作辊间进行。为了增加辊系刚度、降低轧制力,尽可能地轧制较薄和尺寸精度较高的钢板或带钢,使得支撑辊的直径比工作辊的直径大。采用驱动工作辊或驱动支撑辊的工作方式。

41. 什么是多辊式轧机？

多辊轧机（见表 1-2 图 7～图 18、图 20）指轧辊数目多于 4 个的轧机。不管多辊轧机有多少个辊，工作辊只能是两个，其余都是中间辊和支撑辊，从而工作辊直径可大大减小，轧机刚度可大大提高，通常驱动中间辊。多辊轧机有五辊、六辊、八辊、偏八辊、十二辊、十四辊、十六辊、二十辊等。

42. 什么是偏八辊轧机？

偏八辊（MKW）式轧机（见表 1-2 图 13）具有工作辊径小，约为支撑辊直径的六分之一，其工作辊中心线较支撑辊中心线有一定偏心，由中间辊和侧支撑辊支撑，使轧机水平刚度大大提高，能轧更薄的钢板或带钢，而且结构简单。

43. 什么是 PC 轧机？

PC（Paired Crossed Roll Mill）轧机（见表 1-2 图 5）是一种对辊交叉的四辊轧机，它与一般四辊轧机的不同是将平行布置的轧辊改变成交叉布置，只要改变交叉角，就能改变轧辊凸度，有利于轧辊凸度控制和板形的调整。

理论上轧辊轴线交叉布置可以有三种形式（见图 1-10）：（1）支撑辊交叉布置（见图 1-10a）；（2）工作辊交叉布置（见

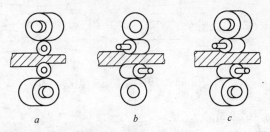

图 1-10　轧辊交叉系统

a—支撑辊交叉布置；b—工作辊交叉布置；
c—成对轧辊的对辊交叉布置

图 1-10b）；（3）成对轧辊的对辊交叉布置（见图 1-10c）。成对轧辊是指轴线相互平行的上工作辊和上支撑辊为一对，而下工作辊和下支撑辊为一对。

由于对辊交叉布置效率最高，实际应用的 PC 轧机是采用"对辊交叉"布置的。

44. 什么是 CVC 轧机？

CVC（Continuously Variable Crown）轧机（见表 1-2 图 6）是一种连续可变凸度轧机，连续可变凸度技术是将四辊轧机的工作辊磨成 S 形的辊廓曲线，两个辊的 S 形是互相倒置 180°，使用时工作辊可以轴向抽动，以此改变轧辊辊缝的间距，从而可改变带钢横向凸度。图 1-11 为 CVC 与传统辊型比较。

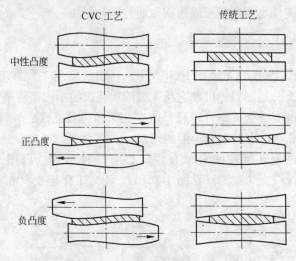

图 1-11 CVC 与传统辊型比较

45. 什么是 CBS 轧机？

CBS（Contact Bend Stretch Mill）轧机（见表 1-2 图 7）是轧制过程具有接触—弯曲—拉直综合作用带有弯曲辊的五辊异步

轧机，又称偏五辊轧机。小直径的空转辊起弯曲轧件的作用。轧辊的线速度不同是异步轧制的特点。这种轧机压下量大，可减少轧制道次，适于轧制难以变形的金属。

46. 什么是 S 轧机？

S 轧机（见表 1-2 图 8）是由英国 S. 塞姆（Same）发明的另一种形式的异步轧机。它利用轧辊线速度不同实现异步轧制板带材。

47. 什么是泰勒轧机？

泰勒（Taylor）轧机（见表 1-2 图 9、图 1-12）是中间辊游动的五辊轧机。其特点是采用异径组合的工作辊，上工作辊的直径小，在轧制时易发生水平弯曲，所以有专门测量小工作辊水平位移的装置，通过控制系统改变辊子的扭矩分配，以调节辊型和板形，小工作辊不驱动。泰勒轧机也有六辊式的（见图 1-13）。

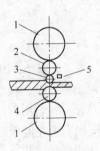

图 1-12　五辊式
泰勒轧机

1—支撑辊；2—中间辊
（驱动）；3—小工作辊；
4—大工作辊（驱动）；
5—位移测量仪

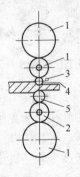

图 1-13　六辊式
泰勒轧机

1—支撑辊；2—中间
辊（驱动）；3—位移
测量仪；4—小工
作辊；5—大工作辊

48. 什么是 FFC 轧机？

　　FFC 轧机（Flatness Flexible Control Mill）（见表 1-2 图 10）即灵活的平直度控制轧机，具有水平支撑辊的五辊轧机，较四辊轧机多一个下中间辊，并使上下工作辊径不同，上工作辊直径较大，下工作辊直径较小，以实现异步轧制。出口侧设置了限制工作辊产生水平弯曲的侧弯辊和侧支撑辊。这种轧机有垂直方向的弯辊系统和水平方向的弯辊系统，使轧机的调节性能提高。由于具有工作辊直径小及可异步轧制的特点，FFC 轧机每道次压下率可达 50%，而轧制力仅为四辊轧机的一半左右。

49. 什么是六辊轧机？

　　六辊轧机（见表 1-2 图 11）其辊系主要有两种布置形式：（1）表 1-2 图 11 所示的轧机为 1-2 型，上、下各有一个工作辊和左右布置的两个支撑辊，主要用于有色金属板轧制和冷轧带钢；（2）中间辊可以轴向抽动的六辊轧机，即 HC 轧机（见表 1-2 图 12），通过抽动中间辊或工作辊来改善板形的控制能力，配合使用弯辊装置可使横向刚度无穷大。

50. 什么是 HC 轧机？

　　HC 轧机（High Crown Control Mill）（见表 1-2 图 12）是高凸度控制轧机。为克服四辊轧机横向控制能力差、板形调整困难的缺点，它将轧辊轴向移动和弯辊相结合，在自由程序轧制中用于改善板凸度和平直度控制。HC 轧机相当于在四辊轧机工作辊和支撑辊之间安装一对中间辊，使其成为六辊轧机。

　　通过对四辊轧机轧辊挠曲的讨论分析，工作辊与支撑辊之间超出板宽区域的有害接触导致了轧辊的过度挠曲。这种挠曲的大小不仅取决于轧制力，还取决于所轧的带宽。另外，当在工作辊上施加弯辊力时，所产生的挠曲会在超出带宽的部分上受到支撑辊的约束。而 HC 轧机采用适应任意带宽的双向轧辊横移技术，可以解决这一问题。

HC 轧机有以下几种类型（表 1-4）：

（1）HCW 轧机。HCW 轧机是适用于四辊轧机的一种 HC 轧机改进型，HCW 轧机中有双向工作辊横移和正弯辊系统。

（2）HCM 轧机。HCM 轧机是一种适用于六辊轧机的 HC 轧机，通过采用中间辊的双向横移和正弯辊来实现板形和板平直度的控制功能。

（3）HCMW 轧机。因为同时采用中间辊双向横移和工作辊双向横移，因此 HCMW 轧机兼备了 HCW 轧机和 HCM 轧机的主要特点，另外，它还采用了工作辊正弯辊系统。

（4）UCM 轧机。UCM 轧机在 HCM 轧机的基础上，引入中间辊弯辊系统，以进一步提高板凸度和板平直度的控制能力。

表 1-4　HC 轧机类型

轧机	示　意　图	备　　　　注
HCW 轧机	F_w　　F_w	特点：工作辊横移，工作辊弯曲 轧制材料：低碳钢 应用范围：热轧机，冷轧机（上游机架） 工作辊直径与带宽比：<0.30
HCM 轧机	F_w　$H_{c\delta}$　F_w	特点：中间辊横移，工作辊弯曲 轧制材料：低碳钢 应用范围：冷轧机 工作辊直径与带宽比：<0.25

轧机	示　意　图	备　　注
HCMW 轧机	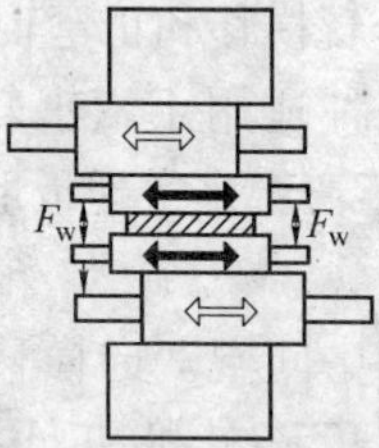	特点：工作辊横移，中间辊横移，工作辊弯曲 轧制材料：低碳钢，合金钢 应用范围：热轧机，冷轧机（上游机架） 工作辊直径与带宽比：＜0.25
UCM 轧机	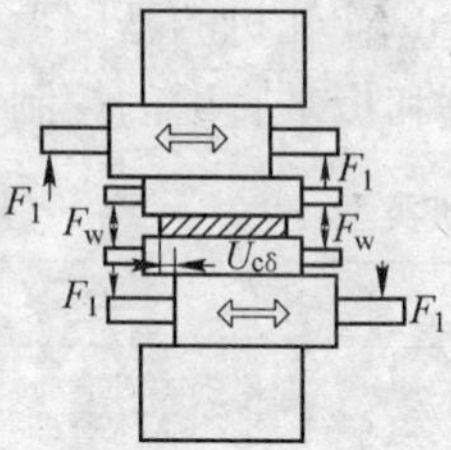	特点：中间辊横移，工作辊弯曲，中间辊弯曲 轧制材料：低碳钢，合金钢 应用范围：冷轧机 工作辊直径与带宽比：＜0.20

51. 什么是行星式轧机？

行星式轧机设计思想始于 20 世纪 40 年代初，1950 年建成第一台行星式轧机，它具有大压下量（压下率 ε 达 90％～95％）的特点，用于生产热轧带钢卷。此种轧机国外多用于不锈钢带生产。行星轧机机组通常由送料辊、行星机座所组成。

送料辊给坯料一定压下量形成一定推力将轧件送入行星辊进行轧制。行星机座（表 1-2 图 20）由上、下两个大支撑辊及围绕支撑辊圆周的很多对（一般 12～24 对）小工作辊所组成。支撑辊按轧制方向作行星式公转，而工作辊的轴承安置在套于支撑辊两端的轴承座圈内，轴承座圈可以围绕支撑辊作相对转动。工作辊由同步机构相连，工作辊由轴承座圈驱动可绕支撑辊作行星运转。工作辊对轧件呈滚动的运动关系，它与滚动轴承滚柱对外圈运动关系相似。轧机工作时严格要求上、下两支撑辊所带动的工作辊互相同步运转，使其运动位置上、下对称，轴线保持在同一平面内，保证每对工作辊同时与金属接触或离开。近代行星轧机还采用了预应力支架，以提高轧机的刚性和吸收轧制时产生的巨大振动，并减少了牌坊的重量。由于轧件承受数十对工作辊相继轧制，经过积累变形呈现大变形量结果。

52. 什么是 Z 形轧机?

Z 形轧机（上、下辊系呈 Z 形排列）（表 1-2 中图 17、图 18）是多辊轧机的一种变形，它包括两个不偏置的小工作辊，直径约为支撑辊的 1/6，安装数个侧向支撑辊的支撑梁、中间辊的轴向移动机构和固定工作辊止推轴承的装置。辊系的布置上下、左右都是对称的。Z 形轧机的特点是：可大大减小工作辊直径，减小轧制力，增大压下量，可轧出更薄、变形抗力更高的带钢且具有良好的板形控制能力。

53. 什么是立辊式轧机?

立辊式轧机（表 1-3 图 1）轧辊呈垂直布置，从两侧面轧制被轧件。通常用于板坯热轧前的除鳞、加工厚板侧边和钢坯或型钢、线材连轧机组中，立辊式轧机与水平二辊式机座交替布置在连轧线上，免去了翻钢或扭转轧制工序。

54. 什么是二辊万能式轧机?

既有水平辊又有立辊的轧机叫万能式轧机。表 1-3 图 2 为二辊万能式轧机，它有一对水平轧辊、一对或两对立辊的工作机座。在轧制板坯时立辊可轧制侧边，该轧机多用于板坯初轧机或热连轧板带轧机开坯机组。

55. 什么是 H 型钢轧机?

H 型钢轧机（表 1-3 图 4）是在二水平辊间夹有一对立辊，

使轧件可在高度和宽度两方向同时轧制。

56. 什么是斜辊式轧机？

斜辊式轧机（表1-3图5）的两轧辊轴线呈交角布置，并以相同方向转动，轧件边旋转边前进。该轧机用于无缝钢管穿孔机、均整机。

57. 什么是平立式轧机组？

平立式轧机组（图1-14d）由水平式轧机（轧辊轴线与地平线平行）和立式轧机（轧辊轴线与地平线垂直）组成。若干水平式轧机与立式轧机交替布置以保证轧件高速无扭轧制，平-立轧机分别单独传动。目前，立式轧机已发展成为可转换为水平轧机的结构（图1-15），其传动方式有上传动和下传动两种。

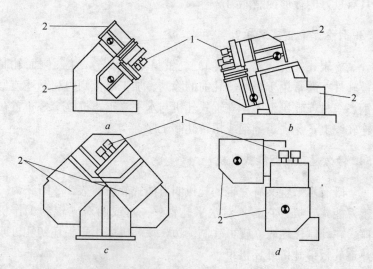

图 1-14 高速线材轧机精轧机组的安装方式
a—侧交 45°式；b—侧交 15°/75°式；c—顶交 45°式；
d—平-立交替型；1—辊环；2—辊箱

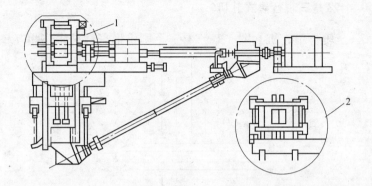

图 1-15　立辊可转换为水平辊的轧机示意图

1—水平机架；2—立式机架

58. 什么是 45°式轧机?

45°式轧机（见表 1-3 图 7、图 1-14a、c）轧辊轴线与地平线成 45°角，各机架互相成 90°角，45°轧机保证了轧件高速无扭轧制。此类轧机又分框架式和悬臂式两种，轧辊采用碳化钨辊环。图1-14a 为侧交 45°机型，图 1-14c 为顶交 45°机型。一般速度为 50～90m/s，最高轧制速度可达 115m/s。45°轧机有多种形式：双支点闭式结构的施罗曼型，悬壁内齿传动的克虏伯型，悬臂外齿传动的阿希洛、德马克、摩根型。

59. 什么是 15°/75°式轧机?

15°/75°式轧机（图 1-14b）的一对轧辊轴线与地平线成 15°角，另一对轧辊轴线与地平线成 75°角，各机架互相成 90°角，保证了轧件高速无扭轧制。由于顶交 45°机型上传动长轴重心高，稳定性较差，限制速度的进一步提高。为此，近年出现了 15°/75°机型。这种机型上下传动长轴重心降低，稳定性增加，使最大轧制速度成功地提高到 117m/s（保证轧制速度为90m/s）。

60. 什么是三辊行星式轧机?

三辊行星轧机（图 1-16）有三个圆锥形悬臂轧辊，相互呈

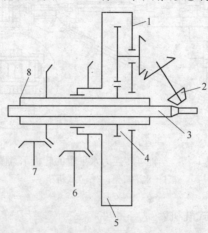

图 1-16　三辊行星轧机传动系统示意图
1—行星轮；2—轧辊；3—轧件；4—太阳轮；5—回转盘；
6—主传动轴；7—辅助传动轴；8—中心套管

120°布置在回转盘上。倾斜的轧辊轴与轧制中心线构成辗轧角。轧辊与回转盘均用直流电机驱动，转速可在一定范围内调节。轧辊由电机通过辅助传动、行星齿轮系统的太阳轮将速度传递到轧辊轴上，而回转盘则由另一台电机通过主传动驱动。轧辊除围绕轧件做行星转动外，还围绕自己的辊轴旋转。当两台电机为适应轧制不同钢种而需要调速时，其速度配比应防止轧件产生任何转动，以适应轧件进入连轧机时构成连轧的需要。

由于三辊行星轧机的变形特点，特别适合于合金钢的轧制，且具有结构紧凑、延伸大、投资少、电气传动简单、耗电和耗水低、产品精度高等优点。但这种粗轧机组只能用于单线轧制，轧机本身的结构比较复杂，产量也受到限制，所以新建的高速线材轧机采用三辊行星轧机作为粗轧机组的非常少。

61. 什么是三辊 Y 形轧机？

三辊 Y 形轧机又叫柯克斯(Kock's)轧机（见表 1-3 图 8）。此轧机由三个互成 120°夹角的圆盘形轧辊组成，其形状如同"Y"字，故称 Y 形轧机。

三辊 Y 形轧机三辊围绕轧制线相隔 120°布置，构成一个孔型。图 1-17 所示为一个轧辊轴为主动轴，并通过锥齿轮带动其他两根辊轴的三辊 Y 形轧机结构。图 1-18 所示为三辊传动的三辊 Y 形轧机主传动系统。

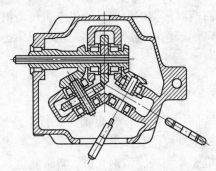

图 1-17　单轧辊驱动的三辊 Y 形轧机结构

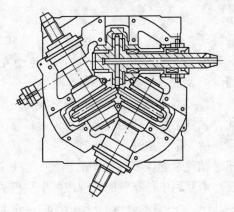

图 1-18　三辊驱动的三辊 Y 形轧机的主传动系统

Y 形轧机具有以下优点：结构紧凑、能实现三向压缩、变形均匀、劈头少，对下道咬入非常有利、成品精度高、各道次延伸均匀、磨损均匀、连轧的稳定好、一套孔型能适应不同钢种的轧制、可实现轧件无扭转高速轧制，因此多用于轧制有色金属、难轧金属和特殊合金。

62. 什么是摆锻式轧机？

摆锻式轧机（表 1-2 图 21）是介于锻锤和轧机之间，属于大伸长率（大变形量）轧机，其延伸系数一般可达 8。该轧机的轧辊由上下、左右两对摆动锤组成，通过电机传动借助于偏心轮连杆进行工作。可用于连铸机后的开坯，也可用作小型和线材轧机的粗轧机。

63. 什么是纵轧机？

纵轧机的特征：两个工作轧辊轴线平行，其转动方向相反；轧件做垂直于轧辊轴线的直线运动；进出料靠轧辊自身完成。它包括各种初轧机、开坯机、型钢轧机、板带轧机、自动轧管机及各种纵向轧制成形零件的轧机等。

64. 什么是横轧机？

横轧机的特征：两个工作轧辊轴线平行，其转动方向相同；轧件轴线与轧辊轴线平行，轧件作转动，其转动方向与轧辊相反；进出料需专门装置。

横轧机有两种类型：一类是轧辊孔型沿轴向是不变的，沿径向呈周期变化。轧件主要靠径向变形实现成形，靠两个轧辊径向逐渐靠拢实现径向变形。这种方法生产圆柱齿轮（表 1-3 图 12）、圆锥齿轮、花键轴及带螺纹零件等产品。另一类是楔横轧工艺，即在两（或三）个互相平行布置的轧辊或两个平板的表面上，装有相同形状的凸出的变形楔，轧制孔型沿轴向逐渐变宽，形成一个楔子，故称楔横轧（表 1-3 图 13）。相对轧件转动或移动，靠摩擦带动轧件在其间定位转动，由于变形楔对轧件的楔入及连续压缩，其直径减小而长度增加，形成变断面的阶梯轴。与第一类横轧不同的是，轧辊径向在轧制时不需靠拢，因而轧机传动简单，操作容易，轧制一个产品的周期短，使其生产效率高、材料利用率高、产品质量高。

65. 什么是紧凑式轧机?

紧凑式轧机是一种结构紧凑、压下量大的高刚度短应力线轧机，如摩根公司的四机架轧机，其首尾机架的中心距仅为 3m，四机架轧机的总延伸系数可达 5～6。轧机均为平-立交替布置，单独电机传动，可实现无扭微张力轧制。

美国伯兹伯勒公司的摩根型紧凑式粗轧机组的每个机架，用单独轨道小车换辊；而瑞典摩哥斯哈玛公司的紧凑式粗轧机组，是整个机组置于一个台上进行整体换辊。两种换辊方式的换辊时间均较短，作业率高。

紧凑式粗轧机采用平-立交替布置（图 1-19），只能用在单线

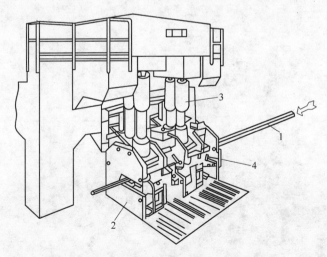

图 1-19　摩根平-立交替紧凑式布置粗轧机组
1—轧件；2—机架；3—立式轧机；4—水平辊轧机

轧制的高速线材轧机上。当旧厂改造受场地限制时，可采用紧凑式粗轧机。

66. 什么是短应力线轧机？

为了达到提高轧机刚度、减轻设备重量、改善轧机性能等综合目的，近些年研制了许多新机型。其中有一类是短应力线轧机，即缩短轧机受力系统的应力线，以提高轧机刚度。轧机的应力线为：轧机在轧制力的作用下，机座各受力件的单位应力所经路线的连线。应该指出，机座应力线的长度是相对的，轧机中受力零件长度之和就是该轧机应力线的长度。

根据虎克定律：受力零件的弹性变形量与其长度成正比，与其横截面面积成反比。

根据这个原理设计的轧机，称为短应力线轧机（Short Stress Pathstands）。为了取得短应力线的效果，将传统轧机牌坊去掉，用螺纹拉杆联结两个轴承座，制造成无牌坊轧机，即短应力线轧机（图 1-20、图 1-21）。

图 1-20　GY 型短应力线轧机

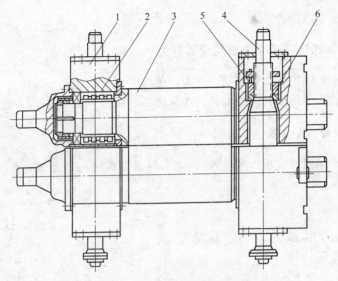

图 1-21 短应力轧机辊系图

1—轴承座；2—轴承；3—轧辊；4—螺杆；5—螺母；6—球面垫

67. 什么是预应力轧机？

　　预应力轧机也是一种高刚度轧机，但其与短应力线轧机提高刚度的原理截然不同。它是利用刚性拉杆在轧制前对机架施加预应力，使其处于受力状态。这样在轧制时，由于预应力的作用，机架的弹性变形减少，从而提高了轧机刚度。图 1-22 为两辊预应力轧机的

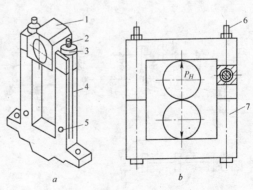

图 1-22　两辊预应力轧机结构示意图

a—机架结构；b—受力图

1—上轴承座；2、6—拉杆；3—液压螺母；4—半机架；

5—圆柱销；7—立柱

结构示意图。

68. 轧钢机按布置形式可分哪些类？

轧钢机按布置形式可分为：单机座式、横列式、纵列式、连续式、半连续式、串列式、布棋式等，如图 1-23 所示。

69. 什么是单机座式轧机？

单机座轧机（图 1-23a）是一种最简单的布置形式，轧件只

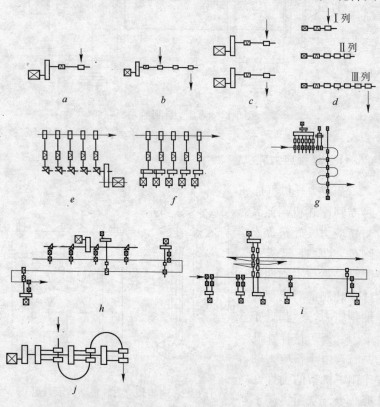

图 1-23　轧钢车间的工作机座布置简图
a—单机座式；b—横列式；c—纵列式；d—阶段式；e、f—连续式；
g—半连续式；h—串列往复式；i—布棋式；j—复二重式

在一个工作机座上轧制，如初轧机、板坯轧机、中板轧机及叠轧薄板轧机等都是这种布置形式。

70. 什么是横列式轧机？

横列式轧机（图 1-23b）是若干架工作机座横向排列的轧机且每一列工作机座由一台电机带动或由两台电机分两侧带动。它又分为一列式、二列式、三列式、多列式或称阶段式（图 1-23d）。中、小型开坯轧机，轨梁轧机，大、中型型钢轧机一般都采用一列式或二列式布置。三列式或三列以上的布置形式，常用在小型或线材轧机上。横列式轧机的优点是：设备简单、投资少、建设快、投产快，适用于小批量、特殊品种生产。横列式轧机的主要缺点：各工作机座上的轧制速度慢，不能单调；轧件由一个工作机座到另一个工作机座是横向移动，间隙时间长。这种布置的轧机，轧制速度慢、轧件的温降大、产量低、质量差。目前横列式轧机已经列入淘汰之列。

71. 什么是纵列式轧机？

纵列式轧机（图 1-23c）是将数个工作机座排成一纵列，每个工作机座由一个电机带动。工作机座之间的距离随着轧件的增长而增加。除第一架轧机外，一个工作机座上只轧一道，并且轧件在工作机座之间不连轧。其优点是：可单独调整各架轧机的轧制速度，各架轧机之间互不干扰，调整方便，产品质量较好，机械化程度较高，劳动条件较好。其缺点是：工作机座布置分散，使厂房增长，增加了电机和传动设备。部分大、中型型钢轧机为此种布置形式。

72. 什么是半连续式轧机？

半连续式轧机一般分两组布置，一组是连续式，另一组是横列式、多机架纵列式或其他形式。图 1-23g 是半连续式轧机的一种布置形式，其粗轧机组布置成连续式，精轧机组布置成横列式。这种方案主要考虑粗轧与精轧机组轧件断面不同，粗轧机组轧件断面简单，连续轧制比较容易；精轧机组轧件断面形状复杂，连轧比较困难，为了便于调整，将精轧机组布置成横列式。但对于半连续式板、带热轧机则是连续式与纵列式组合。

73. 什么是连续式轧机?

连续式轧机（图 1-23e、f）布置类似顺列式轧机，各工作机座沿轧制线依次排列，工作机座个数既是轧制道次，各工作机座间距比相应的轧件长度小，即这种布置形式各工作机座之间的距离很小，一根轧件同时在数个工作机座中轧制，各个工作机座的轧制速度应符合"秒流量相等"原则，这是和顺列式轧机的本质区别。其优点有：（1）轧件在各个工作机座上的轧制时间相等，轧机的能力能够充分发挥，轧机产量高；（2）轧制速度高，所以轧件的温降小，这就提高了产品的尺寸精度；（3）机械化、自动化程度提高，工人的劳动条件好。

连续式轧机分为集体驱动（图 1-23e）和单独驱动（图 1-23f）两种形式。

74. 什么是串列往复式（越野式）轧机?

串列往复式轧机（图 1-23h）又叫越野式轧机，其与顺列布置形式一样，每个工作机座上只轧一道，轧件从前一个工作机座中全部轧出后，才能进入后一个工作机座，因此这种形式布置的轧机，也叫跟踪式轧机。为了减少厂房长度，这种轧机的工作机座布置在几条平行线上，轧件在这些工作机座中轧制时需要横向移动，故这种布置的轧机又叫越野式轧机。这种轧机比横列式轧机有较高的生产率，比纵列式轧机所需要的厂房短，适于大、中型型钢生产。

75. 什么是布棋式轧机?

布棋式轧机（图 1-23i）基本与串列往复式轧机相同，只是把后面几个工作机座布置得更集中紧凑，形式像走棋，故称布棋式。这种布置可以安装较多的工作机座，增加了轧制道次，适于中、小型型钢生产。

76. 什么是复二重式轧机?

复二重式轧机（图 1-23j）是我国线材轧机应用较广的一种机型，但如今已被列入淘汰之列。当时，为了提高产品的质量，提高作业率，减少生产事故，在横列式轧机基础上，把轧机组的机座分成若干对，每对的两个机座由同一传动轴通过一个变速机传动，使每对前后两个机座转速不同，实行连轧，同时，取消了横列式的反围盘，避免了轧件横向传递时的反围盘不稳定轧制。这样布置的形式相当于并排的二辊机座的横列式。

77. 轧钢机是如何标称的?

轧钢机的标称（称谓）：轧钢机的种类、规格与轧件的形状、尺寸有关，故轧钢机常用与轧件有关的尺寸参数来命名。

钢坯和型钢轧机用轧辊名义直径标称,因为轧辊名义直径的大小与其能够轧制的最大断面尺寸有关。如果在一个轧钢车间中装有若干列或有若干架轧机时,以最后一架精轧机的轧辊名义直径作为轧钢机的标称。例如 500 型钢轧机，即指轧辊的名义直径为 500mm。

钢板轧机则由辊身长度标称，因为钢板轧机轧辊辊身长度与其能够轧制的钢板最大宽度有关。例如 1700 钢板轧机，即指辊身长度为 1700mm，所轧钢板的最大宽度为 1550mm。

钢管轧机则用其所轧钢管最大外径来标称。例如 400 轧管机组，即指所轧钢管的最大外径为 400mm。

78. 轧钢辅助设备分哪些类?

在轧钢生产中，轧件在轧钢机上完成塑性变形的轧制任务后，若想进一步变成成品，还需要一系列的辅助工序，如：剪切、矫直、表面清理、卷取、打捆和包装、运输等。表 1-5 列出了轧钢辅助设备的分类及用途。

表 1-5　轧钢辅助设备分类与用途

辅助设备名称		用　　途
剪切类	平刃剪切机	剪切坯料和型钢
	斜刃剪切机	剪切钢板（有时用于剪切成捆小型钢材）
	圆盘剪切机	纵切钢板或剪切板边
	飞剪	横切运动着的轧件
	锯切机	热锯轧件，有时用于冷锯
矫直类	辊式矫直机	矫直型钢和钢板
	斜辊矫直机	矫直钢管或圆钢
	张力矫直机	矫直薄钢板
	压力矫直机	矫直型钢和钢管
卷取类	线材卷取机	卷取线材
	张力卷取机	冷轧带张力卷取钢板
	钢板卷取机	卷取钢板成卷
表面加工设备	酸洗机组	轧件酸洗
	镀覆机组	轧件表面镀锡、镀锌或塑料覆层等
	清洗机组	轧件表面清理、洗净、去油等
	打印机	将轧件打印
打捆和包装类	打捆机	将线材或带钢卷打捆
	包装机	将钢材装箱及包装
运输类	辊　道	使轧件纵向移动
	推床	横移轧件，使轧件对正孔型或轧辊
	翻钢机	使轧件按轴线方向旋转一定角度（一般为 90°）
	转向台	使轧件按垂直轴向旋转 90° 或 180°
	推钢机	推动轧件或钢锭、钢坯使横移
	拉钢机	横移轧件用
	冷床	冷却轧件并使轧件横移
	挡板	挡住轧件用
	堆垛机	堆放轧件用
	钢锭车	用以将钢锭从均热炉送到轧机受料辊道

79. 轧钢机设备技术有哪些新发展？

20世纪80年代至今，轧钢机设备技术有了巨大发展。轧钢生产内部的两个或多个工序的连续化生产发展迅速，轧钢技术向着大型化、高速化、节能化方向发展。例如：板坯连铸-直送轧制，薄板坯连铸连轧，带钢连铸-冷轧，热轧无头轧制等即是缩短整个钢铁生产流程的新工艺，又是实现轧钢与连铸连续化的新技术。

(1) 无头轧制技术。

无头轧制在热轧板带上的应用，是日本20世纪90年代在千叶3号热连轧机上首次实现的。它将粗轧后的带坯在中间辊道上焊合起来，并连续不断地通过精轧轧制。无头轧制用于棒线材轧机的生产技术是近年来发展起步的新技术，先后由意大利达涅利(Danieli)公司和日本的NKK公司研发成功。它将从加热炉出来的钢坯，经除鳞机去除表面氧化铁皮，然后该钢的头部与前一根已进入粗轧机的钢坯尾部对焊成一体，并连续不断地通过后续轧机轧制。

(2) 高精度轧制技术。

近20年来，为了保证轧材的几何形状和尺寸精度能满足用户日益增高的要求，除了采用各种测量仪表、改善轧机刚度、计算机人工智能预报和控制系统外，还开发和应用了许多提高轧材形状和尺寸精度的新技术和新装备，如：

1) 板形控制轧机和技术，如：HC轧机、CVC轧机、PC轧机等。

2) 高精度轧管机。近年来开发和应用了限动芯棒连轧管机、限动芯棒狄塞尔轧管机、Acu-Roll轧管机、三辊式轧管机等。

3) 型钢、线材高精度轧制技术。高精度轧制设备的主要特点是：采用小辊径、短辊身的轧辊；使用高刚度、紧凑式轧机结构；采用平-立交替布置的2～3个孔型；采用小压下量。为此所能达到的产品公差范围在（DIN、ISO、JIS、AISI）规定公差范围 1/2~1/10 内，如由 SMS 公司研制的 HPR 高精度轧机、日本大同公司开发的 Tekism 定径机，意大利 POMINI 公司的 CGS 定径机，奥地利 GFM 公司的 WF 型方扁钢轧机，大压下定径机（HRSM），双模块高速精轧机（TMB），V 字形微型轧机，减定径机（RSM）等。

（3）切分轧制。

20 世纪 70 年代在连续小型轧机上成功应用切分法生产螺纹钢筋，目前切分轧制广泛采用切分辊设备与切分轮设备。辊切分是利用轧辊孔型的特殊设计，在变形过程中同时将轧件分开，此法无需其他的辅助设备，操作简单，但轧辊的孔型设计要合理准确。切分轮是不带传动的，安装在轧机的出口处，将已具备切分形状的轧件切开，这种方法在连轧机上普遍利用。

（4）控制轧制、控制冷却。

单纯的控制轧制或控制冷却以及二者组合在一起的技术，目前多称为 TMCP（热机轧制）。控制轧制是一项人为地使奥氏体中尽可能大量地形成铁素体相变核的晶格异质，并有效地将铁素体晶细化的技术，控制轧制技术要点可具体归纳如下：

1）尽可能降低加热温度，即将开始轧制前的奥氏体晶粒微细化。

2）使中间温度区（例如 900℃以上）的轧制道次程序最佳化，通过反复再结晶使奥氏体晶粒微细化。

3）加大奥氏体未再结晶区的累积压下量，增加奥氏体每单位体积的晶粒界面积和变形带面积。

控制冷却是通过热轧钢材轧后冷却条件来控制轧件内部奥氏体组织、相变条件、碳化物析出、相变后钢的组织和性能。

（5）自由程序轧制技术。

自由程序轧制是在一个换辊单元内，钢质、厚度、宽度几乎可以不受限制地自由过渡的轧制技术。自由程序轧制技术是连铸、连轧的产物，它有可以缩短工序、减少板坯库存、不受宽度制约、在一个换辊单元内可增加轧制数量等优点。

80. 热轧板带轧制技术有哪些新发展?

(1) 连铸坯的直接热装 (DHCR) 和直接轧制 (HDR)。

直接热装是指连铸坯在 600℃ 以上高温直接装炉。直接轧制是把 1050℃ 以上的高温铸坯不再经加热炉加热, 只对边部补热后, 直接送入轧机轧制。

(2) 在线调宽。

热带轧机上宽度压下设备, 目前有以下几种方式:

1) 独立的重型立辊;

2) 调宽机架;

3) 粗轧机配重型立辊;

4) 定宽压力机。

(3) 宽度自动控制 (AWC)。

宽度自动控制系统是根据设在精轧机前后的测宽仪、温度计及立辊上的压力传感器测得的参数, 及时、动态地调整立辊开口度, 以求得减少轧件全长上的宽度偏差。采用宽度自动控制后, 沿带钢长度上的宽度精度可达 5mm 以下。

(4) 厚度液压自动控制 (AGC)。

板材轧机是采用液压压下来提高板厚精度的技术, 早在 20 世纪 80 年代前期就已实用, 已成为板材轧机不可缺少的手段。近 20 年主要是通过完善的检测装置和采用新的控制技术来提高精度水平。从主要以精轧最终机架出口的测厚仪的检测值作为基础的反馈控制, 转变为以精轧机内所在的轧件信息 (板厚、温度、变形抗力等) 进行综合性的板厚控制。为了精确地控制厚度, 必须严格控制机架间张力, 为此开发了动态控制的最佳流量控制, 开发了低惯性液压活套, 还开发了无活套控制的软件, 现在带钢全长上的厚度精度可达到 $\pm 30\mu m$。目前, 新建的热带轧机还都采用了长行程的液压缸代替原来笨重的电动压下机构。由于液压压下具有可变刚性功能, 机架牌坊立柱断面也可减少, 设备重量大大减轻。

(5) 板形控制。

随着对板带质量要求的不断提高，板形愈来愈受到重视。板形控制主要是通过变更轧辊的凸度来控制。为了增大轧辊凸度调整效果，开发了多种新型轧机。基本有三种：一种是横移工作辊，如：HC 轧机、CVC 轧机。另一种是三菱重工及新日铁开发的 PC 轧机，这是由调整工作辊间交叉角度来形成不同凸度辊缝。再一种是石川岛播磨开发的，在支撑辊中间设置液压油腔，在其中注入高压油从而调整支撑辊凸度的 VC 轧辊。

(6) 控制轧制、控制冷却。

控制轧制是指适当控制加热温度、轧制温度、变形条件，使钢材具有所需要的金相组织和较好的力学性能，从而有些品种可取消轧后的常化和调质处理，简化了生产工艺。控制轧制的终轧温度低、终轧的变形量和变形速度大，因而要求轧机有较大的刚度和能力。控制轧制的终轧温度，在热轧带钢轧机上，是通过控制带坯的入口温度和机架间带钢冷却水来控制的，目前控制精度可达±15K。

控制冷却是指控制热轧后钢材的冷却速度以改善钢材组织，提高钢材性能，在热带轧机上钢板上表面通过层流冷却、钢板下表面采用喷雾冷却和喷水冷却。中厚板轧机现也积极采用水冷装置来控制冷却速度。为保证钢板内在质量，带钢卷取温度精度控制要很严，对冷却能力要进行很细的控制。因此，要求有好的数学模型，现在卷取温度控制的精度达到±15K。

(7) 卷板箱和保温罩。

卷板箱（热卷箱）设在热带轧机粗轧与精轧之间，将粗轧轧出的带坯卷成卷，减少了带坯散热面积，调换了带坯头尾。因而使轧件温降减少，头尾温差小，只在 20℃左右，无需再加速轧制，从而精轧机组主电机功率可以减少，能耗下降。卷板箱还可使轧线缩短，这对旧轧机改造是很具有吸引力的。它可以解决轧机因增加卷重带来场地不足的困难。

在中间辊道设置保温罩，也是一个减少温降、头尾温差的有效办法，目前也得到广泛的采用。

（8）卷取机。

卷取机方面的改进有助卷辊、液压伸缩等带踏步控制，卷筒多级涨缩，以避免头尾压痕和迅速建立稳定的卷取张力和方便卸卷。

（9）无头轧制。

这项技术是日本 20 世纪 90 年代在千叶 3 号热连轧机上首先采用的。它将粗轧后的带坯在中间辊道上焊合起来，并连续不断地通过精轧机轧制。其主要的效果有：

1）带坯在精轧机连续轧制仅有一次穿带，带钢头部几何精度和板型不良部分所占比例下降，产品质量大大提高。

2）减少薄带钢头部穿带的难度，缓和了穿带的速度限制，从而可轧制更薄的带钢。

3）带钢全长在同一速度下轧制，终轧和卷取温度均匀，力学性能也均匀。

4）减少精轧机轧制薄板甩尾、叠轧等操作故障，提高金属收得率和作业率。

（10）簿（中厚）板坯连铸连轧。

薄（中厚）板坯连铸连轧被认为是当今最成功的技术。1989年 7 月美国纽柯克劳福兹维尔厂采用西马克的 CSP 技术建成第一条薄板坯连铸连轧生产线，连铸机直接铸成厚 50mm 的薄板坯，经直通式隧道炉均温后，直接进入精轧机轧成 2.5～12.7mm 的带钢。该技术一出现立即受到钢铁业的重视，各钢铁生产厂纷纷订购薄板坯连铸连轧设备。

薄板坯连铸连轧之所以得到迅猛的发展，与传统的热带轧机相比：

1）建设费用省，可节省投资 20％～34％；

2）降低能耗 70％～80％；

3）生产周期短，可大幅度降低流动资金占有量；

4）吨钢成本降低 80～100 美元；

5）薄板坯连铸连轧经济规模在 80～200 万 t，非常适合日益兴起的短流程小钢厂采用，有利于改变产品结构。

此外，还有德马克的 ISP、达涅利的 FTSR、奥钢联的 CONROLL、蒂平斯和三星公司的 TSP、曼内斯曼和美国 Chaparral 开发的 UTHS 等多种技术已在实际中采用。

德马克的 ISP 连铸机铸出厚度为 60～80mm 有液芯的铸坯，由紧靠连铸机的 3 个机架将液芯铸轧成 13～30mm 的带坯，经感应加热和卷取炉保温后送至精轧机轧成带。

达涅利的 FTSR 连铸机铸出 50～75mm 的带坯，切成定尺，经横向移动板坯的步进式均热炉均温加热后，送往精轧机轧制。

蒂平斯的 TSP 连铸机铸出厚度为 100～125mm 的板坯，经剪切在常规的加热炉中均热，然后在炉卷轧机上轧制。

奥钢联的 CONROLL 特点是连铸采用平行板垂直结晶器浇注成厚 80mm 的板坯。

曼内斯曼和美国 Chaparral 开发的 UHTS 连铸铸成 90mm 的板坯，经感应加热后在大压下行星轧机上轧成 2mm 带钢，然后在四辊精轧机上轧成最小厚度至 0.7mm 的带钢。

薄（中厚）板坯连铸连轧关键是合理高效的连铸连轧衔接技术，高温铸坯的检测技术，高效的均热技术，高刚度大压下量轧机，以及高效的生产管理及调度系统。

81. 冷轧板带轧制技术有哪些新发展？

冷轧钢板及表面处理钢板广泛用于建筑、汽车、家电、交通运输等行业。随着这些行业的发展，冷轧板和表面处理钢板用量增加很快，尤其是表面处理钢板。其技术和装备也有很大发展。

冷轧及镀（涂）层钢带，近年技术的发展主要表现在下列方面：

（1）生产工序的连续化，不仅是工序本身连续化，出现了全连续的串列式冷轧机（无头轧制式冷轧机）、连续退火作业线等，而且在工序之间也连续化了，出现了酸洗-冷轧联合机组，酸洗-

冷轧-退火的全连续联合机组。

（2）改进钢板精度，连续控制辊缝几何尺寸技术的开发，以及新型检测技术的开发，钢板的尺寸公差及板形精度有很大提高。

（3）表面处理镀（涂）层技术，表面处理钢材向长寿和多功能方向发展。

（1）酸洗-冷轧联合。

冷轧工艺连续化时，一是要确保整个连续化作业线的可靠性，二是要重视连续化作业线各工序生产率和能力的匹配。在目前技术的条件下，由于连续退火线的生产能力要比串列式轧机低得多，串列式轧机和连续退火线的直接连接，还不宜推广。串列式轧机和连续酸洗线的直接连接，将这两个传统分开放置的机组连接成一个联合机组，能完全满足上述条件，因而很快得到推广。

这些生产线的基本流程如下：带钢开卷、切头、焊接、机械除鳞、酸洗、切边、冷轧、卷取。在酸洗之前及酸洗与串列式冷轧之间设有活套。活套要考虑焊接剪切的停止时间，以及串列式轧机的进入速度，因而需要较大的活套。这类轧机装备有两台开卷机和两台卷取机。

（2）连续退火。

20 世纪 70 年代中期以前，生产冷轧深冲板只能采用罩式退火炉处理，70 年代中后期日本钢铁界开发了能生产深冲板的连续退火技术，并相继有 3 套这类连续退火机组投产。

80 年代以来，世界各大钢铁厂相继建设了这种连续退火机组。到 1995 年底为止，全世界已建成或正在建设中的连续退火机组约有 54 套，总处理能力在 3300 万 t/a 以上。特别是 80 年代末期以来建设的连续退火机组，处理能力进一步提高。处理能力在 90 万 t/a 以上的机组有十余套。连续退火技术不断发展，带钢在炉内一次冷却技术、带钢炉内控制技术、板形控制技术、在线检测技术都达到了一个新水平。

（3）全氢罩式退火。

20 世纪 70 年代后期，奥地利艾伯纳公司开发出强对流全氢退火炉（HICON/H_2 炉），80 年代初德国罗意公司开发出高功率全氢退火炉（HPH）。这两种全氢罩式退火炉生产效率比传统罩式炉（HNK）提高约 1 倍，而且产品深冲性良好，表面光洁，特别适于生产规模不大，品种多，批量小的冷轧带卷，因此，在全世界得到迅速推广和应用，到 90 年代，这种全氢罩式退火炉已建成 1000 多个炉台。

（4）板形控制技术。

冷轧板的板形是其质量好坏的重要标志。多年来人们致力于开发板形控制技术，使板形控制技术有了很大发展，板形控制的技术装备有以下发展：

1）普遍使用液压弯辊技术，以弥补轧制过程中轧辊的弹跳或轧辊凸度不足。

2）改善了工艺润滑剂性能及其控制手段，润滑剂能沿辊身长度分成几十段并分别控制流量喷洒。

3）使用板形仪及灵敏的液压系统。板形仪能连续准确地测出板形，再通过液压系统闭环控制弯辊，改善轧辊凸度；横移或交叉轧辊以改变冷轧变形区带钢截面形状。由板形仪测量的结果自动控制各段工艺润滑剂的喷洒量，以获得良好的冷轧带钢的板形。

4）采用轧辊倾斜自动调整系统。

5）研制出一批能有效控制板形的新型轧机。

（5）涂镀层生产技术的发展。

近年来冷轧板带涂镀层的技术和装备发展十分迅速，最有成效的涂镀层生产有热镀锌、热镀锌铝、热镀铝锌及锌铁合金；电镀锌、电镀锌镍；耐指纹板、有机涂层板、减震板；电镀锡、低镍镀锡、电镀铬；热镀铝、热镀铅锡等品种。除了热镀、电镀，现还在开发气相镀，已开始用于生产，气相镀对镀层金属不受限制，而且复层、合金化容易，它蕴藏着开发新功能镀层钢板工艺的可能性。

这些品种给用户带来了诸多好处，如增加耐腐蚀能力、改善产品外观、减轻产品自重、简化工序、降低制造成本、减少环境污染等。

82. 型钢轧制技术有哪些新发展？

（1）连铸坯直接热装。

冶炼与连铸技术的发展已能生产无缺陷连铸坯，连铸坯直接热装不仅可节能 30%～40%，而且能提高加热炉的产量，减少坯料烧损及缩短生产周期。为实现连铸坯直接热装，对上料装备提出了新要求，应保证连铸机与轧机之间的生产能力合理匹配。可逆式步进冷床的开发成功，可做到灵活调节连铸坯的生产和供应，使用这种冷床可补偿短暂的轧制中断（如换辊）。当轧机继续工作后，冷床上储存的连铸坯与直接从连铸机拉出来的坯子一起根据需要送入加热炉。当停机时间较长或轧机生产率较低时，不需要的连铸坯可通过冷床输出、储存。

（2）近终形连铸坯。

20 世纪 80 年代以来，大型轨梁轧机的重要新技术之一就是采用近终形连铸坯，将连铸设备与轧制设备紧凑布置、缩短生产流程，省去大型开坯机，减少设备数量，降低成本。SMS 公司将近终形钢梁连铸和先进的轧制技术组合的方法，被称为紧凑式钢梁生产法（CBP）。这种轧制方法的原理，基于一套立辊轧边机，将钢梁坯腹板高度轧到万能轧机所要求的尺寸。这台轧边机明显小于开坯机，并直接安装在万能轧机前面。轧制近终形钢梁坯比普通连铸坯，可使轧机生产率提高 10% 以上，轧机收得率提高 2%，比轧钢坯提高 8%～10%，降低能耗 30%。

（3）柔性轧制设备的发展。

为适应市场对型钢产品小批量多品种的要求，型钢尺寸规格、不同断面形状、不同钢种材料、不同性能等级的多种产品柔性轧制得到发展，即用一套轧制设备，可生产出不同尺寸规格、不同断面形状、不同钢种材料、不同性能等级的多种产品。实行柔性轧制可提高企业的应变能力，增强竞争力。世界上已投产了多种具有柔性轧制能力的新型型钢连轧机组、开发出以下柔性轧制新技术：H 型钢的自由尺寸轧制、延伸道次的无孔型轧制、多辊万能孔型轧制等。

柔性型钢连轧机组一般都装有平-立轧机转换装置，既适应平-立轧制方圆断面产品，又能满足水平轧制异型断面产品。

（4）切分轧制技术。

20 世纪 70 年代在连续小型轧机上成功应用切分法生产螺纹钢筋，目前切分轧制广泛采用切分辊设备和切分轮设备。辊切法是利用轧辊孔型的特殊设计，在变形过程中同时将轧件分开，此法无需其他的辅助设备，操作简单，但轧辊的孔型设计要合理准确。切分轮是不带传动的，安装在轧机出口处，将已具备切分形状的轧件切开，这种方法在连轧机上普遍利用。切分轧制具有提高产量、减少轧制道次、降低能耗和轧辊消耗等优越性，切分轧制能实现大小规格产品同样的高速度轧制，容易实现直接轧制，容易与炼钢、连铸衔接，所以新建的小型连轧机一般都采用切分轧制技术。

（5）精密轧制新设备。

精密轧制又称紧公差轧制，精密轧制产品公差范围控制在国际上通用标准（DIN、JIS、AISI 等）规定公差范围的 1/4 甚至 1/10 以内。精密轧制设备的基本特点是：采用小辊径、短辊身和单孔型的轧辊；使用高刚度、紧凑式轧机结构；采用平立交替布置的 2～3 个孔型；采用小压下量。按照上述原则已开发了如下几种精密轧制设备：1) PR 高精度轧机；2) Tekisun 定径机；3) PSB 定径机；4) CGS 定径机等。

（6）温控轧制、在线热处理。

现代化的高强度轧机，允许开轧温度从 1000～1100℃ 降至950～1050℃，实现低温轧制，这样综合节能可达 20%。

对低碳钢来说，终轧温度为 750～760℃，配合 40%～50%

的变形量，以完成变形热处理过程，细化晶粒，提高钢材性能，改进棒材的表面质量。在精轧机前配置一定数量的水箱，并留出足够的距离使轧件内外温度均匀，为温控轧制创造条件。

利用轧制余热的在线热处理技术已广泛采用。在钢轨生产中已成为高强度钢轨生产工艺的主要方向，这要求有获得均匀硬化组织的控制冷却技术和控制钢轨弯曲技术。为此，采用了空气、喷淋水、浸渍等冷却方式以及适当地配置喷嘴和控制输送速度。

(7) 精整设备。

型钢轧机的精整工序是型钢生产中的重要环节，它将轧制成形的半成品进行冷却、矫直、切断、热处理（特殊钢）以及检查、分类、消除缺陷、包装、标志等处理，使其成为符合技术标准的成品钢材。因此，精整设备的装备水平直接影响产品质量。现代化型钢轧机一个重要标志是，精整设备的连续化和自动化。

1) 冷床设备。现代中小型轧机均采用步进式齿条冷床，冷床的输入辊道、升降制动板和分钢装置需确保轧件顺利运送、准确定位并依次平稳地落到甩直板上。目前一些国家已利用计算机辅助设计对齿条的齿槽形状和甩直板的长度进行最优化设计，使齿槽形状能适应各种断面的型钢，并获得均匀冷却和最小变形。对于棒材，最近已研究出新型快冷装置，因为传统的步进式齿条冷床不仅冷却速度有限，而且在每一步移送过程中仍有间歇性停顿，停顿使强制冷却过程的热量媒体（压缩空气、水雾、油雾等）不能均匀地围绕棒材散热。日本住友公司开发了一种棒材自转速度快，而且能轴向移动的强制冷却装置，能使棒材全长冷却一致，不弯曲，金属组织均匀。快冷冷床的主要特点是自上而下采用喷射冷却媒体和棒材以一定速度（12m/min）自转，从而获得均匀降温。

2) 连续定尺剪切（C.C.L）机组。现代化小型型材轧机都已采用长尺冷却、长尺矫直和在冷状态下切断的新工艺。连续定尺剪切机组由一套自动化紧凑式多根矫直机、飞剪和打捆设备等组成，设置于冷床输出辊道后部，多根矫直机的矫直速度达

3m/s, 其上辊由计算机控制升降, 保证矫直质量, 采用启-停式飞剪和特殊夹紧装置来保证剪切精度。

3) 大、中型型钢在线矫直。采用悬臂结构的单根矫直设备, 根据生产需要可移出或移入辊道。矫直辊的辊距和辊缝均可按产品规格来调整, 这种可变辊距矫直机的矫直质量更高。

4) 由于型钢断面形状复杂, 为获得高质量的切口, 现代切断设备均采用冷锯, 对于碳素钢采用金属冷锯, 对合金钢则用砂轮锯, 锯片速度达 150m/s。

5) 自动堆垛、打捆机组。

83. 线材轧制技术有哪些新发展?

20 世纪 60 年代中期, 摩根 45°无扭精轧机与散卷控制冷却装置的开发与运用, 促进了线材生产技术的飞跃发展, 使线材轧制速度突破 40m/s。80 年代以来, 用户对线材产品的品种、质量和生产率提出了更高的要求, 因而在线材装备方面相继出现重负荷和超重负荷新型无扭精轧机、减径定径机、双模块精轧机、高速切头尾飞剪、在线测径与探伤系统及控制轧制与控制冷却等新的技术装备。由于各项制造技术、自动化控制技术的发展及检测元件的完善, 轧制速度突破了 100m/s 大关, 目前最高设计速度达 140m/s, 保证速度达 115m/s; 在提高轧制速度的同时, 也提高了线材品种质量、降低了消耗、节省了能源。这些新技术装备如下:

(1) 大压下定径机 (HRSM) 作预精轧机。这种预精轧机组由 3 个机架组成, 其压下量范围为 6%～25%, 包含了整个产品轧制时的变形要求, 采用两套孔型系统, 即能满足其后的高速精轧机组的需要。使用很少几种, 甚至一种规格的入口坯料就能轧制出具有精确尺寸偏差的产品

(2) 双模块高速精轧机 (TMB)。这是达涅利-摩格沙玛公司开发的最新线材轧机, 把传统的大模块精轧机组分成两组, 第一模块为固定式, 第二模块安装在滑板 (小车) 上为移动式, 当

作成品机组。两组模块的机架总数为 12 架，可由 8 架和 4 架组成，也可均由 6 架组成。采用这种可横移的双模块精轧机可大大节省更换机架的时间，轧机利用系数可提高到 90% 以上。由大压下定径作为预精轧机和其后布置的双模块高速精轧机配置的精轧机组，具有产品尺寸精度高、表面质量好、简化孔型系统，减少坯料规格种类，精轧速度高（可达 115m/s，如青钢高线轧机），并能实现机架入口温度为 800℃ 的低温控制轧制，提高线材内部质量。

（3）Ｖ字形微型轧机，这是摩根公司开发的新装备。利用该公司性能优良的第 6 代 V 字形精轧机轧辊箱结构来组合成微型模块式轧机。这种微型模块轧机可由 2 个或 4 个机架组成，其布置有两种方式：布置在无扭精轧机之前就用作预精轧机（PFM）；布置在无扭精轧机之后就作为精轧机的一部分（MFB），以此来提高轧制速度，增加产量，生产更小规格或更大规格的产品。当作预精轧机时，其优点是结构紧凑，两个机架由 1 台电机传动，换辊方便，轧机利用率高。采用这种微型模块轧机来改造旧的高线车间具有显著效果（如鞍钢高线轧机等）。

（4）减径定径机（RSM），这是摩根公司 1993 年开发的专利技术装备。减径定径机由 4 架 V 形结构的悬臂梁式轧机组成 2 架减径、2 架定径。减径机和定径机组可单独从轧制线上移出和移进，机组移出时由导槽取代其位置。

（5）轧件外形测量仪系统和热态在线测径装置及涡流探伤。采用轧件外形测量仪系统应对轧制过程有更多的了解，同时应掌握改变轧制参数对轧件形状和质量的影响。

热态在线测径装置和涡流探伤仪对线材从头至尾的尺寸精度和表面状况进行检测，可把不合格产品降到最少。

（6）高速切头尾剪。这种剪机为回转式飞剪，由 1 台微处理器来控制换向器速度和剪刀位置相匹配，以确保切头长度的精确设定。由于盘卷的头尾尺寸公差较大和力学性能指标不均，对特殊钢盘卷头尾切除是必要的，对吐丝机也有利，这样在输送冷却线上就省去了修剪工序，提高了盘卷质量并节省了人员。

（7）吐丝机的新发展和装有线圈分配器的集卷系统。最新设计的倾斜式吐丝机不仅根据线材尺寸大小可调整倾角和设有控制最后数圈尺寸大小的控制装置，而且可快速更换吐丝管，更换时间缩短至 4min。这种吐丝机设有振动监测装置和吐丝管内铁皮吹除装置。

集卷系统中的线圈分配器，使线圈下落过程中沿圆周均匀分布，使线圈更密实整齐，使盘卷高度降低，使后工序放线更顺利。

（8）控制轧制和控制冷却装置的发展。控制轧制在现代化高线生产中越来越被重视，发展较快。它对改善金相组织和提高力学性能具有显著作用，可省略后步热处理工序。在轧制过程中由专用的微处理器通过水流量调节阀实现各个水冷段入口水流量的连续调节，从而达到轧件温度的实时控制，保证不同材质控制轧制所需的轧件温度。用于提高螺纹钢筋强度和改善焊接性能及弯曲性能的热回火工艺设备（穿水冷却）日臻完善。

控制冷却包括水冷和风冷两部分。水冷装置可实现温度自动闭环控制。最新的散卷控制冷却装置能实现超延迟冷却，其冷却速度小于 $0.5℃/s$（如用于高合金钢），也能实现超快速冷却，其冷却速度达 $70℃/s$，在散卷控制冷却运输机上边设有水雾装置，其下边为高速（亚音速）鼓风机。

84. 无缝钢管轧制技术有哪些新发展？

无缝钢管轧制技术装备的发展主要表现在以下几个方面：

（1）连铸管坯取代轧制管坯。

连铸管坯直径为 $\phi80～560mm$，钢种包括碳素钢、合金钢、不锈耐热钢等，其表面和内部质量及尺寸公差都优于轧制管坯，基本可以不经修磨，直接送去轧制。和模铸-轧制管坯相比，从钢水到成材，金属收得率可提高 10%～15%，节省能源 40%～50%，降低成本 20%～25%。日本、德国、美国、意大利、加拿大等国基本上采用连铸管坯，并研究开发连铸空心管坯，以进一步简化生产环节。

（2）锥形辊穿孔机。

轧管机组的穿孔机现在普遍以锥形辊穿孔机取代使用多年的曼内斯曼桶形辊穿孔机。锥形辊穿孔机轧辊辊径的出口方向逐渐加大和金属流动速度逐渐增加相一致，从而减少管坯上周向切应力，减少了管内外表面缺陷和金属扭曲。一些在曼内斯曼桶形穿孔机穿孔时容易产生内外裂纹而难以穿孔的难加工材料，在锥形穿孔机上就能够加工。锥形辊穿孔机采用了大的喂入角和辗轧角进行穿孔，对壁厚压下的同时进行扩大外径，提高了穿孔效率，可以生产出更薄的长管，扩管比（毛管外径/管坯直径）可达1.4～2，而曼内斯曼穿孔机的扩管比仅1.0～1.1。因而，可以减轻以后轧管机的负荷，减少轧管机的架数。另外，若对扩管比进行控制，用同一尺寸的管坯就可得到外径不同的毛管，从而减少管坯的规格和数量。

（3）限动（半限动）芯棒连轧管机。

限动（半限动）芯棒连轧管机的优点是：可生产直径最大达426mm，长度达50m的钢管。生产效率高，单机产量最大可达80～100万 t/a。产品质量好，外径公差可达±0.2%～0.4%，壁厚偏差在±3%～6.5%范围内，内壁光滑。

工具消耗低，芯棒消耗每吨成品为0.6kg。

由于芯棒与钢管接触时间短，钢管降温少，因此可取消定径前的再加热，节省能耗（0.54～0.67）×10^6kJ/t，同时也节省了再加热炉的投资。

在二辊式限动芯棒连轧管机的基础上，国外最近研制开发出三辊可调的限动芯棒连轧管机（称PQF）。从变形角度看，二辊式限动芯棒连轧管机和三辊可调式限动芯棒连轧管机的最大差异是减少了轧辊顶部和底部两侧的速度差，使孔型中的横向附加变形减小，金属变形更均匀。芯棒的平均压力，特别是峰值压力更低，芯棒稳定性提高。

（4）定径、减径机。

钢管的减径和定径采用二辊或三辊轧机。以往小直径的减径机多采用三辊式轧机。由于三辊式轧机有尺寸精度高等特点，大直径的定径机采用三辊式轧机也在增多。

减径机是扩大作业线产品规格范围，提高生产能力的重要环节，也是最终尺寸精度和表面质量的关键设备，由于在线检测壁厚仪表的进步，已经普遍实现了在减径机出口侧测定壁厚结果的监督。根据减径机入口侧测定的壁厚信息，控制长度方向的壁厚分布也已在工业生产上采用。通过采用 γ 射线测壁厚仪和改进的控制模型将进一步提高钢管精度。

（5）在线热处理。

无缝钢管生产工艺复杂，能耗比其他钢材产品多，因此节省能源成为一个很突出的问题。为了节省能源可以采取许多措施，包括采用连铸管坯代替轧坯，研制新炉型和采用隔热材料，采用新设备、新工艺简化工序取消再加热炉等。

以石油管和管线钢管为主要产品的钢管车间，利用轧制余热并严格控制轧制温度和适当调整钢的化学成分，使钢管在线直接淬火和常化，以取代传统离线的常化或淬火热处理炉，已在实际生产中得到广泛应用。目前用这种技术生产 C_{75}、N_{80}、P_{110} 等石油套管和 X_{60}、X_{70} 管线钢管，每吨钢管节能 $1.17 \times 10^6 \sim 1.25 \times 10^6$ kJ，生产费用降低约 25%。由于不建或少建离线热处理机组，从而节省投资。

发展在线控轧、控冷技术，要保证钢管在 $900 \sim 1200$℃ 条件下的均匀加热和最大限度地减少钢管的非弹性蠕变。对小规格的钢管来讲，为防止发生非弹性蠕变，在运输过程中要求钢管旋转，采用现在的 V 形辊输送（无论是直置还是斜置）已不能满足要求，为此开发了成对盘式辊辊道和球体式辊辊道。球体式辊辊道，可根据工艺要求，使钢管完成所希望的动作，如只回转、回转并前进作螺旋线运动、只前进和后退。

（6）完善检测手段及精整设备。

无缝钢管主要用于对强度、温度、压力、韧性、耐腐蚀性要求较高领域，对质量要求十分严格，如石油用管、高压锅炉用管及液压用管等。为了保证质量，对质量的控制要求从炼钢的原材料开始直至钢管成品的检验，贯彻钢管生产的全过程。

从无缝钢管生产本身讲，不仅要求对成品进行无损探伤以及表面质量、尺寸公差、力学性能的检验，而且要对加热、轧制时各种参数，如外径、壁厚、温度、轧制压力进行测定监控。因此，在钢管轧制生产线上各主要生产环节都设置轧件温度、轧制压力、轧件直径和壁厚等检测装置，以测定各种参数，输送给自动控制系统，适时进行调控，从而大大提高产品质量和产品精度，钢管外径公差可在 $\pm 0.2\% \sim 0.4\%$，壁厚公差为 $\pm 3\%$ $\sim 6.5\%$。

在钢管精整设备方面，采用长尺矫直，硬质合金圆盘锯或带锯成排锯切等技术。长尺矫直减少了管端产生压痕的几率。

关于钢管的质量检验，普遍放置漏磁加超声或超声波加涡流的联合探伤机组，以检测表面及内部缺陷。

2 轧制理论基础

85. 什么是弹性变形?

物体在外力或内力作用下产生变形,当使物体发生变形的力去掉后,变形立即消失,这种变形叫弹性变形。

86. 什么是塑性变形?

物体在外力或内力作用下产生变形,物体变形超过弹性范围后,这时即使将物体发生变形的力去掉,变形也不能恢复,这种变形叫塑性变形。

87. 什么是内力?

一切材料都因外力作用而产生变形。材料抵抗这种变形在其内部就产生力,这种力叫内力。

88. 什么是应力?

若在物体内设一假想平面,此假想平面上的内力应和外力保持平衡。在这假想平面上每单位面积上的内力叫做应力。

89. 什么是应变?

物体受外力作用即产生变形,表示这种变形程度的量叫做物体在该点的应变量,简称应变。纵向应变 (ε):

$$\varepsilon = \lambda/l$$

式中　l——杆长;

λ——变形后伸长量。

圆截面直杆受轴向拉伸或压缩时,杆件各处的应变均相同。

90. 什么是体积不变定律?

体积不变定律是指物体的体积在塑性变形过程中为一常数。

91. 什么是最小阻力定律?

最小阻力定律是指物体在变形过程中,当其质点有向各方向移动的可能时,物体质点将向着阻力最小方向移动。

92. 什么是简单轧制过程?

一般把具有下列条件的轧制过程叫做简单轧制过程:

(1) 两个轧辊都驱动;

(2) 两个轧辊直径相等;

(3) 两个轧辊转速相同;

(4) 轧件做等速运动;

(5) 轧件只受轧辊施加的力作用(无任何其他力作用);

(6) 轧件力学性能是均匀的。

凡不满足简单轧制过程条件的轧制过程,叫做非简单轧制过程。

93. 什么是变形区及其几何参数?

在轧制过程中,轧件直接与轧辊相接触而发生变形的区域,称为变形区,如图 2-1 所示。

变形区主要几何参数:

M——轧辊中心;

R——轧辊半径(mm);

E——轧件的入点(第一个接触点);

A——轧件的出口点;

S——中性点或临界点;

α——咬入角(变形区所对应的轧辊中心角), $\cos\alpha = 1 - \Delta h/(2R)$;

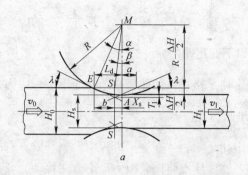

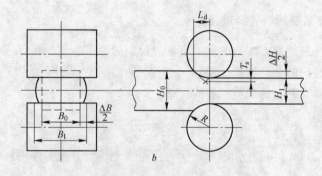

图 2-1 轧制过程变形区几何参数与轧件宽展过程示意图

a—辊缝和轧件变形区几何尺寸；*b*—轧件宽展过程示意图

β——中性角或称临界角；

H_0——轧制前入口轧件高度，mm；

H_s——中性点处轧件高度，mm；

H_1——轧制后（出口）轧件高度，mm；

ΔH——压下量，mm，$\Delta H = H_0 - H_1$；

L_d——咬入弧或接触弧，$\overset{\frown}{EA}$水平投影长度，mm；

T_s——压力锥深度，mm；压力锥是指变形区内的一个三角区域，以轧件入口和出口两点的连线为锥底，沿中性面向下取 T_s 高为锥顶；

v_0——轧件入口速度，mm/s；

v_1——轧件出口速度，mm/s；

B_0——轧制前入口轧件宽度，mm；

B_1——轧制后出口轧件宽度，mm；

ΔB——宽展量，mm，$\Delta B = B_1 - B_0$。

94. 什么是接触弧?

轧辊与轧件接触的弧 $\overset{\frown}{EA}$ 为接触弧（图 2-1），其弧长 $\overset{\frown}{EA}$ 在水平投影长度 L_d 的推导过程如下：

因为 $\qquad \sin\alpha = L_d/R, \cos\alpha = 1 - \Delta H/2R$

又 $\qquad\qquad \sin^2\alpha + \cos^2\alpha = 1$

所以 $\qquad L_d = (R\Delta H - \Delta H^2/4)^{1/2}$

95. 什么是轧制过程变形系数?

轧件被轧制时，其尺寸在三个方向（高度、宽度、长度）都发生变化，即轧件高度由轧前 H_0 减小到轧后 H_1，比值 $H_1/H_0 = \eta$，η 称为压下系数。轧件宽度由轧前 B_0 增加到 B_1，比值 $B_1/B_0 = \beta$，β 称为宽展系数。轧件长度方向由轧前 L_0 增加到轧后 L_1，比值 $L_1/L_0 = \lambda$，λ 称为延伸系数。这三个变形系数表示了轧件的相对变形量，用轧件轧制前后相应的线尺寸的比值来描述。

由体积不变定律可知，三个变形系数的关系为：

$$H_0 B_0 L_0 = H_1 B_1 L_1$$

或 $\qquad H_1/H_0 \times B_1/B_0 \times L_1/L_0 = 1$

即 $\qquad\qquad \eta \times \beta \times \lambda = 1$

又设轧前、轧后轧件的断面积：

$$S_0 = H_0 \times B_0, S_1 = H_1 \times B_1$$

$$S_0/S_1 = L_1/L_0 = \lambda$$

可见，延伸系数也等于轧制前后轧件横断面积之比，且总是大于 1。

96. 什么是轧制过程的相对变形量?

相对变形量是以三个方向的绝对变形量与其相应线尺寸的比

值所表示的变形量，即：

相对压下量：$\varepsilon_1 = \Delta H/H_0 \times 100\%$

相对宽展量：$\varepsilon_2 = \Delta B/B_0 \times 100\%$

相对延伸量：$\varepsilon_3 = \Delta L/L_0 \times 100\%$

式中　　ΔH——压下量，$\Delta H = H_1 - H_0$；

ΔB——宽展量，$\Delta B = B_1 - B_0$；

ΔL——延伸量，$\Delta L = L_1 - L_0$。

97. 什么是咬入角?

变形区所对应的轧辊中心角称为咬入角 α，由图 2-1 可知：

$$\cos\alpha = 1 - \Delta H/D$$

$$\Delta H = D(1 - \cos\alpha)$$

可见，在轧辊直径 D 一定时，在满足咬入条件的前提下，压下量越大则咬入角越大。

98. 什么是变形速度?

变形速度是指单位时间内的相对变形量，即变形程度对时间的导数，用 u 表示，则：

$$u = \mathrm{d}\varepsilon/\mathrm{d}t, \mathrm{d}\varepsilon = \mathrm{d}H/H$$

$$u = (\mathrm{d}H/H) \times (1/\mathrm{d}t) = (\mathrm{d}H/\mathrm{d}t) \times (1/H)$$

式中　　H——变形物体瞬时高度。

轧制时，在变形区内任意断面上的变形速度是变化的，一般取变形区长的平均值来计算。

99. 什么是轧制时的前滑与后滑?

轧制实践与实验室的研究都表明，在一般的轧制条件下，轧辊圆周速度和轧件速度是不相等的，轧件的出口速度比轧辊周围速度大，因此，轧件与轧辊在出口处产生的相对滑动，称为前滑。而轧件入口速度比轧辊圆周速度低，轧件与轧辊在入口处也产生相对滑动，但与出口处相对滑动方向相反，称为后滑。

100. 什么是中性点、中性面、中性角？

轧制时，存在上述的前滑、后滑现象，在变形区存在一点，在该点上的金属移动速度与轧辊圆周速度相等，此点称为中性点或临界点。过该点作的断面称为中性面，中性面上的各点速度相同。中性点到轧辊中心的连线与两辊中心连线的夹角 β 称为中性角或临界角。

中性面至轧件出口的变形区称为前滑区，中性面至轧件入口变形区称为后滑区。

101. 轧件的咬入条件是什么？

轧钢是利用两个旋转着的轧辊将轧件压紧碾入辊缝进行压力加工。轧辊把轧件压紧碾入辊缝的行为叫咬入，轧辊咬入轧件是实现轧制所必须的条件，而轧件能否被轧辊咬入是需要满足一定条件的。

当轧件与轧辊接触时，轧件以力 P 与 F 作用在轧辊上，即法向力 P 与切向力 F（摩擦力），而每个轧辊以大小相等、方向相反的力 P、F 作用在轧件上，如图2-2所示。

F 在水平方向力 F_x 起到碾入轧件的作用，而 P 在水平方向的力 P_x 与 F_x 方向相反，阻碍轧件进入轧辊，起到推出轧件的作用。显然，当 $F_x \leqslant P_x$ 时，轧件不能进入辊缝，而只有当 $F_x > P_x$ 时，轧件才能进入辊缝，即被轧辊所咬入，故咬入条件为：

$$F_x > P_x$$

又因为
$$F_x = f \times P\cos\alpha$$
$$P_x = P \times \sin\alpha$$
$$f = \tan\beta$$

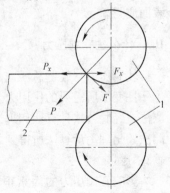

图 2-2 轧件的咬入条件
1—轧辊；2—轧件

则 $f > \tan\alpha$

即 $\beta > \alpha$

式中 f、β——分别为轧辊与轧件之间的摩擦系数、摩擦角；

          α——咬入角。

上式说明，只有当轧辊与轧件之间的摩擦系数大于摩擦角的正切值，或摩擦角大于咬入角时，轧件才能被轧辊咬入。

影响咬入的因素只有两个，即：β、α。要想改善咬入条件，就要提高 β 减少 α。通常靠减少压下量（轧辊直径一定时）、增大轧辊直径（压下量一定时）、增加摩擦力的方法来达到。但是轧机确定后，轧辊直径一般改变不大，而减少压下量又对提高生产率不利，为了解决这个矛盾，现场实际操作多取以下方法：

（1）降低咬入速度，即降低咬入时轧辊的转速（直流电机或其他可调速方法驱动的轧机）；

（2）把轧件咬入端加工成锥形（如初轧机用钢锭转盘，使钢锭小头在前便于咬入）；

（3）强迫喂钢（撞车、夹送辊等）；

（4）在轧辊和轧件上制造增加摩擦力的条件（如轧辊刻痕、堆焊、向轧件上撒一些氧化铁皮等），但前提是不能影响轧件的表面质量。

102. 什么是轧制压力？

轧制压力（轧制总压力、轧制力）是由于金属通过轧辊时产生塑性变形所需要的作用力。确定轧制压力的方法有三种，即实测法、经验公式计算法和理论公式计算法。实际上，无论是用实测法还是理论计算法所得到的轧制压力均是作用于轧辊上的各力垂直分量之和。

影响轧制压力的因素很多，其主要因素有压下量、轧辊直径、轧件宽度、轧件厚度、轧制温度、摩擦系数、轧件化学成分、轧制速度等。在其他条件不变的条件下，轧制压力随着压下量的增加而增加，随着轧辊直径的加大而加大，随着轧制温度的增大而减小，随着摩擦系数的增加而增加，随着轧件化学成分的不同而不同，随着轧制速度的变化而变化。

103. 什么是变形阻力？

金属塑性变形阻力是指单向应力状态下金属材料产生塑性变形时所需的单位面积上的力，它的大小取决于金属材料的种类（化学成分和组织状态等）、变形温度、变形速度以及变形程度。

例如：合金钢的变形阻力要比低碳钢大得多；晶粒细小的同一化学成分的金属具有较大的变形阻力；加工硬化的金属比退火软化状态的金属具有更大的变形阻力；随着变形温度的升高，各种金属所有的强度指标均降低，变形阻力之间的差别缩小；随着变形速度的增加，变形阻力在增大；随着变形程度的增加变形阻力也增加。

104. 什么是平均单位压力？

在轧制过程中，金属在轧辊间承受轧制压力的作用而发生塑性变形，用理论计算法确定轧制压力时需要首先确定接触弧上的单位压力分布规律及大小，根据此计算出轧制压力的数值。

众多学者关于接触弧上单位压力大小及其分布规律的研究结果表明：单位压力在接触弧上分布是不均匀的，沿轧件宽度上分布也是不均匀的，同时发现轧辊的表面粗糙度对其也有影响。

影响单位压力的因素很多，基本上可以分为两大类：一为影响轧制金属本身性能，即影响变形阻力，如金属材料的化学成分、变形温度、变形速度与变形程度。变形阻力增大后，将使单位压力加大。二为影响应力状态条件的因素，如外摩擦、轧件、轧辊尺寸、张力等。

由于单位压力受众多因素影响，在接触弧上的分布是不均匀的，为方便计算，一般均以平均单位压力来计算轧制压力。平均单位压力是在确定了单位压力大小及其分布规律之后，取轧件与轧辊的整个接触面积上单位压力和单位摩擦力在垂直方向上投影的总和，得到轧制总压力，再除以接触面积即可得到平均单位压力。这里要注意的是：单位压力是轧辊对轧件的纯径向压力，而平均单位压力确含有单位压力和单位摩擦力，并且力的方向不是轧辊径向而是垂直方向。

计算平均单位压力的方法比较多，但均有一定的限定条件，使计算值与实际都有一定的误差。国外几种常用的计算方法有采利柯夫方法、R.B 西姆斯（R.B. Sims）方法、M.D 斯通（M.D. Stone）方法、S. 艾克隆（S. Ekelund）方法等。

通过上述方法获得平均单位压力再将其与轧件与轧辊的接触面积相乘，之积便是轧制力总压力（轧制压力）。

105. 什么是轧制力矩？

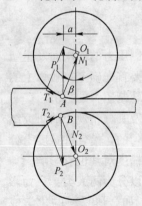

图 2-3　简单轧制时作用
在轧辊上的力

轧制时，轧制压力与其作用点到轧辊中心线的距离（力臂）的乘积叫轧制力矩。前面已学过了轧制压力的概念，这里又出现了力臂的概念，要想准确地知道力臂值，就需要确定轧制力的方向及其作用点。确定轧制力方向的方法是以轧件为对象研究作用在其上力的平衡条件。轧机构造及其轧制情况不同，轧制力方向也不同。

下面仅介绍简单轧制情况下的轧制力矩 M_z。图 2-3 所示为简单轧制时作用在轧辊上的力、方向、作用点及力臂。图中所示各力为轧件对轧辊的反作用力。

简单轧制时，除了介绍简单轧制情况下的轧制力外，没有其他外力，这样，两个轧辊对轧件的法向力 N_1、N_2 和摩擦力 T_1、T_2 的合力 P_1、P_2 必然是大小相等，方向相反，且作用在一条直线上。设直线平行于轧辊连心线，轧件能平衡。

轧制压力在接触弧上作用点的位置，可用 β 角表示，β 角是过轧制压力作用点与轧辊中心连线的夹角，则：

$$M_z = Pa$$
$$a = R\sin\beta$$
$$M_z = PR\sin\beta$$

式中　a——轧制力力臂；

　　　R——轧辊半径；

　　　P——轧制压力。

106. 什么是附加摩擦力矩?

在轧制时，由于轧制力作用在轧辊轴承、传动机构及其他转动件中的摩擦而产生的附加力矩叫附加摩擦力矩。这里特指推算到轧机主电机轴上的总附加摩擦力力矩 M_f，其包括两部分，一部分是由于轧制总压力在轧辊轴承上产生的附加摩擦力矩 M_{f1}；另一部分为各转动零件推算到主电机轴上的附加摩擦力矩 M_{f2}：

$$M_f = M_{f1}/i + M_{f2}$$

式中　i——主电机与轧辊之间的速比。

107. 什么是空转力矩?

在轧机空转时，由于各转动件的重量所产生的摩擦力力矩及其他阻力矩叫空转力矩。这里特指推算到主电机轴上的总空转力矩 M_{kon}，M_{kon} 可由下式确定：

$$M_{kon} = \Sigma G_n \mu_n d_n / 2i_n + M'_{kon}$$

式中　G_n——某一转动件的重量；

　　　μ_n——某一转动件的摩擦系数；

　　　d_n——某一转动件的轴颈直径；

　　　i_n——某一转动件到主电机之间的传动比；

　　M'_{kon}——飞轮转动的摩擦损耗。

当有飞轮时，飞轮与空气的摩擦损失可用下列经验公式计算：

$$N = 0.74U^2 D^2 (1 + 5b) \times 10^{-5}$$

式中　N——飞轮与空气的摩擦损失功率，kW；

　　　U——飞轮轮缘的圆周速度，m/s；

　　　D——飞轮外径，m；

　　　b——飞轮轮缘宽度，m。

将上式算出的功率 N 换算为摩擦力矩 M'_{kon}（kN·m）：

$$M'_{kon} = 60N/(2\pi n)$$

式中　n——飞轮转速，r/min。

108. 什么是动力矩？

在轧钢机运行过程中，轧辊运转速度不均匀时，各部件由于有加速度（加速或减速）所引起的惯性力所产生的力矩。这里特指推算到轧机主传动轴上的总的动力矩 M_{don}（N·M）：

$$M_{don} = J \times d\omega/dt$$
$$= GD^2/4 \times d\omega/dt$$

式中　GD^2——各传动件推算到主电机轴上的飞轮力矩；

　　　$d\omega/dt$——主电机的角加速度，由电机类型和操作情况而定。

109. 什么是静力矩？

将推算到轧机主电机轴的轧制力矩 M_z/i、附加摩擦力矩 M_f，空转力矩 M_{kon} 三者之和称为静力矩 M_j，则：

$$M_j = \frac{M_z}{i} + M_f + M_{kon}$$

式中　i——速比。

110. 什么是轧钢机主电机轴上的力矩？

轧钢机轧制，是由轧钢机主电机及传动系统克服负荷力矩传动轧钢机轧辊来实现的，推算至轧钢机主电机轴上的力矩 M_D 由四个部分组成：

$$M_D = \frac{M_z}{i} + M_f + M_k \pm M_{don} = M_j \pm M_{don}$$

式中　M_D——主电机力矩。

其他参数前面问题中已叙述。

轧制力矩 M_z 是用来使轧机发生塑性变形，属于有用力矩，即附加摩擦力矩 M_f 和空转力矩 M_k 纯属摩擦消耗，属于无用的力矩。我们追求的是使无用力矩最小。

轧机的效率为 η：

$$\eta = \dfrac{\dfrac{M_z}{i}}{\left(\dfrac{M_z}{i} + M_f + M_{kon}\right)} = \dfrac{M_z}{i\,M_j}$$

111. 什么是电机的静负荷图？

以静力矩 M_z 为纵坐标，以时间 t 为横坐标，根据静力矩随时间变化的关系作图称为静负荷图。如图 2-4 所示。由 M_j、M_z、M_f、M_k 各公式计算出各道次的电机静力矩，再根据轧制周期，即每道次的轧制时间 t_{gi} 和间隙时间 t_{ji}，便可作出 M_j-t 图形，即静负

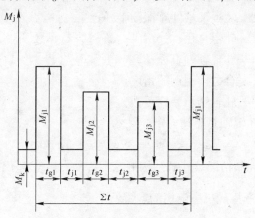

图 2-4　轧机电动机静负荷图

M_{j1}、M_{j2}、M_{j3}—各轧制道次的静力矩；t_{g1}、t_{g2}、t_{g3}—各轧制
道次的轧制工作时间；t_{j1}、t_{j2}、t_{j3}—各轧制
道次之间间隙时间

荷图。

112. 什么是轧辊传动力矩？

驱动一个轧辊的力矩 M_k 为轧辊的传动力矩。轧辊转动力矩与轧制力矩 M_z 的区别是，前者含有后者，M_k 中除包含有 M_z 外还有轧辊的摩擦力矩、工作辊与支撑之间的反力矩（如四辊轧机）等作用在轧辊轴上的其他力矩。

简单轧制时，驱动一个轧辊的力矩 M_k 为轧制力矩 M_z 与轧辊轴承处摩擦力力矩 M_{fi} 之和：

$$M_k = M_z + M_{fi} = P(a + \rho_1)$$

$$a = \frac{D}{2}\sin\beta$$

$$\rho_1 = \frac{d}{2}\mu$$

式中　P——轧制力；

a——轧制力力臂；

ρ_1——轧辊轴承处摩擦圆半径；

D——轧辊直径；

d——轧辊轴颈直径；

β——合力作用点的角度；

μ——轧辊轴承摩擦系数。

两个轧辊轴总驱动力矩 $M_{k\Sigma}$ 为

$$M_{k\Sigma} = 2M_k = P(D\sin\beta + \mu d)$$

其他轧制情况及轧机结构的轧辊传动力矩计算不细述。

113. 如何选择轧机主电机的容量？

轧钢机的种类很多，作业方式各不相同，但从选择电机功率的方法来看，基本可以分为三类：

（1）轧制过程中轧机的负荷变化不大，或按照一定规律变化而动负荷较少。这类轧机一般情况下采用异步电机驱动，对于大型轧机及某些线材轧机，有时也采用同步电动机。当轧机需要具有不同的轧制速度时，也采用并激电动机驱动。这类轧机电动机功率是按静负荷图选择的。

（2）轧制过程中轧机的负荷变化较大，为了使电动机的负荷趋向均匀，采用飞轮。飞轮的作用是当轧机有负荷时，飞轮降速而放出其所储藏的动能，帮助电动机克服尖峰负荷。当轧机装有飞轮后，电动机的负荷趋向均匀，峰值降低，电流波动减少，因而就可选择功率较小的电动机。由于飞轮需要加减速度才能发挥作用，这类轧机的电动机多采用惯性较软的异步电动机，有时也采用复激电动机。选择飞轮时要注意的是：飞轮在蓄能时要引起能量的消耗，飞轮的 GD^2、轧机转速要与轧件长度（轧制时间）与间隙时间相匹配，即飞轮应该有充裕的蓄能时间（小于轧制间隙时间）和充分的释放能量时间（较轧制时间稍长）。

（3）轧制过程中要求轧机经常调整速度或可逆运转，此时采用复激电机来驱动。

轧机主电机功率的选择，虽然由于上述三类作业方式不同，在具体的计算方法上有所区别，但其计算方法的实质是共同的，即画出电动机的负荷图，根据过载计算预选电动机功率，然后进行发热验算，最后确定所选电动机功率大小。

3 轧 辊

114. 什么是轧辊?

轧辊是轧钢机在工作中直接与轧件接触并使金属产生塑性变形的部件，是轧钢机的主要部件，是整个工作机座的中心，机座的其他组件和机构都是为装置、支撑和调整轧辊以及引导轧件正确地进出轧辊而设。轧辊的结构一般是由辊身、辊颈、辊头三部分组成，如图 3-1 所示。

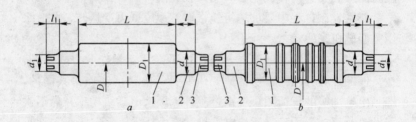

图 3-1 光面轧辊和有槽轧辊

a—光面轧辊；*b*—有槽轧辊

1—辊身；2—辊颈；3—辊头

115. 轧辊的工作特点是什么?

轧辊通常工作在比较恶劣的环境下，如热轧的高温、水、雾、气和铁皮等，受到轧制时的重载荷、冲击载荷、扭振、摩擦力等作用:

（1）工作时要承受很大的轧制力和力矩，并伴有强大的动载荷。

（2）要在高温和温度变化很大的条件下工作，热轧时还伴有坚硬的氧化铁皮使辊面极易破损；冷轧时，特别是轧制薄板时，轧辊经常处于弹性压扁状态，使其接触应力巨大，轧辊也极易损坏。

由于轧辊在轧制过程不断被摩擦，故直接影响轧件质量，同时也影响轧辊寿命。

116. 轧辊分哪几类？

按照轧钢机类型轧辊分成三类：板材轧机轧辊、型钢轧机轧辊和特殊轧辊：

（1）板材轧机轧辊的辊身呈圆柱形，为了控制板形，通常被加工成有一定的凸凹量。热轧时，轧辊的辊身微凹，当它受热膨胀时，可保持较好的板形。冷轧时轧辊辊身微凸，当它受力弯曲时，可保证良好的板形。在有的轧机上，如 CVC 凸度连续可变轧机，一只轧辊辊身同时出现凸线段接凹线段，即将轧辊磨成 S 形的辊廓曲线，使用时工作辊可以轴向移动。

（2）型钢轧机轧辊的辊身上有轧槽，根据型钢轧制要求，安排孔型及尺寸。

（3）特殊轧辊一般用于穿孔机、车轮轧机、齿轮轧机、楔横轧机等专用或特殊轧机上，轧辊具有各种不同形状。

117. 轧辊由哪几部分结构组成？

轧辊由辊身、辊颈、辊头三部分组成（图 3-1）：

（1）辊身是轧辊与轧件接触并使金属产生塑性变形的部分。辊身直径和长度是轧钢机的两个重要参数。

（2）辊颈是轧辊支承部分，安装在轴承里置于机架中，并通过轴承座和压下装置把轧制力传给机架。

（3）辊头是通过与联轴器相连来传递轧件扭矩的。辊头有三种主要形式：梅花轴头（图 3-2a）、万向轴头（轧辊端是扁头）（图 3-2b）、带平台轴头（图 3-2c）。

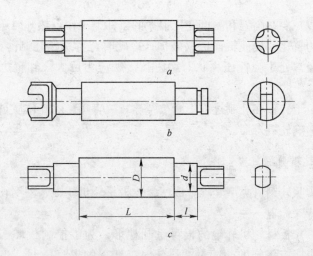

图 3-2 轧辊轴头的基本类型

a—梅花轴头；b—万向轴头；c—带平台轴头

118. 轧辊的基本尺寸参数是什么？

轧辊的基本尺寸参数是：轧辊名义直径（或称公称直径）D，辊身长度 L，辊颈直径 d 和辊颈长度 l，如图 3-2 所示。

119. 如何确定轧辊的名义直径？

轧辊的辊身直径有名义直径 D 和工作直径 D_1 之分。

初轧机、型钢轧机等类型轧机的轧辊都是有孔槽的，而且轧辊在使用过程中是由粗变细的。轧辊直径是以名义直径表示的，因此轧辊的名义直径即是轧辊的主要参数，也是轧机的主要参数。该类轧机是以其轧辊的名义直径来标称的（如 850 初轧机、500 型钢轧机等，其 850、500 就是指轧机的名义直径）。对于型钢轧机是以齿轮座的中心距作为轧辊名义直径，初轧机则把辊环外径作为名义直径（也有资料介绍：按最末道轧辊中心来确定）。轧辊工作直径 D_1（指槽底直径）要根据允许咬入角（或压下量 Δh 与辊径 D_1 之比，即 $\Delta h / D_1$）和轧辊的强度要求来决定。各种轧机的最大允许咬入角可参考表 3-1。按照轧辊咬入条件，轧辊的工作直径 D 应满足下式要求：

$$D \geqslant \Delta h / (1 - \cos\alpha)$$

表 3-1 各种轧机的最大咬入角和 $\Delta h / D_1$

轧 制 情 况		最大咬入角 $\alpha / (°)$	最大比值 $\Delta h / D_1$	轧辊与轧件的摩擦系数
热轧	在有刻痕或焊痕的轧辊中轧制初轧坯或钢坯	24～32	1/6～1/3	0.45～0.62
	轧制型钢	20～25	1/8～1/7	0.36～0.47
	轧制带钢	15～20	1/14～1/18	0.27～0.36
	自动轧管机热轧钢管	12～14	1/60～1/40	—
在润滑条件下冷轧带钢	在较光洁的轧辊上轧制	5～10	1/130～1/23	0.09～0.18
	在表面经很好磨光的轧辊中轧制	3～5	1/350～1/130	0.05～0.08
	同上，用棕榈油、棉籽油或蓖麻油润滑	2～4	1/600～1/200	0.03～0.06

为避免孔型槽切入过深，辊子名义直径与工作直径的比值一般不大于 1.4，即 $D / D_1 \leqslant 1.4$。

板带轧机的轧辊则没有名义直径的称呼，工作直径就是轧辊直径，该类轧机的轧辊主要参数是辊身长度。决定该类轧机辊径的途径是：先确定辊身长度，然后再根据强度、刚度和有关工艺条件确定其直径。

120. 如何确定轧辊的辊身长度？

板带轧机轧辊的主要尺寸参数是轧辊的辊身长度 L 和直径 D，辊身长度决定着成品规格，因此也是轧机的主要参数，该类轧机是以其轧辊辊身长度来标称的，如 1700 轧机、3200 轧机，其中 1700、3200 就是指该轧机的轧辊辊身长度。辊身长度 L 比所轧钢板的最大宽度 b_{max} 大一个适度的裕量 a，即

$$L = b_{max} + a$$

a 值视钢板宽度而定，一般随 b_{max} 的增加相应增加，$a = 100$ ～400mm。

带有孔型的轧辊辊身长度主要取决于孔型配置、轧辊的抗弯强度和刚度。因此，粗轧机的辊身较长，以便配置足够数量的孔型，而精轧机轧辊尤其是成品辊的辊身长度较短，这样就可以加强轧辊刚度，提高产品的尺寸精度。各种轧机的轧辊辊身长 L 和名义直径 D 有一定比例，其比值可参考表 3-2。

表 3-2　各类轧机的 L/D

轧机名称	L/D	轧机名称	L/D
初轧机	2.2～2.7	中厚板轧机	2.2～2.8
型钢轧机	1.5～2.5	装甲板轧机	3.0～3.5
开坯和粗轧机座	2.2～3.0	二辊薄板轧机	1.5～2.2
精轧机座	1.5～2.0	二辊铁皮轧机	1.3～1.5

121. 如何确定轧辊的辊颈尺寸？

轧辊的辊颈是轧辊的支撑部分，辊颈尺寸为直径 d 和长度 l，它与轧辊轴承装配形式及工作载荷有关。从强度考虑，将辊颈 d 取得大一些，对保证轧辊安全防止断辊颈现象是有必要的。但结构上受限制，如轧辊轴承及轴承座等径向尺寸，辊颈直径要比辊身直径小得多。因此，辊颈与辊身过渡处，往往是轧辊强度最差的部位。建议尽力将辊颈与辊身过渡处的过渡圆角 r 选大一些。

轧辊使用滑动轴承时，辊径尺寸（d/D，l/d，r/D 比值）参看表 3-3。

表 3-3　轧辊使用滑动轴承时的辊径尺寸

轧机类别	d/D	l/d	r/D
初轧机	0.55～0.7	1.0	0.065
开坯和型钢轧机	0.55～0.63	0.92～1.2	0.065
二辊型钢轧机	0.6～0.7	1.2	0.065
小型及线材轧机	0.53～0.55	1+(20～30mm)	0.065
中厚板轧机	0.67～0.75	0.83～1.0	0.1～0.12
二辊薄板轧机	0.75～0.8	0.8～1.0	r=50～90mm

轧辊使用滚动轴承时，由于轴承外径较大，辊径尺寸不能过大，一般选 $d=(0.5～0.55)D$，$l/d=0.83～1.0$。

122. 轧辊常用哪些材料？

轧辊材料是指轧辊本身使用的材料。轧辊是轧钢厂经常耗用的工具，其质量的好坏直接影响着钢材的质量和产量，因此对轧辊性能的要求相当严格，如对其强度、耐磨性和耐热性等。在选择轧辊材质时，既要考虑轧辊的工作要求与特点，还要根据轧辊常见的破坏形式（如断辊、辊面剥落、表层不耐磨和不耐热等）和破坏原因，按轧辊材料标准来选择合适的材质。此外轧辊的加工、热处理、辊面涂镀、堆焊、采用复合辊套等方面的进步，对轧辊选材起到了很好的推动作用。

常用的轧辊材料有合金锻钢、合金铸钢和铸铁等，其中：

（1）用于轧辊的合金锻钢，在我国重型机械标准 JB/ZQ4289—1986 标准中列出了**热轧轧辊用钢**，如 55Mn2、55Cr、60CrMnMo、60SiMnMo 等。冷轧轧辊用钢，如 9Cr、9Cr2、9Cr2W、9Cr2Mo、60CrMoV、80CrNi3W、8CrMoV 等。

（2）用于轧辊的铸钢种类有 ZG70、ZG70Mn、ZG8Cr、ZG75Mo 等。用于轧辊的合金铸钢种类尚不多，也没有统一标准。随着电渣重熔技术的发展，合金铸钢的质量正逐步提高，今后合金铸钢轧辊将会得到广泛应用。

（3）铸铁可分为普通铸铁、合金铸铁和球墨铸铁。铸造轧辊时，采用不同的铸型，可以得到不同硬度的铸铁轧辊，因此有半冷硬、冷硬和无限冷硬轧辊之分。铸铁轧辊硬度高、表面光滑、耐磨、制造过程简单且价格便宜。其缺点是：强度低于钢轧辊，只有球墨铸铁轧辊的强度较好。

此外,近 20 年来用高速钢制造轧辊的研究与推广应用进展迅速,凭其良好的耐磨性能和耐表面粗糙性能,不仅用于热轧带钢连轧机组上,在型材轧机、高速线材轧机和冷轧机上也显示了良好的应用前景。

123. 如何选择轧辊材料？

选择轧辊材料时，要依据不同类型轧机轧辊的工作特点及其破坏形式来选择：

（1）初轧机、钢坯轧机、厚板轧机、大型轨梁轧机和型钢粗轧机，这类轧机压缩量较大，因此受到较大的轧制力且有冲击负荷，要求轧机具有较高的强度和较大的摩擦系数（摩擦系数大，轧件易于咬入，从而可加大压下量），一般均采用锻钢轧辊，要求较高的用合金钢轧辊。型钢粗轧机轧辊多采用铸钢轧辊，锻钢轧辊的综合力学性能较好，但价格昂贵，加工制造较困难，近年来不少轧机改用高强度铸钢或球墨铸铁代替。

（2）中小型轧机的精轧机座轧辊，大多采用铸铁轧辊，也有采用球墨铸铁的，这类机座着重要求轧辊的硬度和耐磨性，使产品尺寸精确，表面质量好，并能减少换辊次数，提高生产率。

（3）线材轧机粗轧机座轧辊，如果热裂性问题是主要问题，则应当选择专门软化退火的珠光体球墨铸铁（也有用铸钢的），其硬度值应低些（HS＝38～45）。如果耐磨性是主要问题，则选择硬度稍高些（HS＝45～55）。根据美国的实践经验，硬度相同的轧辊，其软化退火的球墨铸铁轧辊较普通铸钢轧辊寿命高 2 倍。中轧机座选材为珠光体球墨铸铁或贝氏体球墨铸铁为好，其硬度较粗轧机座要高些（HS＝60～70）。预精轧机轧辊目前所用的辊环材质有高镍铬离心铸造复合辊、工具钢、碳化钨等。精轧机轧辊材质一般均为碳化钨的硬质合金。碳化钨硬质合金具有良好的热传导性能，在高温下有硬度下降少、耐热疲劳性能好、耐磨性能好、强度高等特点。

（4）热轧带钢轧机选择工作辊材料时以辊面硬度要求为主，多采用铸铁轧辊，或在精轧机组前几架采用半钢轧辊，以减缓辊面的糙化过程。而支撑辊在工作中主要承受弯矩，且直径较大，要着重考虑强度和轧辊淬透性，因此，多选用含铬合金锻钢。

（5）冷轧带钢轧机，其工作辊对辊面硬度和强度均有很高的要求，常利用高强度的合金铸钢，也有利用带硬质合金辊套的复合式工作辊。其支撑辊工作条件与热轧机相似，材料选用也基本相同，但要求有更高的辊面硬度（HS＝50～65）。

应该指出，尽管冷轧工作辊的硬度要求很高，可达到 HS＝100，但是不使用铸铁轧辊，这是因为当辊径确定后，可能轧出的轧件最小厚度值与轧辊的弹性模数 E 值成反比，即轧辊材料的 E 值愈大，可能轧出的轧件厚度愈小。铸铁的 E 值只是钢 E 值的一半，因此，在冷轧带钢时，使用铸铁轧辊是不利的。

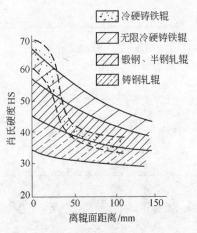

图 3-3 各类轧辊硬度曲线

（6）叠轧薄板轧机的工作特点是工作温度高（400～500℃），轧制力较大，辊面要求光滑，因此其轧辊多采用冷硬球墨铸铁复合浇铸轧辊，其辊面硬度 HS≥68。

表 3-4 为各种轧辊特点及用途。图 3-3 为各类轧辊硬度曲线。

表 3-4 各种轧辊特点及用途

类　别	辊面工作层特点	硬度 HS 范围	主要用途
冷硬铸铁轧辊	硬而脆，耐磨性高，用于成品道次可得光滑轧件表面	58～85	小负荷精轧辊
	铸造白口铁轧辊属此类，可带孔型	35～70	型钢粗轧及中间机座
无限冷硬铸铁轧辊	有适中的耐磨性、抗热裂性及强度	55～85	各种热轧板带钢轧机工作辊，小型及线材轧辊
球墨铸铁轧辊	冷硬球墨铸铁轧辊	50～70	二辊叠轧薄板及三辊劳特中板轧辊

类　别	辊面工作层特点	硬度 HS 范围	主要用途
球墨铸铁轧辊	无限冷硬球墨铸铁轧辊	50～70	各种型钢辊，负荷较大的热轧板带工作辊，平整机支撑辊
	球墨铸铁初轧辊，强度韧性均高、抗热裂、耐磨性优于钢辊	34～45	初轧辊
半冷硬轧辊	硬度落差小，可开深槽	38～50	大中型型钢轧辊，小型粗轧辊，热轧管机轧辊
铸钢轧辊	强度高，但耐磨性较差　复合铸铁辊（内部为铸钢）也属此类，合金量稍高，比普通铸钢耐磨	30～50　40～70	初轧辊大中型粗轧机座轧辊、热轧板带支撑辊　立辊、穿孔机轧辊
半钢轧辊	强度及耐磨性兼备，硬度落差小，可开深槽，此类中也有锻造产品，强度高，可减少断辊事故	35～70	中小负荷初轧辊，各种型钢轧辊各种热轧板带工作辊、热轧管轧辊
锻钢轧辊	热轧用，强度高，不易粘辊（对有色金属）　支撑辊用，强度高，耐磨　冷轧用，有很高强度，耐磨性及表面质量好，钢种因用途而异	30～70　55～90　85～100	初轧辊、有色金属热轧辊　支撑辊　冷轧工作辊
高铬铸铁轧辊	耐磨性能好，强度、韧性较高	55～90	热轧带钢粗轧及精轧前工作辊　冷轧带钢工作辊　小型及线材精轧辊
碳化钨（硬质合金）轧辊	耐磨性极好，弹性压扁极小，轧辊表面精度高	HRC（洛氏）50～80	小型圆钢、螺纹钢及线材轧辊，高速线材轧机辊环、二十辊轧机工作辊

124. 什么是轧辊的安全系数?

轧辊直接承受轧制压力和转动轧辊的传动力矩,它属于消耗性零件,就轧机整体而言,轧辊安全系数最小。由于轧钢生产工艺对轧辊负荷影响因素较多,波动也比较大,同时还有冲击动负荷、疲劳、温度等因素影响,故精确计算实际负荷是困难的。采用静负荷计算轧辊强度是经过简化的一般方法,通过这种计算并经过生产实践证实,对一般轧辊采用安全系数 $n=5$ 是较合适的。设计部件时,常采用材料强度极限 σ_b 为标准进行安全系数校对,即安全系数 n:

$$n = \sigma_b / \sigma$$

当轧辊采用安全系数 $n=5$ 时,轧辊的许用应力 $[\sigma]$:

$$[\sigma] = \sigma_b / 5$$

表 3-5 为各种轧辊材料许用应力值。

表 3-5 轧辊材料许用应力值

材料名称	极限强度 σ_b/MPa	许用应力 $[\sigma]$/MPa
合金锻钢	686~1176	137.2~235.2
碳素锻钢	588~686	117.6~137.2
碳素铸钢	490~588	98~117.6
球墨铸铁	490~588	98~117.6
合金铸铁	392~441	78.4~88.2
铸 铁	343~392	68.6~78.4

125. 轧辊有哪几种典型断裂形式?

断辊是轧辊经常出现的破坏性事故,断辊原因有两个:一个是轧辊本身原因(材质、制造等);另一个是外部原因(使用条件,如轧制力、轧制扭矩过载等)。表 3-6 为几种典型的轧辊断裂形式。由于轧辊材质和制造缺陷造成的断裂,一般在断口处可检查出如沙眼、夹渣、裂纹等缺陷。由于在轧制温度降低或压下量偏大或传动系统扭振等使轧制力、轧制扭矩过载导致的断裂要尽力避免。

表 3-6　几种典型的轧辊断裂形式

断辊形式	原　因　分　析
钢板轧辊中央断裂	断口较平直为轧制压力过高、轧辊急冷等原因。断口有一圈氧化痕印，为环状裂纹发展造成
带孔型轧辊在槽底部位断裂	常发生在旧辊使用后期，如新辊出现，应检查轧制压力、钢温、压下量等工艺条件及轧辊材质
辊颈根部断裂	辊颈根部过渡圆角半径 r 过小，造成应力集中；轴承温度过高也可能出现辊颈断裂
辊颈扭断	断口呈 45°，扭矩过大，传动端出现
辊头扭断	常从辊头根部断裂，冷轧薄带钢时，轧辊压力过大，此时扭矩可大于轧制力矩，启动轧机时可能断辊辊头

4 轧辊轴承

126. 轧辊轴承的工作特点是什么？

轧辊轴承是用来支撑转动的轧辊，是轧钢机工作机座中的重要部件，具有以下工作特点：

（1）工作负荷大且径向尺寸受到限制。在轧钢过程中，轧制力矩大，且伴有冲击载荷；因轧钢工艺要求轧辊轴承座外形尺寸必须小于辊身最小直径，所以导致轧辊轴承的外形尺寸受限制、单位负荷大。

（2）运转速度差别大。不同轧机的运转速度差别很大，如从 $0.2 \sim 120 \mathrm{m/s}$，且当轧机可逆轧制时，轧机轴承频繁正、反转。可见，对于速度不同的轧机应使用不同形式的轴承。

（3）工作环境恶劣。热轧机轧制时，环境温度高，轧辊冷却水及氧化铁皮飞溅；冷轧机轧制时，采用工艺润滑剂（如乳化液、轧制油）来润滑、冷却轧辊和轧件，也有进入轴承的可能。因此对轧辊轴承的密封提出了较高的要求。

127. 轧辊轴承主要有什么类型？

轧辊轴承主要类型是滚动轴承和滑动轴承。

轧辊上使用的滚动轴承主要是双列球面滚子轴承、四列圆锥滚子轴承和多列圆柱滚子轴承。滚针轴承仅在个别情况下用于工作辊。由于滚动轴承的刚性大，摩擦系数小，但外形尺寸较大，多用于各种带轧机和钢坯连轧机上。

滑动轴承有半干摩擦和液体摩擦两种。半干摩擦滑动轴承主要是开式酚醛夹布树脂轴承（夹布胶木轴承），它广泛用于各种型钢轧机、钢坯轧机及初轧机。在有的小型轧机上还使用铜瓦或尼龙轴承。叠轧薄板轧机采用铜瓦轴承，但由于轧辊温度高，故采用沥青（制成块）作为轴承的润滑剂。

液体摩擦轴承有动压、静压和静-动压三种结构形式。它们的特点是：摩擦系数小、工作速度高、刚性较好。使用这种轴承的轧机能轧出高精度的轧件。它被广泛用在现代化的冷、热带钢连轧机支撑辊以及其他高速轧机上。

128. 什么是滑动轴承?

在轴承中，仅发生滑动摩擦的轴承称为滑动轴承。滑动轴承工作平稳、可靠、无噪声，在具有流体润滑的情况下，滑动表面被润滑膜分隔开而不发生直接接触，可以大大减小摩擦损失和表面磨损，具有一定的减震能力。滑动轴承主要应用于以下几种情况：

（1）工作转速特高的轴承；

（2）要求对轴的支撑特别精确的轴承；

（3）特重型的轴承；

（4）承受巨大的冲击和振动载荷的轴承；

（5）根据装配要求必须做成剖分式的轴承，当然滑动轴承也可以做成剖分式；

（6）当需要限制轴承的径向尺寸时，滑动轴承应为先；

（7）在特殊条件下工作的轴承。

滑动轴承的基本类型见表4-1。

轴承性能特性的比较见表4-2。

表 4-1　滑动轴承的基本类型

按载荷方向分类	径向轴承		按润滑剂分类	液体润滑轴承（油、水等）
	推力轴承			气体润滑轴承（空气、氢、氦、氮、二氧化碳等）
	径向推力轴承			
	其他（球面、锥面轴承等）			脂润滑轴承
按承载原理分类	润滑膜承载	厚膜		固体润滑轴承
		动压轴承（液体、气体）		无润滑轴承
		静压轴承（液体、气体、油脂）	按轴承材料分类	金属轴承：轴承合金、青铜
		薄膜		铸铁
		混合润滑轴承		粉末冶金
	直接接触承载	固体润滑轴承		非金属轴承：树脂、尼龙
		无润滑轴承		
	其他	静电轴承、磁性轴承		木材、橡胶、石墨等

表 4-2　轴承性能特征比较

在特殊环境下对性能的有要求

轴承类型	高温	低温	真空	外界潮湿	有灰尘	有外界振动	径向位置准确	能否承受轴向载荷	启动力矩低	运转安静	使用标准部件	润滑简单
滚动轴承	大于150℃与制造厂协商	良好	使用专用润滑剂则好用	有密封则良好	必须有密封件	好,应与制造厂协商	良好	大多数情况下可以	极为良好	通常满意	可以	使用脂润滑时良好
干摩擦非金属滑动轴承	直至材料温度极限均良好	良好	极好	良好,但轴必须不会腐蚀	良好,但应使用密封件	好	差	大多数情况下可承受一些	差	好	有一些	良
含油轴承	因润滑剂氧化而不良	好,启动力矩可能大	使用专用润滑剂可以使用	良	必须有密封件	良	良	可承受一些	良	优	可以	优
动压轴承	直至润滑剂温度极限均良好	良好,启动力矩可能大	使用专用润滑剂则有可能	良	良好,但应有密封与过滤	良	好	不可,需要另使用止推轴承	良	优	有一些	通常需要循环系统
静压轴承	空气润滑者优良	良	不能使用,因送入润滑剂对真空有影响	良	良好,空气轴承则极优	优良	优		优	优良	不可以	差,需要专用系统
备注	注意热膨胀对配合的影响			注意腐蚀		注意微动磨损						

滑动轴承失效形式及其原因见表 4-3。

表 4-3　滑动轴承失效形式及其原因

失效原因		擦伤	刮伤	磨损	接触形式不均匀	有颗粒嵌入	变形	裂缝	衬层材料剥落	碎散	浸蚀	气蚀	腐蚀
轴承	多孔性衬层材料									×			
	调整时安装							×					
	不对中				×								
	轴承体壳中有污染物							×					
	咬粘失效								×				
	液流紊乱										×		×
	多种工况										×	×	
	超载	×	×	×				×					
	材料疲劳												
润滑剂	缺乏	×	×	×				×					
	有污染	×	×	×							×		×

注：×表示时效形式对应的时效原因。

129. 什么是半干摩擦轴承？

在滑动轴承中，根据其相对运动的两表面间油膜形成原理的不同，可分流体动力润滑轴承（简称动压轴承）和流体静压轴承（简称静压轴承）。在动压轴承中，随着轴承、轴径表面状态、润滑剂的性能及工作条件等的变化，其滑动表面间的摩擦状态也有所不同。当在轴承的两相对滑动表面加入润滑油时，由于润滑剂与被润滑表面间的化学与物理作用，将在摩擦表面上形成一层极薄的吸附膜（不大于 $0.1\sim0.2\mu m$），它能承受很高的比压而不被破坏。润滑油形成坚韧的油膜以保护金属表面的这种性质称为润滑油的油性。由于油性的作用，在滑动轴承摩擦面之间就存在着这样一层很薄的油层,这种状态称为边界摩擦状态。显然,在这种状态下,轴承中两摩擦表面间的摩擦系数将比两摩擦表面直接接触时大为减少。但是,纯粹的边界摩擦只有在理想的光整平面间才可能发生。而实际上,由于轴承中的两摩擦表面均有微观上的凹凸不平,因此在滑动过程中,两表面的微观凸峰相遇时就会把油膜划破,因而形成局部上金属直接接触的摩擦状态(干摩擦),即所谓半干摩擦状态。换句话说半干摩擦就是在摩擦表面同时存在着干摩擦和边界摩擦状况。当轴承处于半干摩擦状态时,该轴承就称为半干摩擦轴承。

130. 什么是非金属衬的开式轴承?

非金属衬开式轴承是半干摩擦轴承的主要形式,除对轧件尺寸要求严格的轧机外被广泛使用。酚醛夹布树脂(夹布胶木)是非金属轴承衬的理想材料。它的特点是:

(1) 抗压强度较大;

(2) 摩擦系数比金属衬瓦低 10~20 倍;

(3) 具有良好的耐磨性,使用寿命长;

(4) 胶木衬瓦较薄,故可以采用较大的理想辊颈,有利于提高轧辊寿命;

(5) 可用水做润滑剂,不存在轴承密封问题;

(6) 能承受冲击载荷;

(7) 耐热性和导热能力差;

(8) 刚性差,受力后弹性变形大。

图 4-1 为轴瓦结构形状。半圆柱形轴瓦用料最省,但在轴承

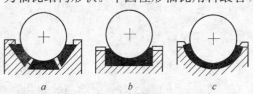

图 4-1　轴瓦结构的形状

a—组合式;*b*—长方形;*c*—半圆柱形

盒中需要切向固定，否则瓦衬在母体中会因受切向力而转动。

为便于轧辊和衬瓦的更换，轴承盒是开式的，分上、下两半。轴瓦在轴承中的配置如图4-2所示。

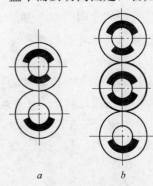

图4-2　二辊及三
辊轧机轴瓦配置
a—二辊轧机轴瓦；
b—三辊轧机轴瓦

131. 什么是液体摩擦轴承?

在滑动轴承中，相对滑动的两表面完全被润滑油膜隔开，油膜有足够的厚度，全部消除了摩擦表面间的直接接触，因而摩擦只发生在液体分子之间。此时，轴承中的摩擦阻力仅为润滑油的内摩擦阻力，故摩擦系数很小，约为 0.001~0.008，将这种摩擦状态称为液体摩擦状态，称处于这种状态的轴承叫液体摩擦轴承，也称完全液体摩擦轴承。

132. 什么是动压轴承?

动压轴承是一种靠液体动压润滑的滑动轴承。随着形成动压条件的变化，其滑动表面间的摩擦状态有三种：（1）液体摩擦（或完全液体摩擦）；（2）非完全液体摩擦（通常将边界摩擦、半干摩擦、半液体摩擦这三种摩擦状态，统称为非完全液体摩擦）；（3）干摩擦（两摩擦表面间没有任何润滑物质时的摩擦）。但动压轴承所追求的是第一种状态，所以人们习惯称动压轴承为油膜轴承或液体摩擦轴承。其实动压轴承只处在液体摩擦状态时，才是液体摩擦轴承，只是液体摩擦轴承的一种形式。

133. 动压轴承的工作原理是什么?

图4-3为轧辊动压轴承工作原理。在轴承工作时，带锥形内孔的轴套（锥度1∶5的锥形内孔用键与轧辊相联结）与轴承衬套（固定在轴承座内）工作面之间形成油楔。当轧辊旋转时，

锥套的工作面将具有一定黏度的润滑油带入油楔，润滑油产生动压。当动压力与轴承上的径向载荷相平衡时，锥形轴套与轴承衬套被一层极薄的动压油膜隔开，轴承在液体摩擦状态下工作。

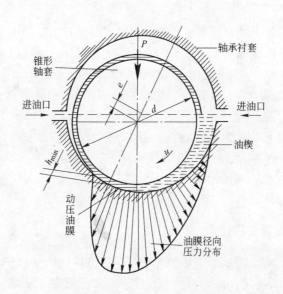

图 4-3　轧辊动压轴承工作原理

P—轴承摩擦区各点的油压；e—轴套与轴承衬套之间
的偏心距；d—轴套外径；u—轴套表面的线速度；
h_{min}—最小油膜厚度

由雷诺方程可知，相对滑动的两平板间形成的压力油膜能够承受外载荷的基本条件是：

（1）相对运动两表面必须形成油楔；

（2）被油膜分开的两表面必须有一定的相对滑动速度；

（3）润滑油必须有一定的黏性。

可见动压轴承保持液体摩擦的条件是：

（1）$h - h_{min} \neq$ 常数，即轴套与轴承之间要保持油楔；

（2）轧辊应有足够的旋转速度，速度越快，轴承的承载能力

越大;

（3）要连续供给足够的、黏度适当的纯净润滑油，其黏度越高，轴承的承载能力越大;

（4）轴承间隙不能过大，间隙越大，h 越大，建立油压困难;

（5）要求轴套外表面，轴承衬内表面应有很高的加工精度和粗糙度，以保证两表面微观的不平度之和不超过油膜厚度。

动压轴承与普通滑动轴承和滚动轴承相比有如下特点:（1）摩擦系数小;（2）承载能力高，对冲击载荷的敏感性小;（3）适合在高速下工作;（4）使用寿命长;（5）体积小，结构紧凑;（6）制造精度要高，成本高，安装、维护要求严格;（7）由于承载能力与轧辊转速的关系，在低速重载，频繁启、制动和可逆轧制的情况下，不易形成液体摩擦状态，重者导致轴承被破坏。

134. 什么是静压轴承?

根据动压轴承形成液体摩擦条件可知:当轧辊处于低速重载，经常启、制动及换向等工艺条件时，动压轴承被油膜分开的两表面相对滑动速度很小，甚至为零，显然不能保证轴承处在液体摩擦状态。此外，动压轴承中轴的位置将随载荷及转速的改变而移动，进而轧辊中心距发生变化，因而对轧制精度要求较高的产品会有影响。

由于动压轴承使用范围受到限制，因此人们又研制了一种新型的液体摩擦轴承——流体静力润滑轴承，即静压轴承。

静压轴承是由外部供油装置将具有足够压力的液体输送到轴承中去，形成承载油膜，将相对滑动的两表面完全隔开，使之处于完全液体摩擦状态。因此，轧辊从静止到很高的转速范围内都能承受外力作用，这是静压轴承的主要特点，而流体动压轴承在静止或低速状态下往往无法形成具有足够压力的油膜，因而出现半干摩擦，产生表面磨损或其他损伤，寿命缩短。

　　静压轴承的特点：（1）启动摩擦阻力小，因此启动力矩小，效率高；（2）使用寿命长；（3）适应较广的速度范围；（4）抗振性能好；（5）运动精度高；（6）需要配备一套供油装置，占地、购置、维修费增加。

135. 静压轴承工作原理是什么？

　　图 4-4 为 600mm 四辊冷轧机的支撑辊上使用的静压轴承工作原理。用供油系统油泵（图中未示出）将压力油经两个滑阀节流器 6 和 7 送入油腔 1、3 和 2、4。当轧辊未受径向载荷 W（W=0）时，从各油腔进入轴承压力油使辊径浮在中央，使轴颈与轴承同心，即辊颈周围的径向间隙均等，四个油腔的封油面与轴颈间的间隙相等，轴颈中心与轴承中心偏心距 $e=0$。各油腔的液力阻力和节流阻力也相等，两滑阀处于中间位置，即滑阀两边的节流长度相等，滑阀相对阀体移动距离 $x=0$。而当轧辊承受径向载荷 W（W>0）时，辊颈即沿受力方向发生位移，使承载油腔 1 处的间隙减小，油腔压力 P_1 升高，而对面油腔 3 处的间

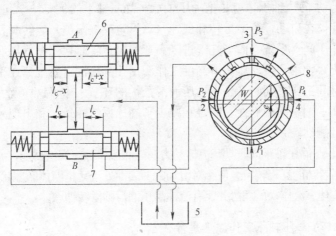

图 4-4　600mm 四辊冷轧机支撑辊用的静压轴承原理图

1—主油腔；2、4—侧油腔；3—副油腔；5—油箱；

6、7—滑阀节流器；8—辊颈

隙增大，油腔压力 P_3 降低，因此，上、下油腔之间形成的压力差 $\Delta P=P_1-P_3$。此时，滑阀节流器 6 向右移动一个距离 x，于是右边的节流长度增大了 x，即 l_c+x，节流阻力增加；而左边的节流长度则减少了 x，即 l_c-x，其节流阻力减少了。因而，流入油腔 1 的油量增加，流入油腔 3 的油量减少，结果使 Δp 进一步加大，直到与 W 平衡，从而 e 值有所减小，达到一个新的平衡位置。如果轴承和滑阀的有关参数选择得当，完全有可能使辊颈恢复到受载荷前的位置，即轴承具有很大的刚度。

136. 什么是动-静压轴承?

前面讲述了动压轴承与静压轴承的特点，动-静压轴承就是针对前两种轴承的特点及工作和工作机（如轧机）的工作状态而言的。静压轴承虽然克服了动压轴承的某些缺点，但它本身也存在着新的问题，主要是重载轧钢机的静压轴承需要一套连续运转的高压供油系统来建立液体润滑状态，这就需要液压系统高度可靠和长期带载荷运行。

动-静压轴承，就是把动压轴承与静压轴承的优点结合起来，使其仅在启动、可逆运转和低速（可设定一极限值）运转时，使用静压润滑系统，而当轧辊进入高速稳定运转时，停掉静压润滑系统，轴承则按动压润滑制度工作。由于静压润滑系统只在很短的时间工作，同时又是在动压润滑最忙的环节工作，这样就大大提高了轴承的可靠性，减轻和减少了高压系统的负担和出现故障的可能性。

动-静压轴承同时具备流体动力润滑和流体静力润滑功能，并能使两者功能互相转换，使相对滑动的两表面处于完全液体摩擦状态，是一种靠流体动压润滑并兼有流体静压润滑的滑动轴承。

137. 动-静压轴承工作原理是什么?

动-静压轴承工作原理应该是动压轴承与静压轴承工作原理的分别体现及有机结合。动压和静压制度的转换是根据轧辊的转速自动切换的。当轴承在启动、可逆反转和低速运转时，应使轴承工作在静压轴承状态，工作原理同静压轴承工作原理；当轧辊进入高速稳定运转时，应使轴承工作在动压轴承状态，工作原理同动压轴承的工作原理。

138. 什么是滚动轴承？

滚动轴承是在支承负荷和彼此相对运转的零件间做滚动运动而发生滚动摩擦的轴承。

139. 滚动轴承的基本结构是什么？

滚动轴承一般是由内圈、外圈、滚动体和保持架四件组成。图 4-5 为滚动轴承的基本结构。

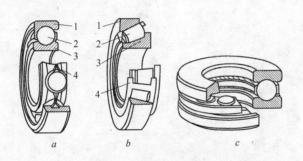

图 4-5　滚动轴承的基本结构
a—向心球轴承；b—圆锥滚子轴承；c—推力球轴承
1—外圈；2—滚动体；3—内圈；4—保持架

140. 滚动轴承是如何分类的？

滚动轴承的品种繁多，有多种分类方法（图 4-6）：
（1）按所承受的负荷方向或公称接触角的不同，分为：
1）向心轴承；
2）推力轴承。

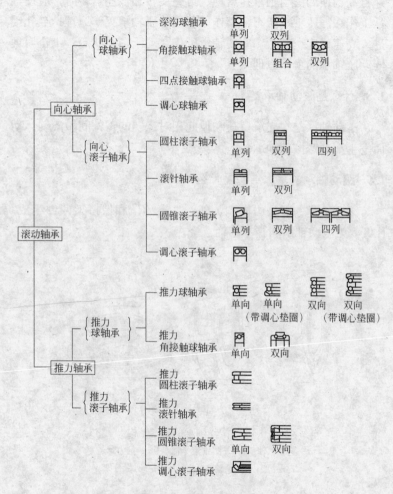

图 4-6　滚动轴承综合分类图

（2）按轴承中滚动体的种类，分为：

1）球轴承；

2）滚子轴承，其又可分为：圆柱滚子轴承、滚针轴承、圆锥滚子轴承、调心滚子轴承。

（3）按其工作时能否调心，分为：

1）刚性轴承；

2）调心轴承。

（4）按其所能承受的负荷方向或公称接触角、滚动体的种类，分为：

1）深沟球轴承；

2）滚针轴承；

3）调心球轴承；

4）角接触球轴承；

5）调心滚子轴承；

6）圆锥滚子轴承；

7）推力角接触球轴承；

8）推力调心滚子轴承；

9）推力圆锥滚子轴承；

10）推力球轴承。

（5）按一个轴承中滚动体的列数，分为：

1）单列轴承；

2）双列轴承；

3）三列轴承；

4）四列轴承；

5）多列轴承。

（6）滚动轴承按外径尺寸，分为：

1）微型，轴承外径尺寸不大于26mm；

2）小型，轴承外径尺寸28～55mm；

3）中小型，轴承外径尺寸60～115mm；

4）中大型，轴承外径尺寸120～190mm；

5）大型，轴承外径尺寸200～430mm；

6）特大型，轴承外径尺寸不小于440mm。

141. 常用滚动轴承的结构形式有哪些？

常用轴承结构形式见表4-4。

表 4-4　常用轴承结构形式

轴承类型	结构形式名称	简　图	结构形式代号	标准编号
深沟球轴承	深沟球轴承		0000	GB 276—1982
	外圈有制动槽的深沟球轴承		50000	GB 277—1982
	一面带防尘盖的深沟球轴承		60000	GB 278—1982
	外圈有制动槽、一面带防尘盖的深沟球轴承		150000	GB 277—1982
	两面带防尘盖的深沟球轴承		80000	GB 278—1982
	一面带密封圈的深沟球轴承		160000	GB 279—1979

轴承类型	结构形式名称	简　图	结构形式代号	标准编号
深沟球轴承	两面带密封圈的深沟球轴承		180000	GB 279—1979
	凸缘外圈深沟球轴承		840000	
	带顶丝外球面球轴承		90000	GB 3882—1987
	带偏心套外球面球轴承		390000	GB 3882—1987
	装在紧定套上的外球面球轴承		290000	GB 3882—1987
圆柱滚子轴承	内圈无挡边的圆柱滚子轴承		32000	GB 283—1987

续表 4-4

轴承类型	结构形式名称	简 图	结构形式代号	标准编号
圆柱滚子轴承	内圈有单挡边的圈柱滚子轴承		42000	GB 283—1987
	外圈无挡边的圆柱滚子轴承		2000	GB 283—1987
	外圈有单挡边的圆柱滚子轴承		12000	GB 283—1987
	内圈有单挡边，并带斜挡圈的圆柱滚子轴承		62000	GB 283—1987
	内圈有单挡边，并带平挡圈的圆柱滚子轴承		92000	GB 283—1987
	无外圈圆柱滚子轴承		502000	GB 284—1987
	无内圈圆柱滚子轴承		292000	GB 284—1987

轴承类型	结构形式名称	简 图	结构形式代号	标准编号
圆柱滚子轴承	圆锥孔（锥度1：12）双列圆柱滚子轴承		182000	GB 285—1987
	内圈无挡边的圆锥孔（锥度1：12）双列圆柱滚子轴承		382000	GB 285—1987
	内圈无挡边的双列圆柱滚子轴承		482000	GB 285—1987
滚针轴承	有保持架滚针轴承		544000	GB 5801—1986
	无内圈有保持架滚针轴承		644000	GB 5801—1986
	双列有保持架滚针轴承		254000	GB 5801—1986

轴承类型	结构形式名称	简　图	结构形式代号	标准编号
滚针轴承	双列无内圈有保持架滚针轴承		354000	GB 5801—1986
	向心滚针和保持架组件		K000000	GB 5846—1986
	双列向心滚针和保持架组件		KK000000	GB 5846—1986
	只有冲压外圈有保持架滚针轴承		7940/00	GB 290—1982
	只有冲压外圈有保持架滚针轴承（封口的）		5940/00	GB 290—1982
	只有冲压外圈的滚针轴承		940/00	GB 290—1982

轴承类型	结构形式名称	简　图	结构形式代号	标准编号
滚针轴承	只有冲压外圈的滚针轴承（封口的）		6940/00	GB 290—1982
	滚轮滚针轴承		NATD	GB 6445—1986
	带螺栓轴滚轮滚针轴承		NAKD	GB 6445—1986
调心球轴承	调心球轴承		1000	GB 281—1984
	圆锥孔（锥度 1：12）调心球轴承		111000	GB 281—1984
	装在紧定套上的调心球轴承		11000	GB 282—1987

轴承类型	结构形式名称	简　图	结构形式代号	标准编号
角接触球轴承	分离型（磁电机）角接触球轴承		6000	GB 292—1983
	角接触球轴承		36000 46000 66000	GB 292—1983
	锁口在内圈上的角接触球轴承		136000 146000	GB 293—1984
	双半内圈（四点接触）球轴承		176000	GB 294—1983
	双半内圈（三点接触）球轴承		276000	
	成对安装角接触球轴承（背靠背）		236000 246000 266000	GB 295—1983

轴承类型	结构形式名称	简 图	结构形式代号	标准编号
角接触球轴承	成对安装角接触球轴承（面对面）		336000 346000 366000	GB 295—1983
	成对安装角接触球轴承（串联）		436000 446000 466000	GB 295—1983
	双列角接触球轴承		56000	GB 296—1984
调心滚子轴承	调心滚子轴承		53000	GB 288—1987
	圆锥孔（锥度1∶12）调心滚子轴承		153000	GB 288—1987
	圆锥孔（锥度1∶30）调心滚子轴承		453000	GB 288—1987

轴承 类型	结构形式名称	简　图	结构形式 代号	标准编号
调心滚子轴承	装在紧定套上的调心滚子轴承		253000	GB 287—1987
圆锥滚子轴承	圆锥滚子轴承		7000	GB 297—1984
	凸缘外圈圆锥滚子轴承		67000	GB 4648—1984
	双列圆锥滚子轴承		97000	GB 299—1986
	四列圆锥滚子轴承		77000	GB 300—1987
推力角接触球轴承	双向推力角接触球轴承		268000	

轴承类型	结构形式名称	简　图	结构形式代号	标准编号
推力调心滚子轴承	推力调心滚子轴承		39000	GB 5859—1984
推力圆锥滚子轴承	推力圆锥滚子轴承		19000	
推力球轴承	推子球轴承		8000	GB 301—1984
推力球轴承	双向推力球轴承		38000	GB 301—1984
推力圆柱滚子轴承	推力圆柱滚子轴承		9000	GB 4663—1984
推力滚针轴承	推力滚针和保持架组件		889000	GB 4605—1984

轴承类型	结构形式名称	简　图	结构形式代号	标准编号
组合轴承	滚针和推力圆柱滚子组合轴承	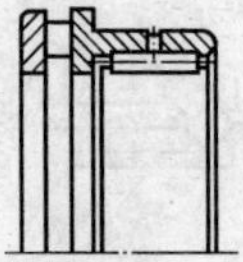	664000	
	滚针和推力球组合轴承	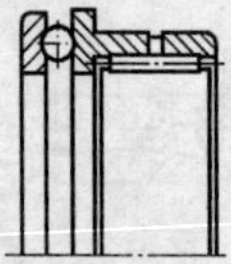	674000	

142. 滚动轴承的代号是如何表示的?

滚动轴承的代号由基本代号、前置代号和后置代号构成,其排列如下:

[前置代号] [基本代号] [后置代号]

143. 滚动轴承的基本代号是如何表示的?

基本代号表示轴承的基本类型、结构和尺寸,是轴承代号的基础。基本代号由轴承类型代号、尺寸系列代号、内径代号构成,排列如下:

[类型代号] [尺寸系列代号] [内径代号]

例: 6204

6—类型代号;2—尺寸系列(02)代号;04—内径代号。

144. 滚动轴承的类型代号是如何表示的?

表 4-5 为轴承类型代号。例:轴承 6204,6—类型代号,查表 4-5 可知,表示该轴承为深沟球轴承。表 4-6 为轴承类型代号新旧标准对照表。

表 4-5　轴承类型代号

代　号	轴　承　类　型
0	双列角接触球轴承
1	调心球轴承
2	调心滚子轴承和推力调心滚子轴承
3	圆锥滚子轴承
4	双列深沟球轴承
5	推力球轴承
6	深沟球轴承
7	角接触球轴承
8	推力圆柱滚子轴承
N	圆柱滚子轴承 双列或多列用字母 NN 表示
QJ	四点接触球轴承

表 4-6　轴承类型代号新旧标准对照表

轴承类型	新标准	旧标准
双列角接触球轴承	0	6
调心球轴承	1	1
调心滚子轴承	2	3
推力调心滚子轴承	2	9
圆锥滚子轴承	3	7
双列深沟球轴承	4	0
推力球轴承	5	8
深沟球轴承	6	0
角接触球轴承	7	6
推力圆柱滚子轴承	8	9
圆柱滚子轴承	N	2
外球面球轴承	U	0
四点接触球轴承	QJ	6

145. 滚动轴承的尺寸系列代号是如何表示的?

表 4-7 为向心轴承、推力轴承尺寸系列代号。尺寸系列代号由轴承的宽（高）度系列代号和直径系列代号组合而成。例：轴

承 6204，2—尺寸系列（02）代号，查表 4-7 可知，表示该轴承宽（高）度系列代号为 0，直径系列代号为 2，则尺寸系列代号为 02。

表 4-7　向心轴承、推力轴承尺寸系列代号

直径系列代号	向心轴承							推力轴承			
	宽度系列代号							高度系列代号			
	8	0	1	2	3	4	5	6	7	9	1	2
	尺寸系列代号										
7			17		37							
8		08	18	28	38	48	58	68				
9		09	19	29	39	49	59	69				
0		00	10	20	30	40	50	60	70	90	10	
1		01	11	21	31	41	51	61	71	91	11	
2	82	02	12	22	32	42	52	62	72	92	12	22
3	83	03	13	23	33				73	93	13	23
4		04		24					74	94	14	24
5										95		

146. 滚动轴承的公称内径代号是如何表示的？

表示轴承的公称内径的代号如表 4-8 所示。

表 4-8　轴承公称内径代号

轴承公称内径 /mm	内 径 代 号	示 例
0.6～10（非整数）	用公称内径毫米数直接表示，在其与尺寸系列代号之间用 "/" 分开	深沟球轴承 618/2.5 $d=2.5mm$
1～9（整数）	用公称内径毫米数直接表示，对深沟及角接触球轴承 7，8，9 直径系列，内径与尺寸系列代号之间用 "/" 分开	深沟球轴承 625、618/5 $d=5mm$

轴承公称内径 /mm		内 径 代 号	示 例
10~17	10	00	深沟球轴承 6200 $d=10\text{mm}$
	12	01	
	15	02	
	17	03	
20~480 (22，28，32 除外)		公称内径除以 5 的商数，商数为个位数，需在商数左边加"0"，如 08	调心滚子轴承 23208 $d=40\text{mm}$

例：轴承 6204

04—内径代号，轴承的公称内径 $d=20\text{mm}$。

例：轴承 23224

2—类型代号，32—尺寸系列代号，24—内径代号，$d=120\text{mm}$。

147. 滚动轴承的前置、后置代号是如何表示的？

前置、后置代号是轴承在结构形状、尺寸、公差、技术要求等有改变时，在其基本代号左右添加的补充代号，其排列如表 4-9 所示。

表 4-9 前置、后置代号

轴 承 代 号									
前置代号	基本代号	后置代号（组）							
		1	2	3	4	5	6	7	8
成套轴承分部件		内部结构	密封与防尘套圈变型	保持架及其材料	轴承材料	公差等级	游隙	配置	其他

148. 四列圆锥滚子轴承是如何支承的？

轧辊轴承要在径向尺寸受限制的情况下承受很大的轧制力，

因此，轧辊上使用的滚动轴承主要是双列球面滚子轴承、四列圆锥滚子轴承及多列圆柱滚子轴承，滚针轴承仅在个别情况下用于工作辊，前两种可同时承受径向力和轴向力，第三种虽要附加轴向止推轴承，但它的径向尺寸小，承载能力大，允许转速高，近年来在高速、重载的轧机上广泛应用。

四列圆锥滚子轴承适用于低速及中速轧钢机，图4-7为轧钢机工作辊的四列圆锥滚子轴承的支承部分。轴承内部游隙预先经过调整，使用方便，设计为可在有限的安装空间里承受最大的额定负荷。

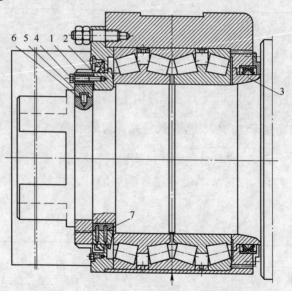

图4-7 四列圆锥滚子轴承的支承部分
1—螺母；2、3—环；4—螺钉；5—剖分螺圈；6—销钉；7—键

用轴承端盖把轴承的外圈沿轴向固定，而轴承内圈则被螺母1，经环2夹紧，环2装在键7上，环2和环3在紧贴轴承的端面上有径向的沟槽，润滑油能顺此沟进入辊径内。用以夹紧轴承的螺母1，拧紧在剖分螺圈5上。此剖分螺圈的两个半圈安装在轴槽内的销钉6上。用螺钉4紧住螺母1以免松扣。靠近辊身的

一对密封圈能防止润滑油流出轴承以免弄脏辊身。靠轧辊端部只有一个密封圈。轴承座靠辊身的端面上钻有贯穿的孔，正对轴承外圈的端面而使轴承拆卸方便。在夹紧环 2 和 3 上都具有凸肩，它使轴承座、轴承、夹紧环、密封圈和轴承侧盖构成一个不可分散的装配整体。所以，当为了重车和重磨轧辊而进行换辊时，这个整体就一起从辊颈上卸下来，而轴承被留在轴承座内，轴承座保护着轴承不致弄脏。此轧辊另一端支承部分的构造与图 4-7 所示的没有区别。有一个轴承座和机架牌坊相固定就使得轧辊的轴向位置固定，此时另一端轴承座沿轴向是自由的，当轧辊受热伸长时有移动的可能性。

149. 四列圆锥滚子轴承游隙是如何配置的？

四列圆锥滚子轴承由三个外套、两个内套、四列圆锥形的滚子及三个间隙调整环组成，图 4-8 为四列圆锥滚子轴承零件的相互位置。

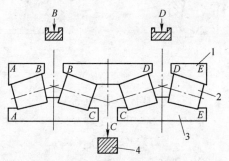

图 4-8　四列圆锥滚子轴承零件的相互位置
1—外套；2—滚子；3—内套；4—间隔环

该轴承的游隙可以用增减轴承外套及内套中间调整环厚度的办法来加以调整，这就保证了机件的旋转精度和正常工作，保证了加工产品的质量，而且大大地延长了轴承的使用寿命。该轴承可承受双方向的轴向负荷，其中有两列滚动体承受一个方向的轴向负荷，而另两列滚动体承受来自另一相反方向的轴向负荷。若轴承中的间隙不合适，轴向负荷只能由其两列中的一列滚动体承受，显然这就增大了该列滚动体与轴承内外套的单位压力，对轴承寿命产生极不良的影响。因此，在安装时必须对该种轴承的游隙做必要的检查，合理配置。

此类轴承的游隙值是由三个调整环（间隔环）B、D、C 的厚度决定的。通过增减调整环的厚度可获得使轴承内有适合于工作需要的轴向游隙。图 4-9 为轴承游隙示意图。

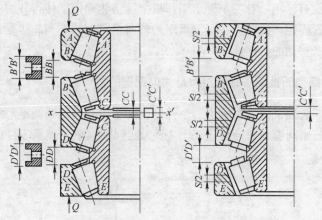

图 4-9　轴承游隙示意图

$$B'B' = BB + S$$
$$C'C' = CC + S$$
$$D'D' = DD + S$$

式中　$B'B'$、$C'C'$、$D'D'$——调整环（间隔环）厚度；

BB、CC、DD——轴承设置放调整环时的外套之间、内套之间的间隙；

S——所需轴承的轴向游隙。

可见准确测量 BB、CC、DD 间隙值非常重要。

这里要重点提示的是，在文献 [17] 中提出：四列滚动体游隙值 S 的不等值配置理论，即游隙 S 在 $B'B'$、$C'C'$、$D'D'$ 中的值不是一个相等的数，可供大家参考。

150. 四列圆锥滚子轴承游隙配置调整具体做法如何？

由 149 题公式及图 4-9 可知：要想配置轴承轴向游隙为 S，只要能正确测出 BB、CC、DD，然后磨制比 BB、CC、DD 略厚（即厚度增加 S）的调整环。当调整环安在轴承中后，轴承内便有了符合于我们要求的游隙。下面重点介绍两种量取 BB 等间隙值的常用方法：

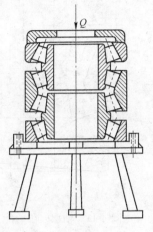

图 4-10 轴承放置
于检查台上

第一种：将轴承放置于检查台上（图 4-10），取出调整环，在轴承上方的外套上加外力 Q，然后用量块等量具量取各间隙值。外力 Q 值取所检查轴承自重的 $1/2 \sim 1/3$。

检查台上焊有三个支点，这三个支点最好能很平整且在同一水平面上，这样可以增加检查的正确性。

检查时按次序将轴承内外套逐一放上，每放一个外套一个内套后就用手将轴承内外套交替旋转，然后任其自然停止，这样做可以消除安放轴承时内外套相互之间的偏斜。接着用 0.02 或 0.03 塞尺检查一下滚动体与外套的接触情况，情况正常后再继续安放上面的内套及外套。轴承套全部放上后，在顶上压一个轴承箱的侧盖，用螺栓将轴承压紧于检查台的支点及侧盖之间，使滚子的端面与轴承内套上的挡位边相密接。螺栓要均匀地拧紧，以免把轴承套弄偏。在拧螺栓时另一人用手转动 AC 内套和 BD 外套，感到转起来很紧时停止拧螺栓，将螺栓松开，撤掉后，加上重物 Q。

量间隙时在轴承外圈的圆周上每隔 90°量一次，测量 4 次，而后取其平均值。量完 BB、CC、DD 间隙之后，将轴承翻一个身（倒置），放在另一个检查台上，重复上面步骤再进行一次测量，将两次测量值取平均值。

第二种：将轴承放在平台上，用量块和平尺测量，如图4-11、图4-12所示。

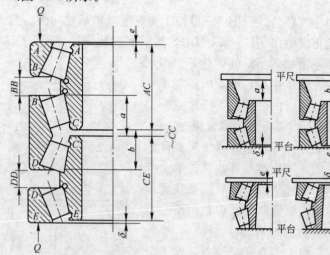

图 4-11　轴承放在平台上（一）　　图 4-12　轴承放在平台上（二）

$$BB=(e+AC+b)-(BD+AB)$$
$$CC=(a+b)-BD$$
$$DD=(\delta+CE+a)-(BD+DE)$$

第二种方法量取间隙比第一种方法所需时间长，但精度高。

151. 球面滚子轴承是如何支承的？

轧钢机工作辊的支承部分在很多情况下用的是成双的球面滚子轴承。这种轴承成双地使用可承受较大的径向载荷，且对轴承和轴承座镗孔的中心线偏斜的敏感性较小。

为使支承部分内每个轴承都独立地工作，并且使其每列滚子上能承受的径向载荷均匀地分布，两个轴承的外圈都能在保险轴向间隙范围内来回移动。在实际工作中要保持这样的间隙是很困难的，因此，在两轴承外圈之间装置的间隔圈往往和内圈之间的间隔圈厚度相同，这样就使装置轴承时没有必要带有间隙，而有可能将两个轴承座中的轴承全都沿轴向紧固，见图 4-13，此图所示的是装置成双的球面滚子轴承用在自动轧管机组返料辊的工作辊上。但是用这种固定方法时每个轴承的内圈和外圈间还有相对位移的可能，结果使轴承所承受的载荷并非均匀地分布到各列滚子上。

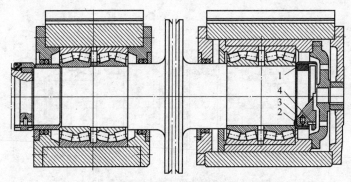

图 4-13　球面滚子轴承在轴承座内的紧固方式
1—螺母；2—螺圈；3—销钉；4—弹簧钢丝

右支承部分的轴承装置在杯形套中，由侧盖固定。轴承在辊颈上的轴向紧固利用特制螺母 1，拧到两串螺圈 2 上。此螺圈由销钉 3 固定在辊颈的环形槽内。螺母则利用弹簧钢丝 4 固定，钢丝的末端穿过螺母上的径向孔插入辊颈的缺口槽中。

152. 成双的单列圆锥滚子轴承是如何支承的？

图 4-14 为扁钢轧机工作辊的支承部分。工作辊装置了成双的单列圆锥滚子轴承。两个支承部分的内圈都是沿轴向紧固的。轴承的调整是利用端盖和调整垫片组在轴承外圈上进行的。轴承座之一在轴向是固定的。

图 4-15 是轧管机组矫直机辊子支承部分。每个支承部分装一对单列圆锥滚子轴承。在轴承之间装成套的间隔圈，其中一个的厚度要这样考虑确定，即用螺母把轴承紧固后，在轴承内还保持正常的轴向间隙值。辊子的轴向定位是把左支承部分的轴承在

辊颈上和轴承座内部都加轴向紧固。右支承部分的轴承则可以在盖和轴承座肩缘形成的间隙范围内(游动)。轴承在轴向能够自由移动,是用来抵消辊子长度随温度的变化以及辊子和机座总装配尺寸的误差。如果滚动体表面磨损,轴承内的轴向窜动值是逐渐增加的,这时可以磨一下间隔圈来减小轴向间隙。

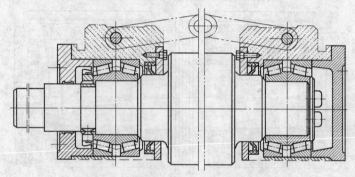

图 4-14 扁钢轧机工作辊的支承部分

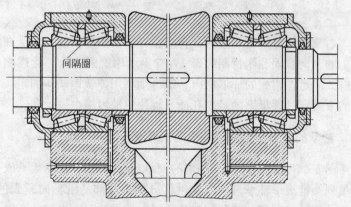

图 4-15 轧管机组矫直机辊子支承部分

153. 四列圆柱滚子轴承是如何支承的?

图 4-16 为某轧辊支承采用圆柱滚子轴承与止推轴承的一个组合支承。当支承采用圆柱滚子轴承时,虽需要附加止推轴承来

承受轴向力，但这种轴承有较高的承载能力。其径向尺寸较小，允许采用直径较大的辊颈，而且轴承制造精度高，摩擦系数也较圆锥滚子轴承和球面滚子轴承小，允许的转速高，适合于高速重载的场合。通常轴承与辊颈采用紧配合。换辊时，外圈和辊子与轴承座组成一个整体，可以和任何一对内圈配合，具有互换性。内圈与轧辊一起拆下，磨辊时内圈作为磨削基准面，这可使轴承与辊身间保持很高的同心度。

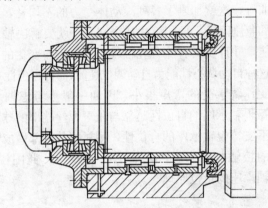

图 4-16　轧辊采用圆柱滚子轴承与止推轴承的组合支承

154. 支撑辊轴承座的自位原理是什么？

一个轴两个支点上的轴承，由于轴承座孔不同心（图 4-17a），或轴肩端面与轴线不垂直（图 4-17b），或一端轴承座孔倾斜（图 4-17c），以及在轴受载后轴线发生挠曲变形（图 4-17d）等原因，致使轴承内外圈轴线发生偏斜，这时要求轴承有一定的调心性能，即内外圈轴线发生相对偏斜时能正常工作的能力。在此情况下，调心球轴承和调心滚子轴承应为首选。

在四辊轧机上，当支撑辊采用滚动轴承时，一般采用多列（通常为四列或双列成对装配）轴承。当四列圆锥滚子轴承、四列圆柱滚子轴承或调心滚子轴承（双列）成对使用时，其轴承本身没有调心性能，而支撑辊又在很大的弯曲载荷下工作，实际上，下轧辊

图 4-17　轴线偏斜的几种情况

的轴承座往往是内置在平的支承基面上的，在这种情况下轴承不能自动调位以抵偿轧辊轴承座的镗孔等非同心性和轧辊受载后轴线发生挠曲等，这就加剧了各列滚动体受力的不均性，从而造成轴承寿命的急剧降低。要想解决这个问题，就要解决轴承座本身的调心性能，并且要具有随着轧辊载荷的变化而变化的能力，称轴承座的这种自动调心性能为自动调位性能（简称自位性）。

由于工作辊承受的弯矩很小，因而一般不考虑轴承的自位性。上支撑辊轴承座的自位性是靠与压下螺丝端部的球面接触达到的。而下支撑辊轴承座的自位性，则靠把其下部做成圆弧或缩短其轴向的接触长度来解决，如图 4-18 所示。此图说明了上、下支撑辊轴承座的自位原理。

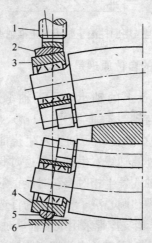

图 4-18　上、下支撑辊轴承座的自位原理示意图

1—压下螺丝；2—球面推力；3—上支撑辊轴承座；

4—下支撑辊轴承座；5—自位垫块；6—支座

图 4-19 为某轧机下支撑辊轴承座自动调位原理。用此图可说明将下支撑辊轴承座下部做成圆弧形的自位原理。

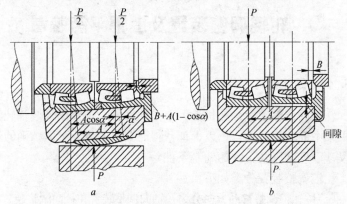

图 4-19　下支撑辊轴承座自动调位原理示意图

a—轴承受力示意图；b—轴承示意图

在轴承座中装置两个调心滚子轴承，其中一个带有间隙 e，这是因为轴承内部间隙各不相同和其配合直径也各不相同(图 4-19b)。

作用在辊颈上的载荷中形成一力矩，使轴承座转过一个角度 α(图 4-19a)，此时，两个轴承的外圈都随着轴承座一起转动，直到间隙 e 完全消除而回转力矩也消失为止。在轴承座中心线相对于轧辊中心线做这样的角位移之后，辊颈上的压力 P 均匀分布在两个轴承上了。可见由于下支撑辊轴承座的下部圆弧形是使轴承座转动的关键，而转动则必然导致压力 P 均匀分布在两个轴承上。应该指出的是：原来的轴向间隙 B 要随着转动增加 $A(1-\cos\alpha)$，因为在轴承座回转过程中，右轴承内圈沿着辊颈有一些位移。

5 轧辊调整装置及上辊平衡装置

155. 什么是轧辊调整装置？

轧辊的调整装置是轧机上一个重要部件，主要用来调整轧辊在机架中的相互位置，用以保证获得所要求的压下量、精确的轧件尺寸、形状以及正常的轧制条件。

轧辊调整装置分类如下：

(1)按轧辊调整移动方向分为：轴向调整装置和径向调整装置；

(2)按轧机类型及工艺要求分为：上辊调整装置、下辊调整装置、中辊调整装置、立辊调整装置和特种轧机的调整装置。

156. 轧辊轴向调整装置的作用是什么？

轴向调整装置的作用是：通过轴向调整装置调整轧辊在轧机中轴向的位置并轴向固定轧辊。对于初轧机、型钢轧机等带有孔槽轧机是用来对正孔槽，以保证正确的孔型形状；对于板带轧机是用来板形控制，如 HC 轧机、CVC 轧机等，同时对各种轧机轧辊进行轴向固定。图 5-1 为宝钢冷轧厂 2030 轧机 CVC 辊轴向调整装置。图 5-2 为工作辊轴承座的轴向固定。

157. 轧辊径向调整装置的作用是什么？

轧辊径向调整装置的作用是：

(1)调整两工作辊轴线间距离，以保证正确的辊缝开度，给定压下量，轧出所要求的断面尺寸；

(2)调整两工作辊的平行度；

(3)当更换轧辊时，要调整轧制线高度，使下辊辊面与辊道水平一致。在连轧机上，还要调整各机架间轧辊的相互位置，以

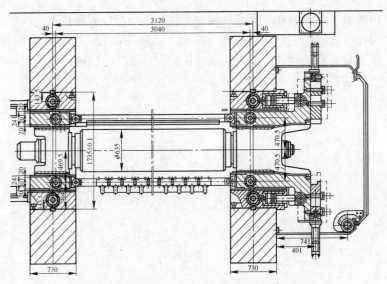

图 5-1 宝钢冷轧厂 2030 轧机 CVC 辊轴向调整装置

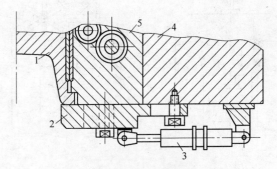

图 5-2 工作辊轴承座的轴向固定

1—工作辊轴承座；2—压板；3—液压缸；

4—机架立柱；5—平衡缸缸体

保证轧制线不变。

158. 什么是上辊调整(压下)装置?

上辊调整装置也称压下装置，用来调整上轧辊的位置。它的用途最广，安装在所有的二辊、三辊、四辊和多辊轧机上。其结构在很大程度上与轧辊的压下速度、移动距离和工作频率有关。压下装置有手动的、电动的或液压的。图 5-3 为型钢轧机的手动压下装置。

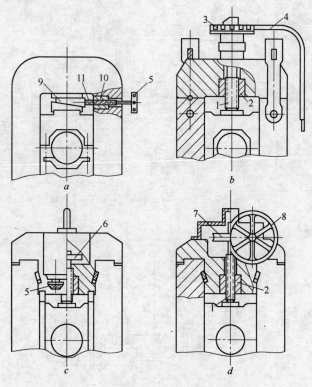

图 5-3 型钢轧机的手动压下装置

a—斜楔调整；b—压下螺丝调整；c—圆柱齿轮
传动压下螺丝；d—蜗轮蜗杆传动压下螺丝

1—压下螺丝；2—压下螺母；3—齿盘；4—调整杆；5—调整帽；
6—大齿轮；7—蜗轮；8—手轮；9—斜楔；10—螺母；11—丝杠

常见的手动压下装置有：

(1)斜楔调整方式(图 5-3a)；

(2)直接转动压下螺丝的调整方式(图5-3b);

(3)圆柱齿轮传动压下螺丝的调整方式(图5-3c);

(4)蜗轮蜗杆传动压下螺丝的调整方式(图5-3d);

目前,主要采用的是第(3)、(4)两种方式。图5-4为初轧机的电动压下装置。

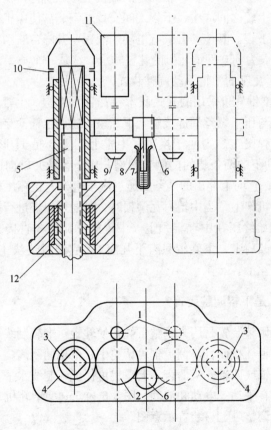

图 5-4 初轧机的电动压下装置

1—小齿轮;2—大舵轮;3—方孔套筒;4—大齿轮;

5—压下螺丝;6—离合齿轮;7—液压缸;8—柱塞杆;

9—伞齿轮;10—喷油环;11—电动机;12—压下螺母

159. 什么是中辊调整装置？

中辊调整装置用在三辊轧机上，用来调整中辊的位置。在中辊固定的轧机上，如三辊型钢轧机，中辊调整装置常利用斜楔机构，按照轴瓦的磨损程度，调整轴承的上瓦座，保证辊颈与轴承衬之间的合适间隙。在下辊固定的轧机上（如三辊劳特轧机），为了在中、上辊之间或中、下辊之间交替过钢，需使中辊交替地压向上辊或下辊。其传动方式有电动、液压及升降台联动等多种形式。图 5-5 为 650 型钢轧机的轧辊轴承。这是一个典型的用斜楔压紧 H 形瓦座的中辊手动调整装置。

650 型钢轧机采用的开式胶木衬瓦轴承结构。上辊上瓦座 4 通过垫块与压下螺丝端部接触，下瓦座 7 通过拉杆 6 穿过机架盖挂在平衡弹簧上。为便于换辊，中辊上瓦座 5 是 H 形瓦座（H 架），它向下的两条腿的内侧有凹槽，用于容纳并轴向固定中辊下瓦座 8；它向上伸出的两条腿通过嵌于机架上盖燕尾槽中的斜楔支撑在机架上，当中辊衬瓦磨损时，可通过斜楔进行调整，使 H 形瓦架始终压在中辊辊颈上。中辊的下瓦座 8 直接支靠在机架立柱的凸肩上，下轧辊只有下瓦座 9，它通过垫块 11 直接支在压上螺丝上。

160. 什么是下辊调整装置？

下辊调整装置是用来调整下轧辊使轧辊对准轧制线，对中辊固定的三辊轧机而言，调下辊可调整中、下辊间距离；对轧制线不变的二辊或四辊轧机而言，调下辊可保证轧制线水平不变。其传动方式有手动、电动和液动。图 5-6 为 650 型钢轧机工作机座手动下辊调整（压上）装置示意图。

161. 什么是立辊调整装置？

立辊调整装置也称侧压装置，它设置在立辊的两侧，用来调整立辊与立辊之间的距离，一般都是电动的，其结构与电动压下

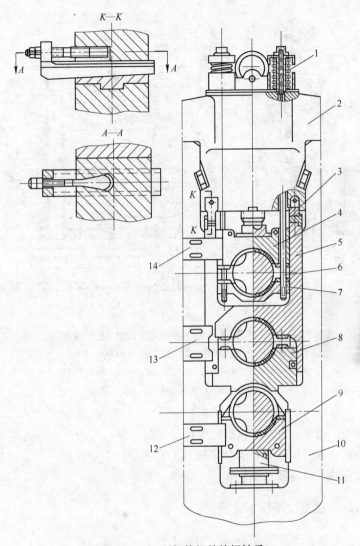

图 5-5 650 型钢轧机的轧辊轴承

1—上辊平衡弹簧；2—机架上盖；3—中辊轴承调整装置；

4—上辊上瓦座；5—中辊上瓦座；6—拉杆；7—上辊下瓦座；

8—中辊下瓦座；9—下辊下瓦座；10—机架立柱；

11—压上装置垫块；12、13、14—轧辊轴向调整压板

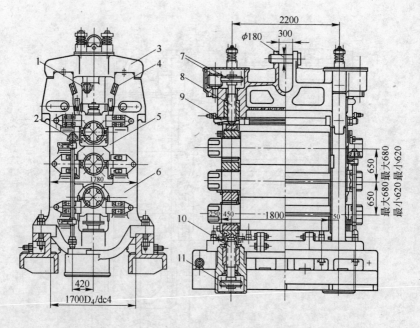

图 5-6　650 型钢轧机工作机座手动下辊调整(压上)装置示意图

1—压下手轮；2—压上手轮；3—机架盖；4—斜楔；5—H 形架；

6—机架；7—压下传动齿轮；8—压下螺丝；9—调整 H 形架的

斜楔；10—压上螺丝；11—压上传动齿轮

类似。图 5-7 为万能轧机立辊传动简图。左、右两个立辊各装有一套立辊调整装置，在侧压螺丝 6 和平衡缸 7 的作用下，可调节轧辊的开口度及平衡轧辊。

162. 什么是电动压下装置?

电动压下装置是最常使用的上辊调整装置，通常包括：电动机、减速机、制动器、压下螺丝、压下螺母、压下位置指示器、球面垫块和测压仪等部件。在快速电动压下装置中，有的还安装压下螺丝回松机构，用于处理卡钢、"坐辊"或上辊超限提升造成的压下螺丝阻塞事故。电动压下装置按压下速度可分为：快速压

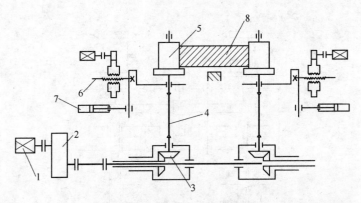

图 5-7　万能轧机立辊传动简图

1—电动机；2—减速机；3—圆锥齿轮；4—轴；5—立辊；
6—侧压螺丝；7—平衡缸；8—轧件

下装置和慢速压下装置(也有称其为板带轧机压下装置)两大类。

163. 什么是电动快速压下装置？

习惯上把不"带钢"压下，即不带轧制负荷压下的装置称为快速压下装置，一般压下速度大于 1mm/s。这种压下装置多用在初轧机、板坯轧机、中厚板轧机、连轧机组的可逆式粗轧机上。

可逆式轧机的工艺特点是：

(1)工作时要求大行程、快速和频繁地升降轧辊；

(2)轧辊调整时，不带轧制负荷。

因此，对该压下装置的要求是：(1)传动系统惯性小，以便频繁启、制动；(2)有较高的传动效率和工作可靠性；(3)必须要有解决压下螺丝阻塞事故(如"坐辊"或卡钢)的回松装置。图 5-8 为立式电动机-圆柱齿轮传动的电动快速压下装置。压下装置的两台立式电动机 1，通过圆柱齿轮减速机 4 传动压下螺丝 5。液压缸 3 用于脱开离合齿轮，使每个压下螺丝可以单独调整。图 5-9 为采用卧式电动机-圆柱齿轮减速-蜗轮蜗杆传动的电动压下装

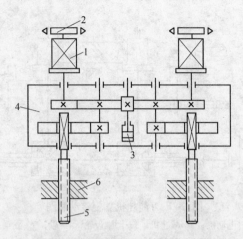

图 5-8　立式电动机-圆柱齿轮传动的电动快速压下装置

1—立式电动机；2—制动器；3—液压缸；4—圆柱齿轮

减速机；5—压下螺丝；6—压下螺母

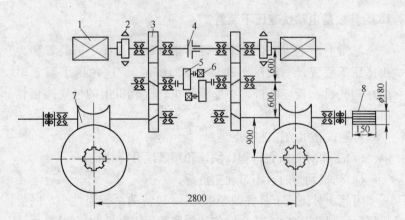

图 5-9　卧式电动机-圆柱齿轮减速-蜗杆传动的电动压下装置

1—电动机；2—制动器；3—圆柱齿轮减速机；4—电磁联轴节；5—传动箱；

6—自整角机；7—球面蜗轮副；8—伸出轴

置。压下装置的两台卧式电动机 1，通过圆柱齿轮减速机 3 和蜗
轮副 7 传动压下螺丝。制动器 2 可进行快速制动；脱开电磁联轴
节 4，两个压下螺丝即可单独调整。

164. 什么是电动慢速压下装置？

过去习惯上把板带轧机压下装置称为慢速压下装置，一般压下速度约为 0.02～1mm/s，有时压下速度可达到 3mm/s。这种压下装置通常用在热轧或冷轧薄板和带钢轧机上。由于压下速度的绝对值较小，过去曾称它为"慢速压下机构"，但是，这个名称并没有反映出板带轧机压下机构的特点。事实上，在现代化的高速轧机上，为实现带钢的厚度自动控制，需要压下机构以很高的速度对轧辊位置（辊缝）做微量调整。显然，称其为"慢速压下"是不确切的。现在一般将其称为板带轧机电动压下装置。

板带轧机的轧件薄、宽、长，轧制速度很快，轧件厚度尺寸精度要求高等原因，使其具有下列特点：(1)轧辊调整量较小，一般在几微米到几十毫米。(2)调整精度高。其精度应在板带厚度公差范围内。(3)频繁的带钢压下。(4)必须动作快，灵敏度高。(5)轧辊平行度的调整要求严格。

四辊板带轧机的电动压下装置，大多采用圆柱齿轮-蜗轮副传动或两级蜗轮副传动的形式，也有采用立式电动机通过三级行星减速机传动压下机构。图 5-10 为抚顺钢厂 1400 薄板冷轧机压下装置传动示意图。图 5-11 为图 5-10 中压下装置的两级蜗杆减

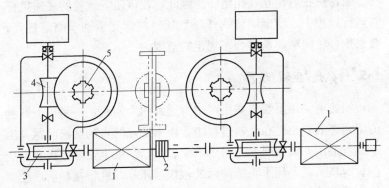

图 5-10　抚顺钢厂 1400 薄板冷轧机压下装置传动示意图

1—电动机；2—电磁联轴器；3——级蜗轮副；4—二级蜗轮副；5—压下螺丝

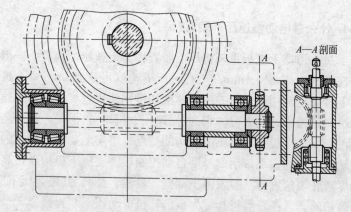

图 5-11　两级蜗杆减速机的轴承装置

速机的轴承装置。

　　压下装置电动机 1 通过一级、二级蜗轮副 3、4 传动压下螺丝 5。由电磁联轴器 2 的合上与断开，使两压下装置机械同步调整与单独调整。这里值得一提的是：此装置在安装时，要十分注意蜗杆的轴向窜动量，也即蜗杆轴的轴承的游隙值。游隙太大会导致蜗轮蜗杆不在主剖面上咬合，从而加剧齿面磨损，无用功增大而有用功减小，使压下系统压下力减小；游隙太小会导致蜗杆、蜗轮热胀后相互咬死堵转。因此，在该压下装置的减速机日常运行过程中，要定期将蜗杆(第二级)左侧支承轴承侧盖打开，观察蜗杆轴向窜动量是否在规定的范围内。

165. 什么是"坐辊"现象？

　　快速电动压下装置在生产中常遇到两个问题：一是压下螺丝的阻塞事故；二是在轧制过程中，压下螺丝的自动旋松问题。压下螺丝的阻塞事故通常是由于卡钢、"坐辊"或上辊超限提升造成的。"坐辊"就是压下系统使两轧辊快速压靠，轧辊接触后产生弹性变形，弹性变形的两轧辊相互产生一个反弹力，使压下丝杆与丝母"咬死"，电动机达到堵转力矩后，被迫停转。

166. 什么是回松装置?

压下螺丝的阻塞事故通常是由于卡钢、"坐辊"或上辊超限提升造成的。此时,传动系统的动能被释放,使得阻塞力矩大于电动机的堵转力矩,电机无法再启动,为了解决这个问题,在许多轧机上设有专门的压下螺丝回松装置,图5-12为2800中厚板轧机的压下与回松装置。两个液压缸4通过杠杆和齿轮间歇地转动压下螺丝1。靠液压离合器3与弹簧5来合、离液压缸4。在早期设计的中、小轧机上也有简单的回松措施,即将压下螺丝上端设计得长一些并且制成矩形头,将其伸出压下减速机上盖外,阻塞事故发生后,可人工旋转压下螺丝。

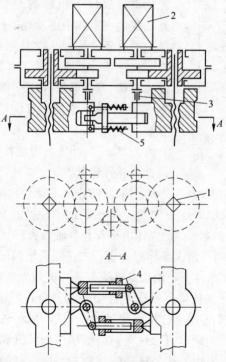

图 5-12 2800 中厚板轧机的压下与回松装置

1—压下螺丝;2—电动机;3—液压离合器;4—液压缸;5—弹簧

167. 什么是压下螺丝"自动旋松"现象?

压下螺丝自动旋松问题主要发生在初轧机(当采用立式电动机压下时,问题尤为严重)和中板轧机上。它表现为,在轧制过程中,已经停止转动的压下螺丝,在突加的压力下自动旋松,使辊缝值变动,造成轧件厚度不均,严重影响轧件质量。自动旋松

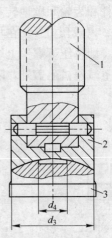

图 5-13 中间带凹
槽的压下止推铜垫
1—压下螺丝;2—装配
式轴颈;3—止推铜垫

的原因是,为了实现快速压下,压下螺丝的螺距取得较大,如某 1150 初轧机的压下螺丝的直径与螺距为 440mm×48mm,螺纹升角 α 接近于螺丝、螺母的摩擦角 ψ,几乎处于临界自锁状态,加之采用圆柱齿轮传动,故压下机构的自锁条件差。另外,我们在实践中还发现,压下螺丝与螺母的润滑条件越好,特别是采用稀油润滑时,自锁条件就更差了。这是因为螺纹间的摩擦角(摩擦系数)取决于摩擦条件,如钢-铜两材料动摩擦,有润滑剂时,摩擦系数 f 约为 0.1~0.15;而无润滑剂时,f 约为 0.15。可见润滑油使摩擦角小了,因此自锁性也就差了。

目前,防止压下螺丝自动旋松的办法有两个:一是加大压下螺丝止推轴颈的直径并在球面铜垫上开口,如图 5-13 所示。加大压下螺丝止推轴颈直径 d_3 和球面铜垫凹槽直径 d_4 均可增大摩擦阻力矩;二是适当增加压下螺丝直径。在螺距不变的条件下,增加螺丝直径不仅能增大摩擦阻力矩,而且还减小了螺纹升角,提高了自锁性能。为此,1000~1500 初轧机的压下螺丝直径已从过去的 $\phi360\sim400mm$ 加大到 $\phi440\sim450mm$。但是,螺丝直径过大,会增加压下装置和机架的尺寸,也会增加飞轮力矩,这是选择螺丝直径时应注意的问题。另外,制动器对防止压下螺丝的自动旋松作用不大。目前为止,防止压

下螺丝自动旋松问题仍是一个难题。

168. 什么是液压压下装置?

电动压下机构由于运动部分的转动惯性大,有反应速度慢、调整精度低、传动效率低等缺点。长期以来,带钢轧机上使用的是电动压下机构随着带钢轧制速度的逐渐提高,产品的尺寸精度要求日趋严格,特别是采用厚度自动控制系统(AGC)以后,电动压下机构已不能满足工艺要求。为了提高产品的尺寸精度,在高速带钢轧机上开始采用液压压下装置。

液压压下是用液压缸代替传统的压下螺丝、螺母来调整轧辊辊缝的,其与电动压下机构相比较,具有以下特点:

(1)响应速度快,调整精度高。表 5-1 为液压压下与电动压下动态特性比较。

表 5-1　液压压下与电动压下动态特性比较

项　目	速度 v /mm·s^{-1}	加速度 a /mm·s^{-2}	辊缝改变 0.1mm 的时间/s	频率响应宽度范围 /Hz	位置分辨率 /mm
电动压下	0.1～0.5	0.5～2	0.5～2	0.5～1.0	0.01
液压压下	2～5	20～120	0.05～0.1	6～20	0.001～0.0025
改善系数	10～20	40～60	10～20	12～20	4～10

(2)可以根据需要改变轧机的当量刚度,实现对轧机从"恒辊缝"到"恒压力"的控制,以适应各种轧制工艺要求。

(3)过载保护简单、可靠。

(4)液压元件标准化,液压系统也简化了机械结构,较机械传动效率高。

(5)对零配件制造精度、设备维修水平和自动化系统的可靠性等要求较高。

169. 什么是压下式液压压下装置?

压下液压缸在轧机上的配置方案有"压下式"和"压上式"两种形式。1700 冷连轧机采用压下式液压缸,图 5-14 为"压下式"。

压下液压缸 3 和平衡架 9,悬挂在机架顶部的平衡缸可随同支撑辊一起拉出机架进行检修。压下液压缸与支撑辊轴承座间有一垫片组 5,其厚度可按照轧辊的磨损量调整,这样可避免过分增大液压缸的行程。

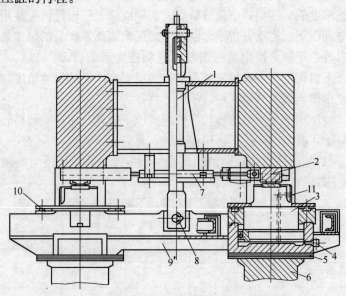

图 5-14　1700 冷连轧机液压压下装置
1—平衡液压缸;2—弧形垫块;3—压下液压缸;4—液压压力传感器;
5—垫片组;6—上支撑辊轴承座;7—液压缸;8—销轴;9—平衡架;
10—位置传感器;11—高压油进油口

压下液压缸的缸体平放在上支撑辊轴承座 6 上(有定位销),液压缸的橡胶密封环包有聚四氟乙烯,以减少摩擦阻力。液压缸的活塞顶住机架上横梁下方的弧形垫块 2,可利用双向动作的液压缸 7 将两弧形垫块同时抽出,便可进行换辊操作。供油系统将高压油通过进油口流进液压缸,实现压下过程。

170. 什么是压上式液压压下装置?

压下液压缸在轧机上的配置方案有"压下式"和"压上式"两种

形式。图 5-15 为"压上式"。1700 热连轧精轧机最后一架采用压上式液压缸，放置于机架下横梁上。为调整轧制线高度和减小液压缸行程，在液压缸下方装有机械推上机构，包括推上螺丝 8 和带蜗轮的螺母 7。螺母 7 由 75kW、515r/min 直流电机通过速比为 4.13 和 25 的两级蜗轮副传动（传动装置图中未画出）。调整行

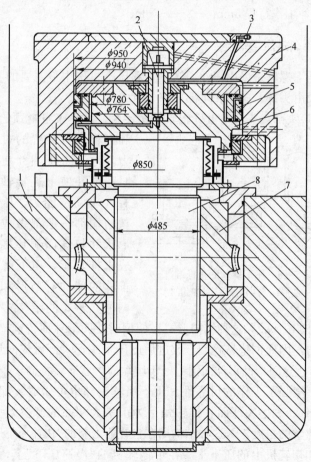

图 5-15 1700 热连轧精轧机最后一架采用压上式液压缸简图
1—机架下横梁；2—位置传感器；3—排气阀；4—缸体；5—活塞环；
6—活塞；7—带蜗轮的螺母；8—推上螺丝

程：工作行程 121mm，最大行程 180mm。

为防止轧机咬钢时产生的巨大冲击负荷导致油缸泄漏，采用了浮动活塞环的结构，即缸体内径 φ950mm 比活塞 6 直径大 10mm，在活塞 6 上装有浮动活塞环 5，6 与 5 之间每边有 8mm 径向间隙，允许活塞在缸体内径向窜动。压上液压缸的最大行程 40mm，工作行程 5mm(−3～+2mm)。

171. 什么是压下螺丝？

压下螺丝是采用螺丝、螺母传动压下机构中最主要的零件，它一般由头部、本体和尾部三部分组成。

(1)头部：头部与上轧辊轴承座接触，承受来自辊颈的压力和上辊平衡装置的过平衡力。为了防止端部在旋转时磨损并使上轧辊轴承具有自动调位能力，压下螺丝的端部一般都做成球面形状并与球面铜垫接触形成止推轴承。压下螺丝止推端的球面有凸形和凹形两种。老式的结构多是凸

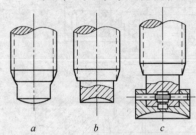

图 5-16　压下螺丝的止推端部
a—凸形；b—凹形；c—装配式凹形

形的(图 5-16a)，这种结构形式在使用时使凹形球面铸铜垫承受拉应力，因而铜垫易碎裂。改进后的压下螺丝头部做成凹形(图 5-16b)，这时，凸形球面铜垫处于压缩应力状态，提高了铜垫的强度，增强了工作的可靠性。压下螺丝头部也可做成装配式的(图 5-16c)。增大球面止推轴颈是为了增大端面的摩擦阻力矩，防止螺丝的自旋松。这种结构用在自锁能力差的"快速压下"装置上，如初轧机上的压下上。在带钢轧机的"慢速压下"上，由于"带钢压下"，为了减小压下电机功率和增加启动加速度，一般采用滚动止推轴承代替滑动的止推轴承，如图 5-17 所示。

(2)本体：压下螺丝的本体部分带有螺纹，它与压下螺母的

内螺纹配合以传递运动和载荷。压下螺丝的螺纹有锯齿形和梯形两种，图5-18为压下螺丝、螺母的螺纹断面。前者传动效率高，主要用于快速压下装置；后者强度大，主要用于轧制压力大的轧机。压下螺丝多数是单线螺纹，只在初轧机等快速压下装置中有时采用双线或多线螺纹。

（3）尾部：压下螺丝的尾部是传动端，承受来自电动机的驱动力矩。尾部断面的形状主要有方

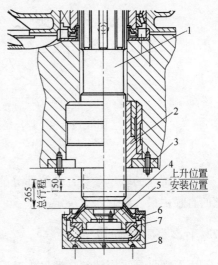

图 5-17　滚动止推轴承代替
滑动止推轴承的压下螺丝

1—压下螺丝；2—压下螺母；3—压板；
4—螺丝；5—轴颈；6—盖；7—球面
向心推力轴承；8—轴承座

形、花键形和带键槽圆柱形三种，图 5-19 为压下螺丝尾部形状。

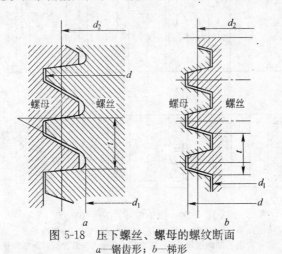

图 5-18　压下螺丝、螺母的螺纹断面
a—锯齿形；b—梯形

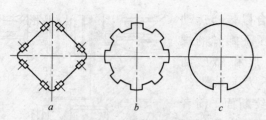

图 5-19　压下螺丝尾部形状

a—方形；b—花键形；c—带键槽圆柱形

　　压下螺丝的基本参数：螺纹部分的外径 d 和螺距 t。压下螺丝的直径由最大轧制压力决定。

172. 什么是压下螺母?

　　压下螺母是采用螺丝、螺母传动压下机构中比压下螺丝还重要的零件，是轧钢机机座中重量最大的易损件，通常由高强度青铜或黄铜铸成。为节省贵重的铜材料，螺母采用各种不同的合理结构。图 5-20 为各种压下螺母结构形式。

　　图 5-20a、b 为整体螺母，耗费铜较多。

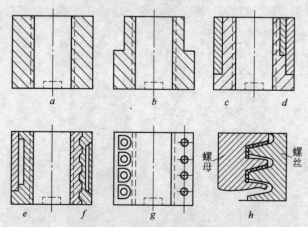

图 5-20　压下螺母结构形式

a—单级的；b—双级的；c—单箍的；d—双箍的；e—带冷却水套的；
f—带铸青铜芯的钢螺母；g—两半拼合的；h—带青铜衬的钢螺母

图 5-20c、d 为加箍的螺母，箍圈由高强度铸铁铸成，比较经济。

图 5-20e 为有循环水冷却的组合螺母，可延长寿命 1.5～2 倍。

图 5-20f 为带有青铜芯的铸钢螺母，它是在一个内表面有环形槽及轴向槽的铸钢套内先浇铸一层青铜，然后车制螺纹。螺母外层焊有冷却水套。

图 5-20g 为两半拼合的螺母，是由两个青铜半圆环套用配合螺栓拼合后车制螺纹面而成。

图 5-20h 为带青铜衬的钢螺母。两半螺母体是钢制的，先车成具有较薄螺纹的毛坯，然后用电熔法涂上一层青铜衬，最后对螺纹精加工。

压下螺母的主要尺寸是：外径 D 和高度 H。螺母与所固定机架之间采用动配合，压下螺母的固定方式如图 5-21 所示。压板嵌在螺母和机架的凹槽内，用双头螺栓(图 5-21a)或 T 形螺栓(图 5-21b)固定。

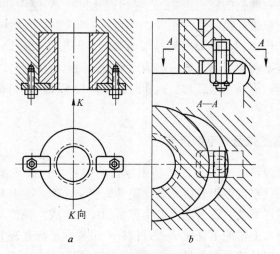

图 5-21 压下螺母的固定方式

a—用双头螺栓和压板固定；b—用 T 形螺栓和压板固定

压下螺母可采用干油或稀油润滑。采用稀油润滑，循环油从开在靠近上端面的径向油孔送入螺纹，在螺纹孔内沿轴向还开有油槽，以便润滑油能流入每一圈螺纹，这样可使初轧机螺母寿命提高 1.5～2 倍。

173. 什么是上辊平衡装置？

几乎所有的轧机(叠轧薄板轧机除外)都设置上轧辊平衡机构。大家知道，当轧辊没有轧件时，由于上轧辊及其轴承座的重力作用，在轴承座与压下螺丝之间、压下螺丝与螺母的螺纹之间均会产生间隙。这样，当轧件咬入轧辊时，会产生冲击。利用上轧辊平衡装置，使上轴承座紧贴压下螺丝端部并消除螺纹之间的间隙，来防止出现这种情况。大多数轧机的平衡装置还兼有抬升上辊的作用。

轧机的形式不同，对平衡机构的要求和采用的类型也不同。在上轧辊大行程、快速、频繁移动的轧机上(如初轧机)，广泛使用重锤式或液压式平衡机构；在上辊的移动量很小且在轧制过程中一般不再调整的轧机上(如三辊型钢轧机)，多使用弹簧平衡。对于四辊板带轧机，应根据其工作特点(工作辊与支撑辊不同时换辊、工作辊和支撑辊之间靠摩擦传动、上辊的行程较小等)来选用上辊平衡装置，主要采用液压平衡，同时支撑辊与工作辊要分别平衡，应满足空载加、减速时工作辊与支撑辊之间有足够的压力而不打滑。

174. 什么是弹簧式平衡装置？

上辊弹簧式平衡装置是利用弹簧的弹复特性来平衡上轧辊的，多用在立辊型钢轧机和其他简易轧机上，图 5-5 为 650 型钢轧机的上辊平衡装置。它由四个弹簧和拉杆组成，弹簧 1 放在机架盖上部，上辊的下瓦座 7 通过拉杆 6 吊挂在平衡弹簧上。弹簧的平衡力应是被平衡重量的 1.2～1.4 倍(即过平衡系数 $K=1.2$ ～1.4)，可通过拉杆上的螺母调节。当上辊下降时，弹簧压缩，上升时则放松，因此，弹簧的平衡力是变化的，弹簧愈长，平衡力愈稳定。

弹簧平衡只适用于上辊调整量不大于 50～100mm 的轧机。它的优点是简单可靠，缺点是换辊时要人工拆装弹簧，费力、费时。

175. 什么是重锤式平衡装置?

重锤式平衡装置一般用在上辊移动量很大的初轧机上，它工作可靠、维修方便，其缺点是设备重量大，轧机的基础结构较复杂。平衡锤通常装在工作机座的下面，平衡力由杠杆和支杆传给上轧辊。

图 5-22 为 1150 初轧机的重锤平衡机构。上辊及其轴承座 3 通过四根放在机架窗口下部铅垂槽中的、穿过机架下横梁的顶杆 4 铰接地支承在托梁 7 上，托梁通过连杆 8 吊在平衡重 10 的杠

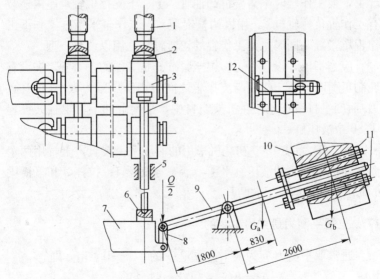

图 5-22 1150 初轧机的重锤平衡机构

1—压下螺丝；2—垫块；3—上轴承座；4—顶杆；5—机架；6—横梁；
7—托梁；8—连杆；9—杠杆；10—平衡重；11—螺栓；12—闩板

杆 9 上。托梁和平衡重都在工作机座的下部。顶杆的上端支在托瓦座的凸耳上。在平衡重的作用下,使上辊及轴承座在轧制过程中,同步无间隙地和压下螺丝一起升降,消除了从轧辊轴承到压下螺母之间的间隙。当需要换辊时,用闩板 12 横插在机架立柱的纵向槽中,将平衡顶杆锁住,以解除平衡力的作用。

176. 什么是液压式平衡装置?

液压式平衡装置是用液压缸的推力来平衡上辊重量的。在液压系统中装有蓄势器,油泵只用来周期性地补充液体的漏损。液压平衡装置结构紧凑,使用方便,易于操作,能改变油缸压力,而且可以使上辊不受压下螺丝的约束而上下移动,这些都有利于换辊操作。但其投资较大,维修也较复杂。

图 5-23 为某厂 1700 冷轧机座的液压平衡装置(八缸式)。为适应快速换辊需要,平衡缸 4 与平衡缸 3 均设置在机架窗口的凸台上,换工作辊时不需要拆卸油管。上、下支撑辊轴承座内还装有工作辊负弯辊缸 2,用以调整辊型。上工作辊平衡缸 4 和下工作辊压紧缸 5 同时也是工作辊的正弯辊缸,用以调整辊型。

应当指出,设置下工作辊压紧缸 5 是必须的,否则,在没有轧制负荷时,下工作辊与支撑辊之间会由于压紧力太小(仅有重力)而产生打滑现象。在机架窗口中,平衡缸加上弯辊缸共设置了 20 个液压缸。

图 5-24 为某 1300 初轧机采用的液压平衡装置。上辊用两个固定在机架外侧的液压缸平衡,活塞经横梁 1、拉杆 2 和下横梁 6 拉住上辊轴承座上的凸耳。

177. 上辊平衡力是如何确定的?

通常取平衡力 p 为被平衡重量 G 的 1.2~1.4 倍,即

$$p = KG = (1.2 \sim 1.4)G$$

K 称为过平衡系数。在采用弹簧平衡时,由于上轧辊的移动会引起弹簧平衡力的变化,重锤的重量按杠杆定律计算,调整

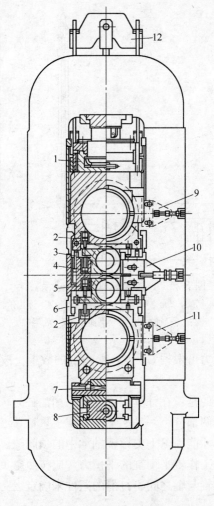

图 5-23　1700 冷轧机座的液压平衡装置

1—压下液压缸；2—工作辊负弯辊缸；3—上支撑辊平衡缸；

4—上工作辊平衡缸；5—下工作辊压紧缸；6—工作辊换辊轨道；

7—测压仪；8—斜楔式下辊调整机构；9、11—支撑辊轴向压板；

10—工作辊轴向压板；12—压下液压缸平衡架

平衡锤在杠杆上的位置，即可调整平衡力。在采用液压平衡时，

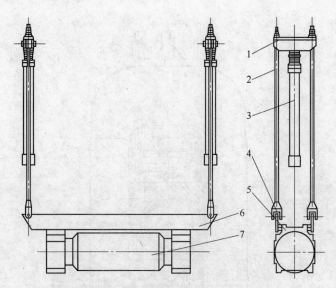

图 5-24   1300 初轧机液压平衡装置简图
1—横梁；2—平衡拉杆；3—液压缸；4—连接销轴；
5—轴承座；6—下横梁；7—轧辊

油缸的工作压力可根据 G、K、平衡缸的数量、液压缸柱塞直径来确定。

特别指出的是：在计算四辊轧机平衡油缸时，上辊平衡缸的平衡力应包括两部分：一是上工作辊辊子重量，二是上支撑辊本体重量。这样才能消除上支撑辊轴承中的顶间隙。同时，要特别注意四辊轧机工作辊平衡缸的平衡力，应按照空负载启、制动和运转时，工作辊与辊之间不打滑的条件来确定。

6 机架与轨座

178. 什么是轧钢机机架？

轧钢机机架（图 6-1）是用来安装轧辊、轧辊轴承、轧辊调整装置和导卫装置等工作机座中的全部零部件，是工作机座的重要部件。由于机架要承受轧制力，且轧件尺寸精度要满足规定要求，机架必须要有足够的强度和刚度。根据轧钢机的形式和生产要求，一般轧钢机架分为闭式和开式两种。

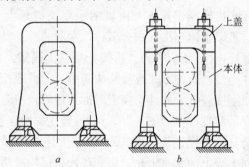

图 6-1　轧钢机机架
a—闭式机架；*b*—开式机架

179. 什么是闭式机架？

图 6-1*a* 为闭式机架。闭式机架是一个整体的框架，具有较高的强度和刚度。它主要用于轧制力较大的初轧机、板坯轧机和板带轧机等。有时也用于刚度要求较高的型钢轧机。

采用闭式机架的工作机座，在换辊时轧辊是沿其轴线方向机架窗口抽出或装入，这种轧机一般都设有专用的换辊装置，如换辊小车、平衡套筒、C 形钩等。在横列式轧机上使用闭式机架，换辊较困难。

180. 什么是开式机架?

图 6-1b 为开式机架。开式机架不是一个整体框架，是由机架本体和上盖两部分组成。它主要用于横列式型钢轧机上，其主要优点是换辊方便。因为在横列式型钢轧机上采用闭式机架，由于受到相邻机座和连接轴的妨碍，沿轧辊轴线方向换辊是很困难的。采用开式机架，只要拆下上盖，就可以很方便地将轧辊从上面吊出或装入。开式机架的主要缺点就是刚度较差，且加工面多，造价高。

181. 开式机架的上盖与架体有哪几种连接方式?

影响开式机架换辊速度和刚度的主要关键是上盖的连接方式。上盖与机架本体连接方式有多种，常用的有：

(1) 螺栓连接（图 6-2a）。机架上盖（上横梁）用两个螺栓与机架立柱连接，这种方式连接结构简单，但因螺栓较长，变形较大，机架刚度较低。此外，换辊时拆装螺母较费时。

(2) 立销和楔连接（图 6-2b），其换辊比螺栓连接方便。

(3) 套环和斜楔连接（图 6-2c）。与上述两种形式相比，取消了立柱和上盖上的垂直销孔，用套环代替螺栓或圆柱销。套环的下端用销铰接在立柱上，套环上端用斜楔把上盖和立柱连接起来，这种结构换辊较为方便。由于套环的断面可大于螺栓或圆柱销，轧机刚性有所改善。

(4) 横销和斜楔连接（图 6-2d）。上盖与立柱用横销连接后，再用斜楔楔紧。其顶点是结构简单，连接件变形小，但是，在楔紧力和冲击力的作用下，当横销沿剪切断面发生变形后，拆装较为困难，使换辊时间延长。

(5) 斜楔连接（图 6-2e），与上述（1）～（4）各种连接形式相比有以下优点：1）上盖弹跳值小（弹性变形小）；2）连接件结构简单、可靠；3）机架立柱横向变形小。在打紧斜楔后，机架立柱上部被斜楔和机盖上口紧紧挤住，大大减小了立柱的横向变形，因此，其具有较高的刚度，故称为半闭式机架。这种机架被广泛应用。

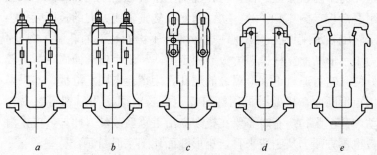

图 6-2 开式机架上盖本体连接方式

a—螺栓连接；b—立销和楔连接；c—套环和斜楔连接；
d—横销和斜楔连接；e—斜楔连接

182. 机架常用立柱断面形状有哪些?

常用的立柱断面形状有近似正方形、矩形和工字形三种，如图 6-3 所示。设计机架时，根据轧钢机类型、机架受力特点以及制造条件等因素确定机架立柱的断面形状。近似正方形断面的机架，惯性矩小，适用于受水平力不大的窄而高的闭式机架，如某些四辊轧机等。矩形和工字形断面的机架，惯性矩大，拉弯能力大，适用于受水平力较大的矮而宽的闭式二辊轧机，如初轧机、板坯轧机等。

如果机架刚度要求较大，机架立柱一般采用矩形断面，其长边配置在沿轧制线方向，短边则配置在沿轧辊轴线方向。

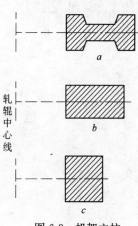

轧辊中心线

图 6-3 机架立柱的断面形状

a—工字形；b—矩形；c—近似正方形

183. 机架立柱内表面耐磨滑板的作用是什么？

为了防止立柱磨损，与轧辊轴承座接触的立柱内表面应镶上耐磨滑板（图6-4中2）。立柱断面在轧辊轴线方向的长度应稍小于轧辊轴承座长度，使立柱边缘部分不影响轧件的轧制。图6-4为工字形断面立柱机架滑板的固定方式。工字形断面固定滑板较方便，它可通过工字形翼缘的通孔，用螺栓来固定滑板。如果采用矩形断面，机架滑板用螺钉固定，长时间使用后螺钉容易松动，甚至脱扣，有时需要在机架立沿上重新改丝。此外，更换滑板也不方便。从制造来看，矩形断面比工字形断面容易些。

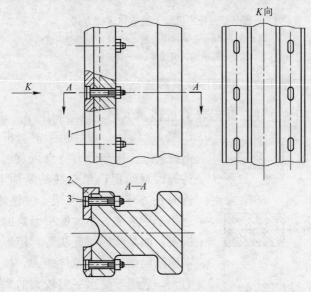

图 6-4　工字形断面立柱机架滑板的固定方式
1—工字形断面立柱；2—耐磨滑板；3—螺栓

184. 如何确定机架窗口的高度、宽度？

机架的主要结构参数是：窗口宽度、高度和立柱断面尺寸。

在闭式机架中，机架窗口宽度应稍大于轧辊最大直径，以便换辊。机架窗口高度要根据轧辊最大开口度压下螺丝最小伸出端以及换辊等要求确定。当直径最大的轧辊处在最大开口度位置时，压下螺丝在压下螺母外面至少要有 2～3 扣螺纹长度的伸出端。机架窗口高度要考虑换辊装置，以及换辊时轧辊的提升距离。

在开式机架中，机架的窗口宽度决定于轧辊轴承座的宽度。机架窗口高度则取决于轧辊最大开口度和压下螺丝的最小伸出端。

185. 如何确定机架的立柱断面尺寸?

机架立柱的断面尺寸是根据强度条件确定的。由于作用于轧辊辊颈和机架立柱上的力相同，而辊颈中强度近似地与其直径平方 (d^2) 成正比，故机架立柱的断面积 (F) 与轧辊辊颈的直径平方 (d^2) 有关。在设计时，可根据比值 (F/d^2) 经验数据确定机架立柱断面积后，再进行机架强度验算。比值 (F/d^2) 可按表 6-1 选取。

机架立柱断面尺寸对机架刚度影响较大。在现代板带轧机上，为了提高轧件的轧制精度，有逐渐加大立柱断面的趋势。

表 6-1　机架立柱断面积与轧辊辊颈直径平方的比值 (F/d^2)

轧辊材料	轧机类型	比值 $\dfrac{F}{d^2}$	备　注
铸　铁		0.6～0.8	
碳　钢	开坯机	0.7～0.9	
	其他轧机	0.8～1.0	
铬　钢	四辊轧机	1.2～1.6	按支撑辊辊颈直径计算

186. 闭式机架结构是怎样的?

图 6-5 为 1700 热轧带钢连轧机精轧机座的机架结构图。两片闭式机架 2 和 12 的上部，通过箱形横梁 9 用十二个 M64 的螺

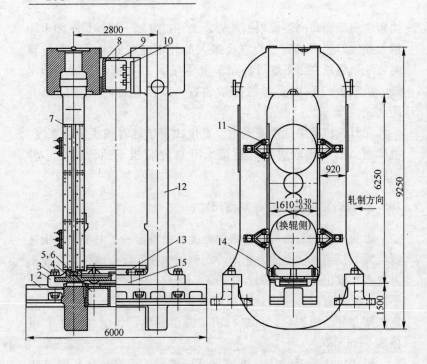

图 6-5　1700 热轧带钢连轧机精轧机座的机架

1—轨座；2、12—机架；3、10、13—螺栓；4—支撑辊换辊小车；5—横梁；

6、8—键；7—滑板；9—箱形横梁；11—支撑辊轴向压板；

14—测压头；15—下横梁

栓 10 连接，并用键 8 定位。机架下部则通过两根横梁 15 用十六
个 M64 的螺栓 13 连接。横梁 5 是支撑辊换辊小车 4 的轨道底
座，它用十六个 M56 的螺栓与机架下部连接，并用键 6 定位。
在横梁 5 中装有四个液压缸，在换支撑辊时用来升降成套的轧辊
组件。在小车 4 和机架下横梁之间装有测压头 14。在换辊端的
机架立柱上装有支撑辊轴向压板 11。整个机架用八个 M150 的
螺栓 3 固定在轨座上，两个轨座 1 则各用八个 M130 的地脚螺栓
固定在地基上。机架总重量约为 327t。

　　此机架的正常轧制力为 25MN（2500t），考虑轧制不锈钢及
发生卡钢事故等情况，每片机架是按承受 20MN（2000t）的计

算载荷设计的。

此机架窗口高度与宽度的比值达 3.75，比一般轧机大得多。为了节省金属，机架立柱采用近似方形断面。立柱断面宽度为 920mm，厚度为 700mm，断面积为 6440cm²。为了换辊方便，换辊端窗口宽度比传动端大 20mm。机架材料为 ZG35，每片机架约重 130t。

187. 开式机架结构是怎样的？

图 6-6 为 650 型钢轧机斜楔连接的开式机架结构图。

机架是由两个 U 形架 3、12 和一个上盖 1 组成，上盖与 U 形架之间用斜度为 1：50 的斜楔 4 连接。为了简化机架楔孔的加工和防止斜楔磨损机架，楔孔做成不带斜度的长方孔，其上、下两个承压面带有鞍形垫板 8 和 9，下鞍形垫板 9 也带有 1：50 的斜度。上盖与 U 形架立柱用销钉 2 轴向定位。上盖中部实际上也是冷却轧辊的水箱，箱体上部有喷水小孔。上盖和 U 形架上部有安装压下和压下装置传动齿轮的壳体。由于中辊上轴承座采用 H 形瓦架，上盖下部开有燕尾槽，以便安装调整 H 形瓦架的斜楔。在 U 形架立柱上有支撑中辊下轴承座的凸台。为了加强 H 形瓦架的强度，往往要增加 H 形瓦架的腿厚，而又要不使 U 形架窗口尺寸过于增大，就取消了该处机架立柱上的耐磨滑板，这对保护机架立柱免于磨损不太有利。与下辊轴承座接触的机架立柱上镶有耐磨滑板 7。机架材料为 ZG35。

为了增加机架的稳定性，除了上盖与 U 形架之间需要牢固连接外，两片 U 形架下部和上部也要牢固地连接。U 形架下部通过中间梁 10 用螺栓连接，其上部通过两根铸造横梁 6 和拉紧螺栓 5 连接。当机架按技术要求装在地脚板上，两片 U 形架位置彼此找正后，将拉紧螺栓 5 加热，同时装好横梁 6，再紧固拉紧螺栓 5 两端的螺母。为了换辊方便，上盖是整体铸造的。整个机架用八个 M72 的螺栓固定在地脚板上。上盖的起重销轴 11 是按可以吊起整个工作机座来设计的。

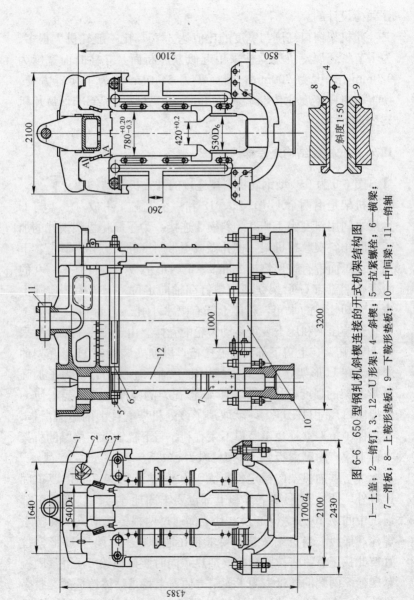

图 6-6 650 型钢轧机斜楔连接的开式机架结构图

1—上盖；2—销钉；3、12—U 形架；4—斜楔；5—拉紧螺栓；6—横梁；
7—滑板；8—上敲形垫板；9—下敲形垫板；10—中间梁；11—销轴

188. 机架采用什么材料?

机架一般采用碳含量为 $0.25\%\sim0.35\%$ 的 ZG35,其抗拉强度 $\sigma_b=500\sim600MPa$,屈服强度 $\sigma_s=280MPa$,伸长率 $\delta_5=12\%\sim16\%$,冲击韧性 $\sigma_k\geqslant35N\cdot m/mm^2$。

189. 机架的安全系数是多少?

在轧钢机中,机架是最重要和最贵重的零件,因此要求其必须具有较大的强度储备。一般机架的安全系数不小于 10,对于 ZG35G 来说,许用应力 $[\sigma]$ 采用以下数值:

对于横梁$[\sigma]\leqslant50\sim70MPa$;

对于立柱$[\sigma]\leqslant40\sim50MPa$。

为了防止机架在过载时被破坏,轧辊断裂时机架不应产生塑性变形。根据这一要求,机架的安全系数为

$$n_j>n_g\times\sigma_b/\sigma_s$$

式中 n_j——机架的安全系数;

n_g——轧辊的安全系数;

σ_b、σ_s——机架材料的抗拉强度、屈服强度。

在一般情况下,材料的抗拉强度与屈服强度的比值近似为 2,即 $\sigma_b/\sigma_s\approx2$,为了安全起见,可将机架安全系数取为:

$$n_j=(2\sim2.5)n_g$$

当轧辊安全系数 n_g 取为 5 时,机架的安全系数 n_j 为10~12.5。

190. 什么是轨座?

轨座也称地脚板,轧钢机机架是安装在轨座上,而轨座固定在地基上。轨座要保证工作机座的安装尺寸精度,并承受工作机座的重力倾翻力矩,因此,轨座必须安装准确,并且应有足够的强度和刚度。在大型轧机上,轨座一般采用与机架相同的材料制成,在小型轧机上则往往采用铸铁。图 6-7 为 1700 冷轧机的轨座。

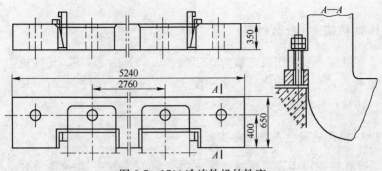

图 6-7 1700 冷连轧机的轨座

191. 轨座的结构是怎样的?

图 6-8a 为一种用于型钢轧机的轨座。在轨座上部与机架底脚接触处,有两个与垂直线近似成 15°的斜面,便于机架安装。轨座中部有凹槽,用来放置地脚螺栓。由于凹槽沿轨座轴线方向是贯通的,地脚螺栓位置可以根据需要移动,即机架位置可以在轴向调整。当采用更换整个工作机座的换辊方式时,也便于安装。在两个轨座之间,一般是用刚性较好的铸造横梁或用螺栓把它们连接在一起。在轧辊直径小于 400～450mm 的小型钢轧机上,两个轨座可浇铸成整体 (图 6-8b)。

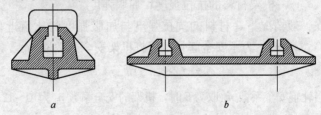

图 6-8 型钢轧机的轨座
a—单轨座;b—两个轨座浇铸成整体

在初轧机、开坯机、钢板轧机上,工作机座轴向位置不需要调整,换辊时也不需要拆卸整个工作机座。为了简化轨座加工,把轨座与机架底脚接触处做成矩形断面,其内侧面是垂直的。整个轨座断面则为工字形。为了便于安装固定螺栓的螺母,轨座侧面开有相应的窗口,如图 6-9 所示。

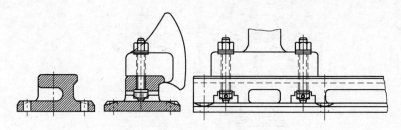

图 6-9 具有矩形支承表面的轨座

192. 机架与轨座是怎样连接的?

机架与轨座的连接一般采用固定螺栓。在小型轧机上,用双头螺栓或 T 形螺栓,在常温下装配和拧紧。在大型轧机上,机架的固定螺栓往往采用热装配,即将螺栓加热到 200℃左右后趁热拧紧。在热装前,应先记下螺栓在常温拧紧时的螺母位置。螺母热装时,应比常温时的螺母位置多拧一个螺栓的热膨胀量。为了拆装方便,在某些型钢轧机上,机架底脚与轨座采用斜楔连接 (图 6-10)。它是通过销子 2、斜楔 5 和 6,将机架固定在轨座上。被螺栓紧固后的机架与轨座接触面接触应严密,用 0.05mm 塞尺检查时,接触周长应大于 75%。同时机架与轨座之间要保证良好的固定条件,在安装梯形

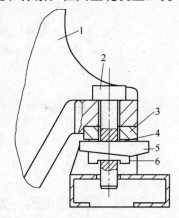

图 6-10 斜楔连接的轨座
1—机架;2—销子;3—轨座;
4—垫圈;5—上斜楔;
6—下斜楔

断面轨座时,机架和轨座的间隙必须调整到两个外斜面上或两个内斜面上,不得将间隙同时分布在一个外斜面上和一个内斜面上,如图 6-11 所示。接触部位的接触面积不得小于 75%,局部间隙不大于 0.05mm,非接触面部位的间隙不得大于 0.10mm。

同时对轧机机架中心线、机架窗口垂直度等做检查。

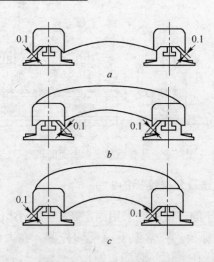

图 6-11　机架和梯形断面轨座接触面间隙示意图

a—间隙在两个外斜面上；b—间隙在两个内斜面上；

c—不正确的安装方式

193. 轨座是怎样安装的?

轧钢机工作机座的安装精度，决定于轨座的安装精度。为了保证轨座的安装质量和缩短安装周期，一般采用样板法安装，如图 6-12 所示。

首先，根据机架底脚与轨座接触部分的实际外形和尺寸制作"正"样板。然后，根据"正"样板制作"反"样板。现以上部为矩形断面的轨座，说明其安装工序。

(1) 安装前，用"正"样板测量机架底脚尺寸 H，准确度在 0.1mm 之内 (图 6-12a)；

(2) 根据"正"样板调整"反"样板尺寸 (图 6-12b)；

(3) 用"反"样板安装轨座 (图 6-12c)。

在安装时，要经常根据"正"样板检验"反"样板，样板上刻的中心线应与轧钢机主传动装置的中心线重合。

轨座和地基的接触面积，根据工作机座重量（重力）和倾翻

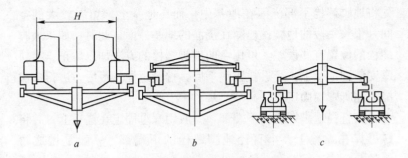

图 6-12　用样板法安装轨座

a—用"正"样板测量机架底脚尺寸；b—根据"正"样板调整
"反"样板；c—用"反"样板安装轨座

力确定地基的单位压力，允许的单位压力为 1.5～2.0MPa（150～200N/cm²）。轨座高度近似地取为轧辊直径的一半。

地脚螺栓在地基中的固定，一般采用二次浇灌法（图6-13）。

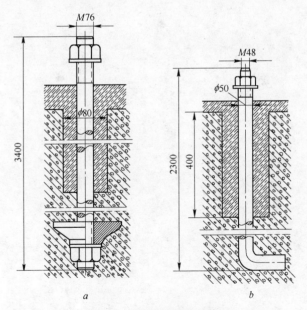

图 6-13　地脚螺栓的结构

a—大直径地脚螺栓的结构；b—小直径地脚螺栓的结构

先将地脚螺栓下部浇灌在地基中，而在地基上部留有较大的空间，很长一段的地脚螺栓露在浇灌的地基外面。此时，如果地脚螺栓的位置有些误差，可用弯曲地脚螺栓的方法加以矫正。在轨座安装到地基上，经过找正垫平后，拧紧螺栓。最后，进行二次浇灌地脚螺栓固定。

　　大直径地脚螺栓的下端部，一般用螺母固定在锚板上，并将螺母焊在螺栓上。小直径地脚螺栓的下端部，一般是做成弯头的。

7 轧钢机座的刚度

194. 什么是轧钢机座的刚度？

轧钢机轧制时，在轧制力的作用下轧件产生塑性变形。同时，在轧件反力的作用下，工作机座中的轧辊、轴承、轴承座、垫板、压下螺丝和螺母、机架等一系列受力零件也产生相应的弹性变形，总变形量可达几毫米，显然，机座的弹性变形对轧件尺寸精度有很大影响。对于不同的轧机机座结构形式，在轧制力相同的情况下其弹性变形量是不同的，即刚度不同。

轧钢机座的刚度（刚性）是指轧机工作机座抵抗弹性变形的能力，用刚度系数 k 表示。k 的物理意义是：使工作机座产生弹性变形所需要的轧制力，即

$$k = P/f$$

式中　P——轧制力，kN；

　　　f——机座的变形量，mm。

k 值越大，表明机座产生单位弹性变形所需的力越大，即机座的刚度越好。

195. 轧钢机座的刚度对产品质量有什么影响？

图 7-1 为二辊钢板轧机的弹性变形对轧件厚度影响情况。

轧件进入轧辊前，轧辊的原始辊缝设为 S_0，如果轧辊的原始辊形为圆柱形，则辊缝是均匀的。当轧制时，在轧制力 P 的作用下，机座产生弹性变形，使实际辊缝呈不均匀的增大，轧制后的轧件表面呈中部较厚的弧形，轧件的厚度 h 大于原始辊缝 S_0，设机座在轧辊辊身中部处产生的弹性变形为 f，则

$$h = S_0 + f$$

式中　h——轧制后的轧件厚度，mm；

　　　S_0——轧辊原始辊缝，mm；

　　　f——机座弹性变形，mm。

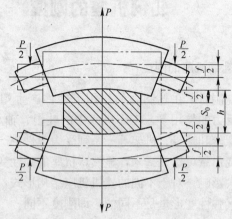

图 7-1　机座弹性变形对轧件厚度影响

由上式可见，机座弹性变形 f 对轧制后的轧件厚度 h 影响很大，要想得到厚度为 h 的轧件，轧辊的原始辊缝 S_0 应调整到比轧件厚度 h 小一个机座弹性变形 f 的数值。

同时轧辊的弯曲变形还使辊缝在宽度方向产生不均匀的变化，这使轧件沿宽度方向产生横向厚度偏差。

由于机座的弹性变形 f 是由轧制力产生的，如果在轧制过程中轧制力有波动，则在一定的原始辊缝下，机座的弹性变形也相应地波动，这就使轧件沿长度方向的厚度发生变化，产生了纵向厚度偏差。

由上可知，机座的弹性变形直接影响轧后的轧件厚度以及轧件的纵向和横向的厚度偏差，同时也影响到轧机的调整、轧制工艺规程的制定和辊型设计等。

在现代板带连轧机上，设置了厚度控制装置，使轧机能在轧制过程中迅速调整辊缝，控制轧件的纵向厚度偏差。通过合理的辊型设计、辊型调整等措施来控制轧件沿宽度方向产生横向厚度偏差。

在设计成品轧机时，特别是设计窄带钢轧机时，机座刚度是一个必不可少的重要参数。在确定机座刚度时，一般只要使机座弹性变形的波动值小于轧件厚度的公差范围即可。

196. 什么是机座的弹性变形曲线？

图 7-2 为轧机机座的弹性变形曲线。将轧制力和轧件轧后厚度 h 的对应值绘成图，其呈一曲线，此曲线表示了 P 与 f 之间的关系，即称为机座的弹性变形曲线，也称为弹跳曲线。

由机座的弹性变形曲线可见，在轧制力不大时，机座的弹性变形曲线与轧制力成曲线关系，这是因为机座各零件间存在间隙和接触不均匀而形成的。当轧制力达到一定值后，曲线与轧制力成直线关系，此直线的斜率 k 称为机座的刚度系数，即

$$k = \Delta P / \Delta f$$

式中　ΔP——弹跳曲线直线部分的轧制压力变化量，kN；

　　　Δf——机座弹性变形的变化量，mm。

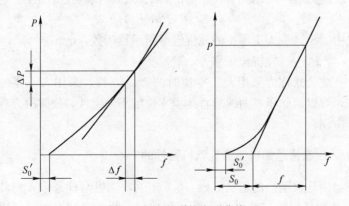

图 7-2　机座的弹性变形曲线

S'_0—轧辊压靠但压靠力 P_0 为零时，轧辊辊缝指示器读数；

S_0—人工零位的轧辊辊缝指示器读数

197. 什么是机座弹跳方程?

问题 196 中介绍机座的弹性变形曲线（弹跳曲线），轧后的轧件厚度 h 可近似地用下面公式表示：

$$h \approx S'_0 + P/k$$

式中　S'_0——轧辊的原始辊缝，mm（S'_0 应调整到比 h 小一个机座弹性变形量 f 的数值，且 P 为零）；

　　　P——轧制力，kN；

　　　k——机座的刚度系数，kN/mm。

该公式称为机座弹跳方程，它反映了轧件厚度与机座弹性变形的关系。

由于机座中各零件间存在间隙和接触不均匀等不稳定因素，弹跳曲线的非直线部分经常是变化的。为了消除非直线段的影响，现场操作时往往采用人工零位法进行轧制，即在轧制时，先将轧辊预压靠到一定的压力 P_0（要选得适当，以刚好使得进入弹跳曲线直线段为宜），并将此时的轧辊辊缝指示器 S' 设为零，称为人工零位。这样当轧制力 P 大于 P_0 时，机座的弹性变形量与轧制力呈线性关系，此时轧件厚度可用下面公式较为准确地表示：

$$h = S_0 + (P - P_0)/k$$

式中　S_0——人工零位的轧辊辊缝指示器读数，mm；

　　　P_0——轧辊预压靠力，kN。

此公式称为采用人工零位时的弹跳方程。采用人工零位操作，可以消除压靠曲线非直线段零位的不稳定性，使弹跳方程便于应用。

198. 压靠法是如何测量轧钢机刚性的?

由轧机刚性的定义：$k = P/f$ 知道，轧机刚性系数 k 与轧制力 P 和轧机机座弹性变形（弹跳值）f 两个参数有关，所以如果测得各种大小的轧制力与其对应的弹跳值，就能作出轧机的弹性曲线，从而可以求得该轧机的刚性系数。轧制力可以用安装于轧机上的测数仪表测量，而轧机弹跳值有两种测量方法，即轧辊压靠法和轧制法。前种方法测得的刚性称为轧机的静态刚性，后种方法测得的刚性称为轧机的动态刚性。

轧制法测定不可能在生产中多次经常地进行，大轧机用轧制法也比较困难，故出现了轧辊压靠法。

用轧辊压靠法时，轧辊中没有轧件。轧辊一面空转，一面调整压下螺丝，使上、下工作辊直接接触压靠。由轧辊压靠开始点（假定一个压力值 P_0 为压靠开始点），每增加一定的压靠量时，记录下相应的压下调节量和轧制力 P，压下调节量就是在此轧制力 P 作用下的机座弹性变形。根据所测数据，可绘制成纵坐标为轧制力 P，横坐标为压下调节量的关系曲线，即弹跳曲线。因为此法是在压下螺丝调节结束后，在恒定不变的轧制力作用下测得的数据，因此称为静态刚性。

由于轧辊压靠法在轧辊间没有轧制材料，而在两轧辊间的压扁又与实际轧制时的压扁变形有区别，因此测量误差较大。

199. 轧制法是如何测量轧钢机刚性的?

在冷轧机上，轧件的厚度可以精确测量，一般采用轧制法，即在保持轧辊辊缝一定的情况下，用不同厚度的板坯送入轧机轧制，读出轧制每块钢板时的轧制力 P，并分别测定每块钢板轧制后的板厚 h。再由测量所得的各块钢板厚和原始辊缝值的差值，来确定轧机在各对应轧制力情况下的弹跳值，然后做轧制力和弹跳值之间的关系曲线，用此法测得的刚性称为轧机的动态刚性。

轧钢机的刚性也可以用计算方法来求，它是通过计算各受力部件的弹性变形而求得轧机的弹跳值，然后再根据刚度系数公式计算得到。

200. 轧制速度和轧件宽度是如何影响轧钢机刚性的?

在上述的弹跳方程中直接表示了轧件厚度与轧辊辊缝和轧制力的关系，但是由于没有考虑轧制过程中某些因素的影响，公式精度不高。

如果要进一步提高弹跳方程的精度，应考虑在轧制过程中某些因素的影响：(1) 轧辊和机架的热膨胀；(2) 轧辊磨损；(3) 轧制速度；(4) 轧件宽度。

前两个因素明显地会影响辊缝的变化。

轧制速度和轧件宽度对轧钢机刚性是如何影响的呢？

当轧辊采用液体摩擦轴承时，由于轴承油膜厚度与轧辊转速有关，在轧辊加减速过程中，轴承油膜厚度的变化会影响到辊缝的变化。

在轧制不同宽度的钢板时，单位板宽上的轧制力的大小是不一样的，在变形区中工作辊的压扁量也是互不相同的。另外，由于板宽不同，会造成工作辊与支撑辊间的接触压力沿辊身长度方向有所不同的分布情况，从而使工作辊与支撑辊的接触变形量和支撑辊的弯曲变形量都发生变化。由于这些原因，板宽的大小将会影响到轧机的刚性，结论是：轧制钢板的宽度愈窄，轧机的刚性系数下降愈多。

201. 什么是塑性变形曲线与塑性方程？

物体受外力作用而产生变形，当外力去除后，物体不能恢复其原始形状和尺寸，遗留下了不可恢复的永久变形，这种变形称为塑性变形。金属中的塑性变形主要依靠晶粒内的这一部分相对另一部分的滑动来进行，这种滑动在固体物理学中称为"滑移"。塑性变形的宏观表现是物体的外形或尺寸发生了永久性的变化，在这个变化过程中，应力和应变的关系已显著离开线性规律，摆脱了虎克定律的约束，而进入了一个新关系的领域。

在轧制过程中，轧件在轧制力 P 的作用下压缩变形，即塑性变形，轧制力 P 随着压下量 Δh 的变化而变化，但轧制力是一个非线性函数，很难用简单公式表示。但是，一些热带钢轧机和冷带钢轧机上的实验表明，在一定的坯料厚度 H 的情况下，轧制力 P 与压下量 Δh 的关系如图 7-3 所示。由图可见，轧制力 P

在相当宽的压下量范围内呈直线变化。只是在压下量较小或较大时，轧制力才呈曲线变化。图 7-3 所示的轧制力变化曲线称为塑性变形曲线。

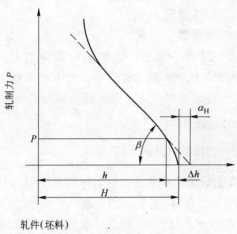

图 7-3 轧件塑性变形曲线

(厚度 H，轧件压下量 Δh)

在一般情况下，采用很小或很大的压下量轧制轧件的情况较少，塑性变形曲线可以近似地用直线表示。此时，轧制力 P 可以写成以下的经验公式，此公式称为轧件的塑性方程：

$$P = Q(\Delta h + a_{H})$$

式中　Q——轧件塑性刚度系数，$Q = \tan\beta$；

　　　Δh——轧件压下量，它是坯料厚度 H 与轧件厚度 h 的差值，即 $\Delta h = H - h$；

　　　a_{H}——轧制力近似直线与横坐标交点，离开轧制力曲线（塑性变形曲线）与横坐标交点之间的距离。

a_{H} 与 H 有关。当 $H \geqslant 10\mathrm{mm}$ 时，可以认为 $a_{H} = 0$。H 越小，a_{H} 越大。

轧件塑性刚度系数 Q 实际上是近似直线的斜率，即 $Q = \tan\beta$。轧件塑性刚度系数 Q，反映了轧件变形的难易程度，它与

一系列因素有关，即

$$Q = f(H, T, \sigma, \mu, \cdots)$$

式中　T——张力；

　　　σ——轧件变形阻力；

　　　μ——摩擦系数。

一般说来，H 和 T 愈小，Q 愈大。σ 和 μ 愈大，Q 也愈大。

将塑性方程与机座弹跳方程联立，就可根据需要来确定轧辊的原始辊缝 S_0 或轧件厚度 h，进而就可根据需要进行轧件控制方案的分析。

202. 什么是弹-塑曲线（P-H 图)？

由于弹跳曲线与塑性曲线的纵坐标都是轧制力 P，而其横坐标都是与轧件厚度 $H(h)$ 有关，因此将两个曲线绘在同一张图上就成了弹-塑曲线（P-H 图)，如图 7-4 所示。其作用是，可采用图解法联立求解弹跳方程与塑性方程。由于 P-H 图能比较直观地表达各种轧制条件和机座对轧件厚度的影响，是分析研究轧机调整和厚度自动控制的一种重要工具。

现以确定轧辊的原始辊缝为例，说明 P-H 图的意义。

在图 7-4 所示的 P-H 图上，塑性曲线用近似直线 Gd 表示，塑性曲线与横坐标的交点为 $(H+a_H)$，其值可用坯料厚度 H' 表示。如果采用人工零位操作，轧辊预压靠力为 P_0，机座弹性变形压靠曲线为 $Ok'l'$。要得到轧件厚度为 h，相应的轧制力为 P，其在塑性曲线上的相应点为 e。过 e 点作弹跳曲线 gel（或近似直线 mel)，然后，通过预压靠力 P_0 点作水平线，此水平线与弹跳曲线的交点 k 的横坐标为 S_0'，即为轧辊辊缝指示器表示的轧辊的原始辊缝值。同理，当已知轧辊辊缝指示器表示的轧辊的原始辊缝值为 S_0' 时，则弹性曲线与塑性曲线交点 e 的横坐标 h，就表示轧出的轧件厚度 h。同时也可清楚地表示轧件的压下量 Δh、机座的弹性变形量 $(P - P_0)/k$（k 为机座的刚度系数)等参数。

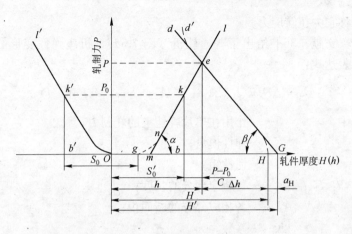

图 7-4　塑性曲线 P-H 图

203. 提高轧机机座刚度的途径有哪些?

提高机座刚度的途径有:

(1) 增加轧辊尺寸和机架断面尺寸;

(2) 采用无牌坊轧机(即短应力线轧机);

(3) 采用预应力轧机。

204. 什么是轧机的应力线?

一切材料都因外力作用而产生变形,材料抵抗这种变形在其内部就产生力,这种力称为内力。如在物体内设一假想平面,此假想平面上的内力应与外力保持平衡。在假想平面的每单位面积上内力称为应力。把应力沿假想平面垂直方向和平行方向分解,其垂直分量称为正应力(记作 σ),其平行分量称为剪应力(记作 τ)。使假想平面相互拉曳的应力称为拉应力,使假想平面相互压紧的应力称为压应力。在杆件的横截面上,如果正应力按线性分布且其合力等于零时,这样的正应力是由弯矩产生的,所以称它为弯曲应力。在圆轴的横截面上,如剪应力的大小与轴线的距离成正比(按线性分布),这样的剪应力是由扭矩产生的,所以称它为扭转应力。

文献［36］给出了普通轧机（图 7-5a），机座弹性变形 $\Delta\lambda$ 的表达式：

$$\Delta\lambda = \Delta F/E(l_1/2A_1 + l_2/A_2 + l_3/A_3 + KW^3/I)$$

式中　　　　　　F——作用在单片牌坊上的轧制力；

E——弹性模量；

I——惯性矩；

l_1、l_2、l_3、W——各相应部分的长度；

A_1、A_2、A_3——各相应部分的断面积；

K——系数。

该公式简化了受力元件的应力状态，不考虑剪切应力，只考虑纯拉或纯弯。

各种文献对应力线定义有许多说法，如：（1）轧钢机在轧钢过程中由轧制力所引起的内力沿机座各承载零件分布的应力回线，简称应力线；（2）轧机中受力零件长度之和就是该轧机应力回线的长度；（3）应力线是为了研究机架的弹性变形，把受力状态简化而给出的概念，即轧机受轧制力后，影响机架弹性变形的局部断面的中性线的连线；（4）应力所经路线的长度是应力线；（5）轧机在轧制力的作用下机座各受力件的单位内力所连成的回线，简称应力线。综上所述，轧机的应力线为：轧机在轧制力的作用下，机座各受力件的单位应力所经路线的连线。应该指出，机座应力线的长度是相对的，轧机中受力零件长度之和就是该轧机应力回线的长度。

205. 为什么要缩短轧机应力线？

从问题 204 的公式中可以看到：靠增加 A 和 I 来提高轧机刚度，会导致机架笨重和庞大。提高轧机刚度的最合理的方法是尽量缩短轧机应力线的长度，即减少轧机受力零件的长度，这就是短应力线轧机的原理。

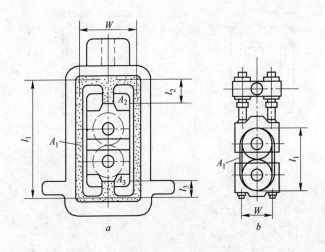

图 7-5 普通轧机应力线 (a) 及无牌坊轧机应力线 (b)

无牌坊轧机（图 7-5b）就是一种短应力线轧机，这种轧机没有牌坊（机架），而是把两个轧辊的轴承座直接连接在一起。由于取消了高度较大的机架，缩短了应力所经路线的长度，因而机座的弹性变形减少，刚度提高了。

206. 为什么说预应力轧机理论上讲不能提高轧机刚性？

预应力轧机与普通开口机架刚度比较，预应力轧机提高了刚度，减轻了重量。其主要原因是：消除一些连接间隙、应力线短、配合面少、窗口较窄、使横梁变形减少、改变了横梁受力状态、采用较好的拉杆材质等。

预应力轧机与普通闭口机架刚度比较，在理论上讲预应力轧机并不提高刚性，这已经被 Ortner 等人所证明。普通闭口机架 (a) 及预应力机架 (b) 的变形比较见图 7-6。

预应力轧机在理论上是不能提高轧机刚度，其刚度系数只相当于尺寸、材质相同的闭口机架。但实际上与老式闭口机架相比，预应力轧机仍具有较高的刚性，主要原因是窗口变窄，使横

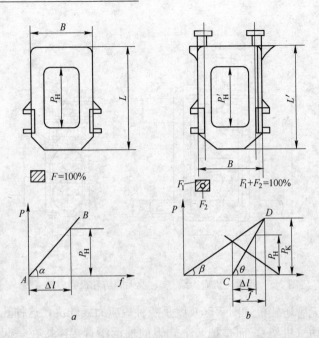

图7-6 普通闭口机架（a）及预应力机架（b）的变形比较

梁应力线缩短，立柱应力线也缩短了一些，并且改善了拉杆材质，机架刚度与预紧力无关，它主要取决于机架本身结构尺寸参数。

207. 什么是轧机的横向刚性？

轧制钢板有两大质量指标，即钢板厚度精度和钢板的板形。板厚精度又有纵向板厚精度与横向板厚精度之分。前面讲过的轧机刚性是指其纵向刚度。钢板的横向厚度公差和板形问题与轧机的横向刚性有着密切的关系。

在四辊轧机上轧制钢板时，支撑辊的弯曲变形和支撑辊与工作辊之间的不均匀接触变形，使工作辊产生弯曲，这时轧出的钢板沿板宽方向就要出现厚度差（见图7-1）。如果工作辊弯曲愈厉害，钢板横向厚度差愈严重，说明该轧机的横向刚性小；相反工作辊弯曲变形小，则轧机的横向刚性大。与轧机的纵向刚性概念相类似,轧机的横向刚性也是抵抗轧机的弹性变形的能力。所不同的是前者是抵抗轧机的弹跳变形,后者是抵抗轧机的弯曲变形。于是轧机相对轧制力的横向刚性系数 C_p 可表示为:

$$C_p = P/\delta h_b$$

式中　P——轧制力;

　　δh_b——钢板中部与边部的厚度差。

由上式可知,轧机相对于轧制力的横向刚性系数的意义,是指当钢板中部与边部产生 1mm 厚度差时,所需的轧制力大小。

为抵消轧辊在轧制力作用下产生的弯曲变形,提高钢板的平直度和缩小横向板厚公差,生产中常采用下面的几种方法:

(1) 轧辊预先加工成凸辊;

(2) 用调节辊温分布的方法来调整辊形,也称控制轧辊的热凸度;

(3) 采用机械弯辊的方法,以抵消轧辊在轧制时的弯曲变形。

208. 如何计算轧机的刚度系数?

由于机座中各零件的形状和受力情况较复杂,再加上有关零件的接触面间存在间隙,机座的刚度或弹性变形还没有精确的理论计算方法,主要是通过对工厂轧机的测定来确定的。但是,在设计新轧机时,或在缺乏合适的弹跳曲线时,近似计算方法仍是提供参考依据的一种手段。而且,通过计算结果与实测结果的比较,也将使计算方法不断得到完善和精确。

以四辊轧机为例,来计算轧机的刚度系数 k:

$$k = P/f$$

式中　k——机座的刚度系数,kN/mm;

　　P——轧制力,kN;

　　f——机座的弹性变形,mm。

可见,设定最大轧制力后只要求出 f,就可以得轧机的刚度系数 k。

机座的弹性变形 f 包括：轧辊的弹性变形 f_1、支撑辊的弹性变形 f_2、机架的弹性变形 f_3、压下系统的弹性变形 f_4、其他受载零件的弹性变形 f_5（如支撑辊轴承座、垫板、止推球面垫等零件）。f 就等于 $f_1 \sim f_5$ 的总和，即

$$f = f_1 + f_2 + f_3 + f_4 + f_5$$

209. 轧机的刚度系数计算举例。

下面就用抚顺特殊钢集团公司 1200、1400 两台薄板冷轧机为例，计算其机座的刚度。

1400、1200 轧机与刚度有关的性能和结构尺寸主要参数见表 7-1、表 7-2。

表 7-1　1400、1200 轧机性能主要参数

轧机	最大轧制力 P_m/t	工作辊辊身直径 D_g/mm	支撑辊辊身直径 D_z/mm	辊身长度 $L_g = L_z$/mm	支撑辊轴承
1400	1400	$\phi 420$	$\phi 1050$	1400	771/630
1200	1400	$\phi 420$	$\phi 1150$	1200	777/650

表 7-2　1400、1200 轧机结构尺寸主要参数

轧机	机架				压下部分
	立柱断面尺寸 /mm×mm	L_2 立柱中性线长/mm	横梁断面尺寸 /mm×mm	L_1 横梁中性线长/mm	
1400	780×600	5040	1480×600	2070	二者相同
1200	800×630	5735	1480×630	2190	

由问题 208 知：机座的弹性变形 f 包括：轧辊的弹性变形 f_1、支撑辊的弹性变形 f_2、机架的弹性变形 f_3、压下系统的弹性变形 f_4、其他受载零件的弹性变形 f_5（如支撑辊轴承座、垫板、止推球面垫等零件）。f 就等于 $f_1 \sim f_5$ 的总和，即

$$f = f_1 + f_2 + f_3 + f_4 + f_5$$

（1）轧辊系统的弹性变形 f_1：

$$f_1 = 2\delta_1 + 2\delta_2 + \delta_3$$

式中　δ_1——支撑辊身中部的弯曲变形；

　　　δ_2——支撑辊与工作辊之间的弹性压扁；

　　　δ_3——工作辊间的弹性压扁。

图 7-7 为支撑辊受力简图。

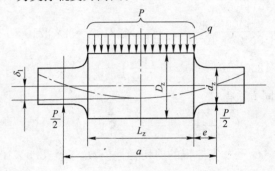

图 7-7　支撑辊受力简图

$$\delta_1 = \delta_1' + \delta_1''$$

式中　δ_1'——由弯矩产生的弯曲变形；

　　　δ_1''——由横切力产生的弯曲变形。

根据卡氏第二定理经积分整理得：

$$\delta_1' = \frac{P}{18.8 E_z D_z^4}\left\{8a^3 - 4aL_z^2 + L_z^2 + 64e^3\left[\left(\frac{D_z}{d_z}\right)^4 - 1\right]\right\}$$

式中　P——轧制力，取 $P = 1400$t；

　　　E_z——支撑辊弹性模数，因钢辊取 $E_z = 22 \times 10^4$MPa；

　　　a——支撑辊中心线之间的距离，1400 轧机取 $a = 2360$mm，1200 轧机取 $a = 2210$mm；

　　　e——支撑辊辊身边缘至轴承中心线间的距离，1400 轧机取 $e = 480$mm，1200 轧机取 $e = 505$mm

　　　d_z——支撑辊辊颈部分直径，1400 轧机 $d_z = 630$mm，1200 轧机 $d_z = 650$mm。

将数据代入上式得：

1400 轧机：

$$\delta'_1 = \frac{1400 \times 9800}{18.8 \times 22 \times 10^4 \times 1050^4}\left\{8 \times 2360^3 - 4 \times 2360 \times 1400^2\right.$$

$$\left. + 1400^3 + 64 \times 480^3\left[\left(\frac{1050}{630}\right)^4 - 1\right]\right\} = 0.3737\text{mm}$$

1200 轧机：

$$\delta'_1 = \frac{1400 \times 9800}{18.8 \times 22 \times 10^4 \times 1150^4}\left\{8 \times 22100^3 - 4 \times 2210 \times 1200^2\right.$$

$$\left. + 1200^3 + 64 \times 505^3\left[\left(\frac{1150}{650}\right)^4 - 1\right]\right\} = 0.2804$$

用相同方法得：

$$\delta''_1 = \frac{P}{\pi G_z D_z^2}\left\{a - \frac{L_z}{Z} + 2e\left[\left(\frac{D_z}{d_z}\right)^2 - 1\right]\right\}$$

式中　G_z——支撑辊的剪切弹性模数，$G_z = 8.5 \times 10^4$MPa
将数据代入上式得：

1400 轧机：

$$\delta''_1 = \frac{1400 \times 9800}{3.14 \times 8.5 \times 10^4 \times 1050^2}$$

$$\times\left\{2360 - \frac{1400}{2} + 2 \times 480\left[\left(\frac{1050}{630}\right)^2 - 1\right]\right\}$$

$$= 0.1570\text{mm}$$

1200 轧机：

$$\delta''_1 = \frac{1400 \times 9800}{3.14 \times 8.5 \times 10^4 \times 1150^2}$$

$$\times\left\{2210 - \frac{1200}{2} + 2 \times 480\left[\left(\frac{1150}{630}\right)^2 - 1\right]\right\}$$

$$= 0.1462\text{mm}$$

把工作辊与支撑辊间的弹性压扁看作是两个圆柱的接触变形，假设其压力分布是均匀的，则根据赫茨定理整理得：

$$\delta_2 = \theta q \ln 0.97 \times \frac{D_g + D_z}{\theta q}$$

式中

$$\theta = \frac{1 - U_g^2}{\pi E_g} + \frac{1 - U_z^2}{\pi E_z}$$

U_g、U_z——工作辊和支撑辊的泊松比,取 0.3;

$\quad$ E_g——工作辊的弹性模数,取 $22 \times 10^4 \text{MPa}$;

$\quad$ q——作用在工作辊辊身的单位负荷,$q = \dfrac{p}{L_g}$。

则 1400 轧机 θ 值与 1200 轧机相等:

$$\theta = 2\,\frac{1-U_g^2}{\pi E_g} = 2 \times \frac{1-0.3^2}{3.14 \times 22 \times 10^4} = 2.6 \times 10^{-6}$$

1400 轧机:$q = \dfrac{1400 \times 9800}{1400} = 9800 \text{N/mm}$

1200 轧机:$q = \dfrac{1400 \times 9800}{1200} = 11433.3 \text{N/mm}$

将数据代入 δ_2 公式得:

1400 轧机:$\delta_2 = 2.6 \times 10^{-6} \ln 0.97 \times \dfrac{1050+420}{2.6 \times 10^{-4} \times 9800}$

$\qquad\qquad = 0.2790 \text{mm}$

1200 轧机:$\delta_2 = 2.6 \times 10^{-6} \ln 0.97 \times \dfrac{1150+420}{2.6 \times 10^{-4} \times 9800}$

$\qquad\qquad = 0.3220 \text{mm}$

同理:

$$\delta_3 = \theta q \ln 0.97 \times \frac{2D_g}{\theta q}$$

1400 轧机:$\delta_3 = 0.2640 \text{mm}$

1200 轧机:$\delta_3 = 0.3040 \text{mm}$

将 δ_1'、δ_2'' 代入 δ_1 公式得:

1400 轧机:$\delta_1 = 0.3737 + 0.1570 = 0.5307 \text{mm}$

1200 轧机:$\delta_1 = 0.2804 + 0.1462 = 0.4266 \text{mm}$

将 δ_1、δ_2、δ_3 代入 f_1 公式得:

1400 轧机:$f_1 = 2 \times 0.5307 + 2 \times 0.2790 + 0.2640$

$\qquad\qquad = 1.8834 \text{mm}$

1200 轧机:$f_1 = 2 \times 0.4266 + 2 \times 0.3220 + 0.3040$

$\qquad\qquad = 1.8012 \text{mm}$

（2）支撑辊轴承的弹性变形 f_2。

因 1400 轧机和 1200 轧机均使用四列圆锥滚子轴承，在轧制力作用下，滚子与轴承内、外座圈之间产生弹性压扁。

$$f_2 = \frac{0.0012}{\cos\alpha} \times 1/L_g^{0.8} \times \left(\frac{2.04}{iz\cos\alpha}\right)^{0.9} P^{0.9}$$

式中　L_g——滚子的有效接触长度，对 771/630 轴承 $L_g = 80$mm，对 777/650 轴承 $L_g = 90$mm；

　　　α——滚子的接触角，771/630 轴承 $\alpha = 15°35'$，777/650 轴承 $\alpha = 11°50'$；

　　　i——滚子列数，$i = 4$；

　　　z——每列的滚子数量，771/630 轴承，$z = 34$ 个，777/650 轴承，$z = 25$ 个

将数据代入 f_2 公式得：

771/630 轴承：

$$f_2 = \frac{0.0012}{\cos 15°35'} \times \frac{1}{80^{0.8}} \times \left(\frac{2.04}{4 \times 34 \times \cos 15°35'}\right)^{0.9} \times 1400000^{0.9}$$

$$= 0.2993\text{mm}$$

777/650 轴承：

$$f_2 = \frac{0.0012}{\cos\alpha} \times \frac{1}{80^{0.8}} \times \left(\frac{2.04}{4 \times 34 \times \cos 15°35'}\right)^{0.9} \times 1400000^{0.9}$$

$$= 0.3467\text{mm}$$

（3）机架的弹性变形 f_3。

机架的弹性变形是由横梁和立柱的变形，拉伸变形组成：

$$f_3 = f_3' + f_3'' + f_3'''$$

式中　f_3'——由弯矩产生的横梁弯曲变形；

　　　f_3''——由横切力产生的横梁弯曲变形；

　　　f_3'''——由拉力产生的立柱拉伸变形。

由卡氏定理积分整理后得：

$$f_3' = \frac{PL_1^3}{48EI_1}\left(\frac{L_2 I_1 - 2L_1 I_2}{L_1 I_2 + L_2 I_1}\right)$$

式中　E——机架的弹性模数，均取 22×10^4MPa（钢机架）；

I_1、I_2——分别为横梁、立柱的惯性矩，1400 轧机：$I_1 = 1.6 \times 10^{11} \text{mm}^4$，$I_2 = 2.37 \times 10^{10} \text{mm}^4$；1200 轧机：$I_1 = 1.7 \times 10^{11} \text{mm}^4$，$I_2 = 2.69 \times 10^{10} \text{mm}^4$；

L_1、L_2：1400 轧机 $L_1 = 2070\text{mm}$，$L_2 = 5040\text{mm}$；1200 轧机 $L_1 = 2190\text{mm}$，$L_2 = 5735\text{mm}$。

将数据代入 f_3' 公式得：

1400 轧机 $f_3' = \dfrac{1400 \times 9800 \times 2070^3}{48 \times 22 \times 10^4 \times 1.6 \times 10^{11}}$

$$\times \left(\dfrac{5040 \times 1.6 \times 10^{11} - 2 \times 2070 \times 2.37 \times 10^{10}}{2070 \times 2.37 \times 10^{10} + 5040 \times 1.6 \times 10^{11}} \right)$$

$$= 0.0599\text{mm}$$

1200 轧机 $f_3' = \dfrac{1400 \times 9800 \times 2190^3}{48 \times 22 \times 10^4 \times 1.7 \times 10^{11}}$

$$\times \left(\dfrac{5735 \times 1.7 \times 10^{11} - 2 \times 2190 \times 2.69 \times 10^{10}}{2190 \times 2.09 \times 10^{10} + 5735 \times 1.7 \times 10^{11}} \right)$$

$$= 0.0666\text{mm}$$

同理：
$$f_3'' = K' \dfrac{DL_1}{4GF_1}$$

式中 K'——横梁的断面形状系数，对于矩形断面，$K' = 1.2$；

G——机架的剪切弹性模数，取 $G = 8.5 \times 10^4 \text{MPa}$；

F_1——横梁的断面面积，1400 轧机：$F_1 = 888000\text{mm}^2$，1200 轧机：$F_1 = 932400\text{mm}^2$。

将数据代入 f_3'' 公式得：

1400 轧机：$f_3'' = 1.2 \times \dfrac{1400 \times 9800 \times 2070}{4 \times 8.5 \times 10^4 \times 888000} = 0.1129\text{mm}$

1200 轧机：$f_3'' = 1.2 \times \dfrac{1400 \times 9800 \times 2190}{2 \times 8.5 \times 10^4 \times 932400} = 0.1137\text{mm}$

$$f_3''' = \dfrac{PL^2}{4EF_3}$$

式中 F_3——立柱的断面面积，1400 轧机：$F_3 = 468000 \text{mm}^2$；

1200 轧机：$F_3 = 504000 \text{mm}^2$。

将数据代入上式得：

1400 轧机：$f'''_3 = \dfrac{1400 \times 9800 \times 5040}{4 \times 22 \times 10^4 \times 46800} = 0.1679 \text{mm}$

1200 轧机：$f'''_3 = \dfrac{1400 \times 9800 \times 5735}{4 \times 22 \times 10^4 \times 504000} = 0.1774 \text{mm}$

将 f'_3、f''_3、f'''_3 代入 f_3 式得：

1400 轧机：$f_3 = 0.0599 + 0.1129 + 0.1679 = 0.3407 \text{mm}$

1200 轧机：$f_3 = 0.0666 + 0.1139 + 0.1774 = 0.3577 \text{mm}$

（4）压下系统的弹性变形 f_4。

压下系统的弹性变形包括压下螺丝和压下螺母的压缩变形。可按下式计算：

$$f_4 = \frac{2P}{\pi E_S}\left(\frac{l_{s1}}{d_1^2} + \frac{l_{s2}}{d_0^2} + \frac{l_m}{2d_0^2}\right) + \frac{P l_m}{\pi (D_0^2 - d_0^2) E_n}$$

式中 E_S——压下螺丝的弹性模数，$E_S = 22 \times 10^4 \text{MPa}$（钢）；

P——轧制力，取 $P = 1400 \text{t}$；

l_{s1}——压下螺丝端部的高度，$l_{s1} = 98 \text{mm}$；

l_{s2}——压下螺丝悬臂部分的螺丝高度，$l_{s2} = 200 \text{mm}$；

l_m——压下螺母的高度，$l_m = 850 \text{mm}$；

d_1——压下螺丝的端部无螺纹部分直径，$d_1 = 340 \text{mm}$；

d_0——压下螺丝的螺纹中径，$d_0 = 370 \text{mm}$；

D_0——压下螺母的外径，$D_0 = 370 \text{mm}$；

E_n——压下螺母的弹性模数，$E_n = 11 \times 10^4 \text{MPa}$（铜）

1400 轧机与 1200 轧机压下螺丝、螺母相同，图 7-8 为压下螺丝和压下螺母简图。

将数据代入 f_4 公式得：

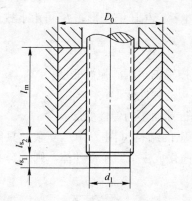

图 7-8 压下螺丝和螺母简图

$$f_4 = \frac{2 \times 1400 \times 9800}{\pi \times 22 \times 10^4}\left(\frac{98}{340^2} + \frac{200}{370^2} + \frac{850}{370^2}\right)$$

$$+ \frac{1400 \times 9800 \times 850}{\pi \times (670^2 - 370^2) \times 11 \times 10^4}$$

$$= 0.3232\text{mm}$$

(5) 其他受载零件的弹性变形 f_5。

除上述零件外，支撑辊轴承座、垫板、止推球面垫（图7-9）

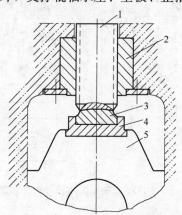

图 7-9 工作机座受载零件简图

1—压下螺丝；2—压下螺母；3—止推球面垫；

4—垫板；5—支撑辊轴承座

等零件在轧制时也都产生压缩变形，f_5 可由下式计算：

$$f_5 = f'_5 + f''_5 + f'''_5$$

式中 　f'_5——支撑辊轴承座的弹性变形；

　　　f''_5——垫板的弹性变形；

　　　f'''_5——止推球面垫的弹性变形。

支撑辊轴承座的结构（图 7-10）复杂，只能近似地计算，可将其受力部分简化成一个四棱锥柱体，则

$$f'_5 = \frac{Ph_j}{2E_0 F_p}$$

式中 　E_0——轴承座的弹性模数，$E_0 = 22 \times 10^4\,\mathrm{MPa}$；

　　　h_j——轴承座受力部分的计算高度，1400 轧机 $h_j = 510\,\mathrm{mm}$，1200 轧机 $h_j = 530\,\mathrm{mm}$；

　　　F_p——轴承座受力部分的平均断面积，1400 轧机 $F_p = 450712.5\,\mathrm{mm}^2$，1200 轧机 $F_p = 549250\,\mathrm{mm}^2$。

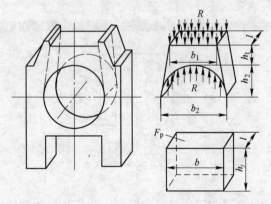

图 7-10　支撑辊轴承座的压缩变形计算简图

将数据代入 f'_5 公式得：

1400 轧机：$f'_5 = \dfrac{1400 \times 9800 \times 510}{2 \times 22 \times 10^4 \times 450712.5} = 0.0353\,\mathrm{mm}$

1200 轧机：$f'_5 = \dfrac{1400 \times 9800 \times 530}{2 \times 22 \times 10^4 \times 549250} = 0.0301\text{mm}$

垫板的压缩变形可用下面近似公式计算：

$$f''_5 = \frac{Ph_d}{2E_dF_d}$$

式中　h_d——垫板受力部分的高度，1400 轧机 $h_d = 105\text{mm}$，1200
　　　轧机 $h_d = 405\text{mm}$；

　　　F_d——垫板受力部分的面积，1400 轧机 $F_d = 204179\text{mm}^2$，
　　　1200 轧机 $F_d = 264074\text{mm}^2$；

　　　E_d——垫板弹性系数，$E_d = 22 \times 10^4\text{MPa}$。

将数据代入 f''_5 公式：

1400 轧机：$f''_5 = \dfrac{1400 \times 9800 \times 105}{22 \times 10^4 \times 204179} = 0.0160\text{mm}$

1200 轧机：$f''_5 = \dfrac{1400 \times 9800 \times 405}{22 \times 10^4 \times 264074} = 0.0478\text{mm}$

止推球面垫的压缩变形可按圆柱体近似计算，即

$$f'''_5 = \frac{2Ph_q}{\pi D_q^2 E_q}$$

式中　D_q——球面垫的直径，$D_q = 359\text{mm}$；
　　　h_q——球面垫的高度，$h_q = 67\text{mm}$；
　　　E_q——球面垫的弹性模数，$E_q = 11 \times 10^4\text{MPa}$。

将数据代入上式得：

1400 轧机与 1200 轧机止推球面垫的尺寸相同，则有

$$f'''_5 = \frac{2 \times 1400 \times 9800 \times 67}{\pi \times 359^2 \times 11 \times 10^4} = 0.0413\text{mm}$$

将 f'_5、f''_5、f'''_5 代入 f_5 公式得：

1400 轧机：$f_5 = 0.0353 + 0.0160 + 0.0413 = 0.0926\text{mm}$

1200 轧机：$f_5 = 0.0301 + 0.0478 + 0.0413 = 0.1192\text{mm}$

上述各零件弹性变形的总和,即为机座的弹性变形 f:

$$f = f_1 + f_2 + f_3 + f_4 + f_5$$

将 f_1、f_2、f_3、f_4、f_5 代入上式得:

1400 轧机:$f = 1.8834 + 0.2963 + 0.3407 + 0.3232 + 0.0926$

$\qquad = 2.9362$mm

1200 轧机:$f = 1.8012 + 0.3467 + 0.3577 + 0.3232 + 0.1192$

$\qquad = 2.9480$mm

可通过下公式求出机座的刚度系数 k,即:

$$k = \frac{P}{f}$$

将 $p = 1400$t 及 f 值代入上式得:

1400 轧机:$k = \dfrac{1400}{2.9362} = 476.8t/mm= 4672.6$kN/mm

1200 轧机:$k = \dfrac{1400}{2.9480} = 474.9t/mm= 4654$kN/mm

计算结果分析:

1200 轧机较 1400 轧机缩短了辊身长度,增加了支撑辊辊身直径和机架立柱与横梁的断面尺寸,可增加机座刚度;但机架立柱、横梁的加高、加宽和轧辊弹性压扁量加大,又产生了刚度下降的因素,这些使刚度增加或减少的因素综合起来看,最终两架轧机刚度值几乎相等。在实际生产中,前者刚度略高于后者。

虽然机座中各零件的形状和受力情况较复杂,再加上有关零件接触面存在间隙,机座刚度或弹性变形的理论计算方法不够精确,但在设计新轧机时使用这种方法,仍是提供参考依据的主要手段。

表 7-3 为某些板带轧机的刚度系数。

表 7-3　某些板带轧机的刚度系数

轧机种类		型式	轧辊尺寸/mm×mm		牌坊立柱断面积/cm²	刚性系数/kN·mm⁻¹
			工作辊	支撑辊		
热轧机	热带钢轧机	四辊 6 机架	φ680×2030	φ1320×2030	5380	3220
	热带钢轧机	四辊 6 机架	φ700×2030	φ1237×2030		3700
	热带钢轧机 破鳞	二辊	φ914×1422		2164	4400
	粗轧	四辊可逆	φ914×1422	φ1245×1371	5000	
	精轧	四辊 6 机架	φ635×1422	φ1245×1371	4330	
	厚板轧机	四辊可逆	φ1100×5300	φ1600×5200	7220	5000
		四辊 6 机架	φ584×1422		6930	
冷轧机		四辊 5 机架	1号,2号 φ546×1422 3~5号 φ584×1422	φ1422×1422		5600
	冷带钢轧机	四辊 5 机架	φ533×1422	φ1346×1397	6232	4300
		四辊可逆	φ368×1118	φ1346×1118	5624	4600~4450
		四辊不可逆	φ240×1150	φ560×1150	988	2300~2600
		四辊 5 机架	φ539.8×1422	φ1346.2×1390.7	5620	5600
		四辊可逆	φ520.7×2030	φ1422×1981	7020	4800
特殊轧机	镉箔带冷轧机	六辊	φ28×60	φ84×60		110~120
	罗恩型可逆冷轧机	十二辊	φ(42~32)×260	φ93×260 φ185×260		680
	森吉米尔轧机 ZR-21-50	二十辊	φ80×1400	支撑轴承 φ406×112		6000

8 轧钢机主传动装置

210. 轧钢机主传动装置的作用是什么?

轧钢机主传动装置的作用是:将电动机的运动和力矩传递给轧辊。

211. 轧钢机主传动装置是由哪些部件组成的?

在很多轧机上,主传动装置由减速机、齿轮座、连接轴和联轴节(联轴器)等部件组成(图 8-1a)。某些轧机如初轧机、板坯轧机和板带轧机,主传动装置只有连接轴和联轴节组成(图 8-1b),主传动是由电动机直接传动轧辊的。

212. 主传动减速机的作用是什么?

在轧钢机中,主传动减速机(简称主减速机)的作用是将电动机较高的转速变成轧辊所需的转速,这就可以在主传动装置中选用价格较低的高速电动机。确定是否采用减速机的一个主要条件,就是要比较减速机摩擦损耗的费用是否小于低速电动机与高速电动机之间的差价。一般认为,当轧辊转速小于 $200 \sim 250 \mathrm{r/min}$ 时才采用减速机。如果轧辊转速大于 $200 \sim 250 \mathrm{r/min}$ 时,不用减速机而采用低速电动机较合适。在可逆式轧钢机上,即使轧辊转速小于 $200 \sim 250 \mathrm{r/min}$ 时,也往往不用减速机而采用低速电动机,因为这样的传动系统易于可逆运转。

213. 齿轮座的作用是什么?

当工作机座的轧辊由一个电动机带动时,一般采用齿轮座将电动机或减速机传来的运动和力矩分配给二个或三个轧辊。齿轮

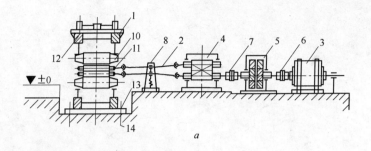

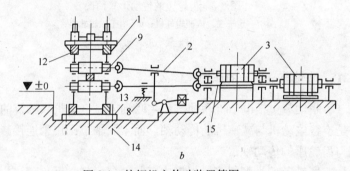

图 8-1　轧钢机主传动装置简图

a—具有齿轮座的主传动装置；b—电动机直接传动轧辊的主传动装置

1—工作机座；2—连接轴；3—电动机；4—齿轮座；5—减速机；

6—电动机联轴节；7—主联轴节；8—连接轴平衡装置；9—二辊轧机轧辊；

10—四辊轧机支撑辊；11—四辊轧机工作辊；12—机架；

13—机架底板；14—地脚螺栓；15—中间轴

座的传动形式如图 8-2 所示，其中图 8-2a 用于二辊或四辊轧机，考虑传动装置的布置形式和拆卸方便等因素，通常是下齿轮主动。图 8-2b 用于三辊轧机，在型钢机上采用中间齿轮为主动。

214. 连接轴的作用是什么？

轧钢机齿轮座、减速机、电动机的运动和力矩，都是通过连接轴传递给轧辊的。在横列式轧机上，一个工作机座的轧辊传动另一个工作机座的轧辊，也是通过连接轴传动的。轧钢机常用的连接轴有万向接轴、梅花接轴、联合接轴和齿式接轴等。

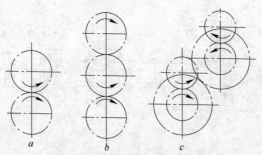

图 8-2　齿轮座的传动形式简图

a—用于二辊或四辊轧机；b—用于三辊轧机；

c—用于复二重式轧机

215. 联轴节（器）的作用是什么？

联轴节包括电动机联轴节和主联轴节。电动机联轴节的作用是连接电动机与减速机的传动轴，而主联轴节则用来连接减速机与齿轮座的传动轴。

联轴节的类型很多，根据内部是否包含弹性元件，可以划分为刚性联轴节与弹性联轴节两大类。刚性联轴节又分为固定式与可移动式两类，其中万向联轴节、齿轮联轴节、弹性柱销联轴节、轮胎联轴节等被广泛地应用于轧钢机中。

216. 单机座轧钢机主传动装置有哪些主要类型？

由于轧钢机形式和工作制度不同，轧钢机主传动装置也有不同的类型，如表 8-1 所示。

表 8-1　轧钢机主传动装置的类型

轧钢机形式		传动简图	用　　途
单机座轧钢机	由一台电动机驱动轧辊的轧钢机	1 2 3 4 5　6　7 a	用于二辊钢坯、型钢、扁钢轧机；四辊板带轧机（驱动工作辊或支撑辊）

轧钢机形式	传动简图	用　　途
由一台电动机驱动轧辊的轧钢机	 *b*	用于三辊开坯轧机
	 c	主要用于具有浮动中辊的中厚板轧机（劳特式轧机）
由两台电动机单独驱动两个轧辊的轧钢机	 *d*	用于二辊可逆式初轧机、板坯轧机，以及驱动工作辊的四辊厚板轧机
由一台电动机通过齿轮座驱动轧辊的轧钢机	 *e*	用于二辊可逆式中小型初轧机，以及中厚板轧机、热轧带钢轧机的粗轧机座和最后1~2架精轧机座

单机座轧钢机

轧钢机形式		传动简图	用　　途
单机座轧钢机	由两台电动机和一台减（增）速机驱动两个轧辊的轧钢机	 *f*	用于高速板带冷轧机
	单辊驱动的二辊轧钢机	 *g*	用于单辊驱动的二辊薄板轧钢机
多机座轧钢机	多机座横列式集体驱动的轧钢机	 *h*	用于轨梁、型钢和线材轧机
		 i	用于二辊薄板轧机
	双列多机座集体驱动的轧钢机	 *j*	用于线材轧机的中轧和精轧机列

轧钢机形式	传动简图	用　途
多机座轧钢机	单机座多列式集体驱动的连续式轧钢机	用于钢坯、型钢和线材等连续式轧机

备注	1—电动机；2—电动机联轴节；3—减速机；4—主联轴节；5—齿轮座；6—万向接轴；7—轧辊；8—半万向接轴；9—中间轴；10—梅花接轴；11—圆锥齿轮；12—复合减速机；13—联轴节

对于单机座轧钢机来说，主传动装置有五种形式。

第一种形式，由一台电机驱动轧辊的轧钢机，如表 8-1 中图 $a\sim c$ 所示。这种形式的主传动装置，一般用于不可逆工作的轧钢机，也可用于速度较低的四辊可逆式轧钢机。

第二种形式，由两台电机分别单独驱动两个轧辊的轧钢机，如表 8-1 中图 d 所示。这种形式的主传动装置，主要用于大型的可逆式轧钢机，其特点是具有较小的飞轮力矩。

第三种形式，由一台电机通过齿轮座驱动轧辊的轧钢机，如表 8-1 中图 e 所示。这种形式的主传动装置，一般用于不能采用单辊驱动可逆工作的轧钢机上和轧辊轧转速较高的轧钢机上。

第四种形式，由两台电机和一台减速机驱动两个轧辊的轧钢机，如表 8-1 中图 f 所示。这种形式的主传动装置，主要用于高速板带冷轧机上。

第五种形式,由一台电机单辊驱动的二辊轧钢机,如表 8-1 中图 g 所示。

217. 多机座轧钢机主传动装置有哪些主要类型?

多机座(或多列)轧钢机一般是不可逆式轧机,往往采用集体驱动,由一台电机通过减速机和齿轮座传动若干架工作机座的轧辊,如表 8-1 中图 h~l 所示。

表 8-1 中图 h 为横列式轧机主传动装置,图 i 为二辊薄板横列式中间传动的主传动装置;图 j、k、l 均是型、线材轧机的主传动装置。

当多列式轧机采用集体驱动时,表 8-1 中图 l 的传动形式比图 k 更方便些,有利于轧机的调整。但是,总的说来,集体驱动的连轧机调整总是不太方便,一般只用在轧件品种变化较少的场合。绝大部分现代连轧机,都采用单辊驱动的主传动装置,如图 8-3 所示为某厂 1700 连续热轧带钢精轧机的主机列配置图。

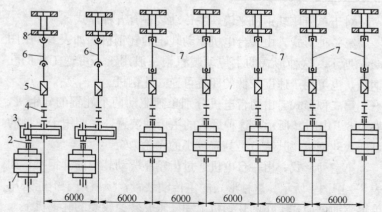

图 8-3 1700 连续热轧带钢精轧机的主机列配置图

1—电动机;2—电动机联轴节;3—减速机;4—主联轴节;5—齿轮座;

6—万向接轴;7—弧面齿形接轴;8—工作机座

218. 电动机形式如何选择?

轧钢机电动机形式的选择与轧钢机的工作制度有密切联系,常见的轧钢机工作制度所选择的电动机形式见表8-2。

表 8-2 常见的轧钢机工作制度

工作制度		轧制速度图	应用范围	电动机形式
不可逆式	具有不变的速度	a	连续式钢坯轧机、线材轧机、窄带钢冷轧机、穿孔机等	在大型轧机上采用同步电动机,在小型轧机上采用异步电动机
	具有飞轮	b	三辊轧机和二辊薄板轧机等	异步电动机、有时采用直流复激电动机
	不经常调速的长期工作制	c	连续式、半连续式、串列-往复式、布棋式轧机等	直流他激电动机
	经常调速的短期重复工作制	d	三辊钢坯轧机和轨梁轧机、连续式冷轧机、轮箍和车轮轧机	可调节电压的直流他激电动机

工作制度	轧制速度图	应用范围	电动机形式
可逆式		初轧机、板坯轧机、二辊厚板轧机、二辊和四辊万能轧机、宽带钢冷轧机	可调节电压的直流他激电动机

异步电动机主要用在有剧烈尖峰负荷的轧钢机上，并有时装有飞轮。

同步电动机主要用在不带飞轮并且负荷较为均匀的轧钢机上。

直流电动机主要用在轧制速度需要调整或可逆轧制的轧钢机上。

为进一步减小电动机飞轮力矩，或适用某些大容量高速度轧钢机的需要，除了采用双电机单独驱动两个轧辊外，还出现了双电机或多电枢电动机，图 8-4 为采用双电枢电动机驱动的四辊带钢轧机简图。

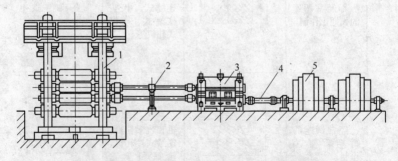

图 8-4 采用双电枢电动机驱动的四辊带钢轧机简图
1—工作机座；2—连接轴及平衡装置；3—齿轮座；
4—电动机联轴节；5—双电枢直流电动机

219. 轧钢机主传动装置中爬行装置的作用是什么?

在利用交流电动机驱动的轧钢机中，当轧钢机检修或换辊时，工作中要求轧钢机以较低的速度运转，即"爬行"。为了实现这一要求，往往在其主传动装置中装有爬行装置。

图 8-5 为 650 型钢轧机的爬行装置。

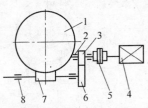

爬行装置通过离合器 9 与轧钢机电动机轴连接。当轧钢机工作时，离合器 9 脱开，爬行装置不工作。如果轧钢机需要低速爬行时，轧钢机电动机停止运转，通过离合器 9 使爬行装置与轧钢机电动机轴连接。此时，开动爬行装置电动机 4，通过联轴节 5、减速齿轮 3 和 6、蜗杆 7 和蜗轮 1 以及离合器 9 使轧钢机电动机爬行运转。

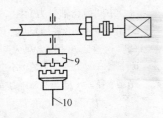

图 8-5 650 型钢轧机爬行装置
1—蜗轮；2、8—轴承；3、6—减速齿轮；4—爬行装置电动机；5—联轴节；7—蜗杆；9—离合器；10—轧钢机电动机轴

220. 确定轧钢机减速机配置的原则是什么?

轧钢机减速机经常承受较剧烈的冲击负荷。为了防止在多次冲击负荷作用下，使固定轴承座上盖的螺栓松脱或断裂，在确定轧钢机减速机配置方式时，应遵循使承受最大作用力的轴承座上盖螺栓不承受拉力的原则。

例如，在二级圆柱齿轮减速机上，中间齿轮轴上的作用力最大（图 8-6），故应根据中间齿轮轴轴承座上盖螺栓的受力方向，来选择确定轧钢机减速机的配置方式。以二辊轧机为例，如果将轧钢机减速机的高速轴配置在轧制线出口方向（图 8-7a），减速机中间齿轮轴的受力方向如图 8-6 所示。此时，中间齿轮轴轴承

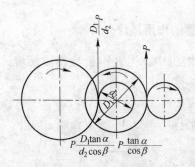

图 8-6　二级圆柱齿轮减速机
中间齿轮轴受力简图
P—作用在中间齿轮轴大齿轮上的
圆周力；D_1—中间齿轮轴大齿轮
节圆直径；d_2—中间齿轮轴小齿轮
节圆直径；α—齿轮法面压力角；
β—齿轮螺旋角

座上盖螺栓将承受拉力，易使螺栓松脱或断裂。如果将减速机的高速轴配置在轧制线入口方向（图 8-7b），中间齿轮轴轴承座上盖螺栓不承受拉力，这种配置是符合要求的。

221. 轧钢机主减速机中心距的分配原则是什么？

最常用的轧钢机主减速机是一级或二级圆柱齿轮减速机。一般以速比 7～8 作为选用一级或二级减速机的分界线。轧钢机主减速机的中心距，对于一级减速机为 1000～2400mm，对于二级减速机为 2000～4200mm。在二级减速机中，为了使第一级和第二级的负荷均匀，这两级中心距的分配原则，主要是应使这两级

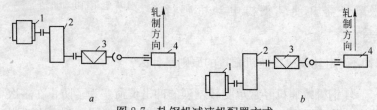

图 8-7　轧钢机减速机配置方式
a—高速轴配置在轧制线出口方向；b—高速轴配置在轧制线入口方向
1—电动机；2—减速机；3—齿轮座；4—轧钢机

的传动齿轮齿面接触应力近似相等，并适当考虑减速机能具有较小的外形尺寸和重量。根据上述分配原则，第二级和第一级中心距之比约为 1.3～1.5。当然，在齿面接触应力允许的情况下，尽可能取小的比值，从而可以减小减速机外形尺寸和重量。还应参考有关中心距的专业标准。

222. 如何用偏心套筒调整减速机轴倾斜？

当减速机各齿轮表面加工和箱体镗孔有误差时，或在减速机运转过程中，由于两端的轴承受力不同，轴在轴承间隙范围内发生倾斜时，可通过偏心套筒的调整，以保证齿轮具有良好的啮合。图 8-8 为 1700 热带钢轧机粗轧机座的主减速机，高速轴和

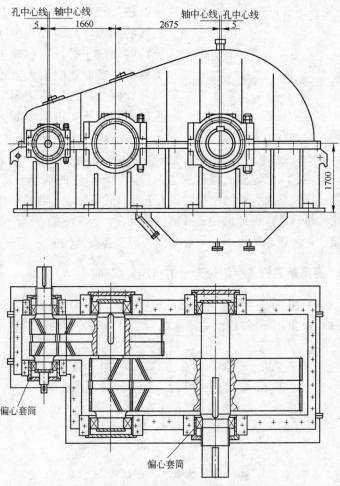

图 8-8　1700 热带钢轧机粗轧机座的主减速机

低速轴的滚动轴承都安装在偏心套筒内。

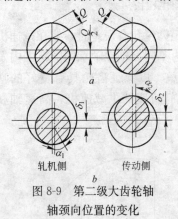

图 8-9 第二级大齿轮轴
轴颈向位置的变化

下面以第二级的齿轮啮合为例，说明偏心套筒的作用。在空转时，大齿轮轴的轴颈在减速机两端的滚动轴承中的位置，如图 8-9a 所示。此时，两端轴颈处在相同的位置，具有相同的间隙，其轴线与中间齿轮轴的轴线平行。当减速机在负荷下运转时，假设大齿轮轴顺时针旋转，在齿轮圆周力和径向力作用下，传动端的大齿轮轴轴颈向右上方移动（图 8-9b）。而在齿轮座端的大齿轮轴轴颈，由于受连接轴和齿轮座齿轮轴等因素的影响，将向右下方移动。这样，大齿轮轴轴线就发生歪斜，影响齿轮的啮合。此时，可以分别调整大齿轮轴两端的偏心套筒，使其轴线与相应的中间齿轮轴平行，以保证齿轮具有良好的啮合。为了使偏心套筒调整方便，在一级减速机中，偏心套筒一般装在高速轴上。

223. 提高减速机人字齿轮寿命的措施有哪些？

图 8-10 为抚顺钢厂薄板热轧机（1200/1400）主传动系统示意图。20 世纪 90 年代前主减速机第二级传动齿轮轴齿轮磨损严

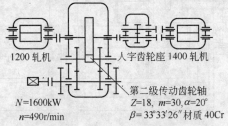

图 8-10 抚顺钢厂薄板热轧机
（1200/1400）主传动系统示意图

重，尤其在 20 世纪 80 年代中期，大幅度提高产量和增加变形抗力大的品种，使该齿轮磨损、点蚀、塑性变形更加严重，其寿命短时仅为 1 年。表 8-3 为该齿轮从 1985 年 6 月 1 日投入使用至 1986 年 4 月 25 日报废止，固定弦齿厚的测量记录。

表 8-3　固定弦齿厚的测量记录

齿面硬度	润滑方式润滑剂	固定弦齿厚/mm			年平均最大磨损率
		使用前	使用后		
			南齿	北齿	
HB 225～250	集中循环稀油润滑 20 号机械油	41.60	38.36	31.00	25.4%

齿轮传动的失效形式主要为齿面的疲劳点蚀、胶合、磨损、塑性变形和齿轮的疲劳断裂、冲击折断等。可以影响齿轮寿命的主要因素有：

（1）内部、外部引起的动力过载，齿宽、齿间载荷分布、分配等情况；

（2）节点处齿廓曲率半径、材质、重合度、螺旋角、齿形、应力集中等；

（3）润滑油黏度、极压性、线速度、齿面粗糙度、齿面硬度、尺寸大小、加工精度等。

提高人字齿轮寿命的措施：

（1）适当增大压力角 α_n、螺旋角 β；

（2）适当调整变位系数 X_1、X_2 与齿数 Z_1、Z_2 之间的关系 $\dfrac{X_2 \pm X_1}{Z_2 + Z_1}$，使其适当增大；

（3）改善原动机与从动机工作条件，提高箱体、齿轮系统、轴承刚度，改善承载齿面的接触情况；

（4）提高齿轮加工、安装精度，减少应力集中因素，修齿、跑合、增加接触变形和热变形的补偿措施；

（5）合理选材，适当提高齿面硬度及材料副的互熔性，消除残余应力；

（6）适当提高润滑剂黏度，使用带极压添加剂的润滑剂，适当提高线速度 v_1+v_2，减少平均粗糙度；

（7）考虑尺寸效应，适当减少模数 M_n。

下面举例说明，抚顺钢厂仅用了上述两项措施，即提高齿面硬度和更换润滑油（使用极压齿轮油），就使前面提到的齿轮轴提高寿命 15 倍以上。

表 8-4 为抚顺钢厂薄板热轧机主减速机第二级传动人字齿轮轴与其啮合大齿轮原始参数和润滑状况。经研究，决定采用淬火-中温回火热处理工艺来提高该齿轮齿面硬度（同时消除内应力），并将 20 号机械油更换成 50 号中极压齿轮油两项措施。经过 5 年时间（1987～1992 年）的工业性实验，抚钢薄板热轧机主减速机第二级传动齿轮轴（图 8-10）实验结果见表 8-5。经解体主减速机检查发现：该齿轮齿面光亮，无点蚀、塑性变形、胶合等现象。

表 8-4　薄板热轧机主减速机第二级传动人字齿轮轴
与其啮合大齿轮原始参数和润滑状况

参数 / 齿轮	Z	M_n	β	齿面硬度 HB	材质	齿轮精度	润滑方式及润滑剂
二级齿轮轴	18	30	33°33′26″	225～250	40Cr	8-7-7	集中循环 20 号机械油
二级大齿轮	82			200	45ZG		

表 8-5　薄板热轧机主减速机第二级传动齿轮轴实验结果

齿面硬度							固定弦齿厚/mm			润滑油	年最大磨损率/%
南齿			北齿			热处理方法	使用前	使用后			
HS	HRC	HB	HS	HRC	HB			南齿	北齿		
70～72	52		60～65	48		淬火	41.60	38.13	38.13	50 号中极压齿轮油	1.67
HS	HRC	HB	HS	HRC	HB	淬火后中温回火					
55～62	40～42	360～415	52～60		344～368						

　　结果表明，用 50 号极压齿轮油代替 20 号机械油，用感应加热表面埋油淬火后再中温回火，将齿面硬度从 HB225～250 提高到 HRC38～42（HB344～415），使得该齿轮平均最大磨损率降低了 15.2 倍，也即齿面抗磨损、点蚀、胶合、塑性变形能力提高了 15 倍以上。

　　近代硬齿面齿轮的热处理工艺、齿面高精度加工方法有了很大的提高，深层渗碳、淬火、磨齿制造高精度硬齿面齿轮的工艺得到了广泛应用。

　　硬齿面中氮化硬齿面，由于氮化层深度很浅，不适合作低速重载齿轮传动，而且氮化工艺本身的成本较高，所以很少采用。表面淬火（如高、中频或火焰淬火）的淬硬层与非淬硬层过渡界面明显，硬度分布梯度太大，同时淬硬层分布不均匀，齿根淬硬困难，易生成表面裂纹，齿面硬度较低，所以应用也逐渐减少。

　　深层渗碳、淬火、磨削的高精度硬齿面齿轮有精度高、表面硬度高、齿面硬化层均匀等多方面优点，特别适用于低速重载齿轮传动。它表面硬度高，接触强度比调质齿轮成倍增长，而弯曲强度比调质齿轮约增长 50% 以上。

　　据统计，硬齿面齿轮的采用促进了机器的重量轻化、小型化和质量性能的提高，使机器工作速度提高了一个等级，如高速线材轧机的轧制速度，从过去的 30m/s 以下提高到 90～120m/s。采用硬齿面齿轮传动使传动装置的体积大大地减小，少占地，还可以降低制造成本，以某轧机主减速机为例进行比较（见表 8-6）。

表 8-6　硬齿面齿轮轧机与调质齿轮轧机的比较

齿面状态	中心距/mm	表面积/%	重量/%	轧制速度 /m·s⁻¹	硬　度
调　质	2400	100	100	30	HB360
硬齿面	1695	34	60	90～120	HRC57+4

注：齿轮按齿面硬度分为：硬齿面齿轮（齿面硬度 HRC>55，例如经整体或渗碳淬火、表面淬火或氮化处理）、中硬齿面齿轮（齿面硬度 55>HRC>38，HB>350，例如齿面经过整体淬火或表面淬火）、软齿面齿轮（齿面硬度 HB<350，例如经过调质、常化的齿轮）。

224. 连接轴如何总体配置?

轧钢机连接轴是用来连接轧辊和齿轮座传动轴的（图 8-1a），也可直接连接轧辊和电动机轴（图 8-1b）。因此，在考虑连接轴总体配置时，应综合考虑轧辊调整范围，齿轮座中心距（或电动机轴的中心距），以及连接轴允许倾角等因素，使连接轴有比较合适的工作条件。

225. 如何确定齿轮座中心距?

在连接轴总体配置的因素中，轧辊调整范围是根据工艺要求确定的，而齿轮座中心距的确定则要考虑连接轴的工作条件。为了使上、下两个连接轴工作条件均衡，应该使上、下两个连接轴的倾角尽可能相等。此时，齿轮座中心距 A 可以按以下公式确定。

对于型钢轧机:

$$A = \frac{D_{max} + D_{min}}{2}$$

对于轧件出口厚度 h 变化不大的钢板轧机:

$$A = \frac{D_{max} + D_{min}}{2} + h$$

式中 D_{max}、D_{min}——轧辊最大直径、最小直径;

            h——轧件出口厚度。

对于上轧辊提升距离较大的初轧机或厚板轧机，为了使连接轴在负荷较大时有合适的倾角，齿轮座中心距 A 应根据轧制功消耗较大的各道次的轧辊中心距平均值选取，一般可按以下经验公式确定:

$$A = \frac{D_{max} + D_{min}}{2} + \frac{H}{8 \sim 10}$$

式中 H——上轧辊最大提升量。

图 8-11 为 1000 初轧机连接轴配置简图。轧辊最大直径为 950mm，轧辊最小直径为 830mm，上轧辊最大提升量 H 为

1000mm，由上式计算齿轮座中心距：

$$A = 1040 \sim 1010\text{mm}$$

$$取\ A = 1000\text{mm}$$

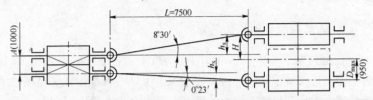

图 8-11 1000 初轧机连接轴配置简图

226. 如何确定连接轴长度?

在确定齿轮座中心距 A 后，可进一步确定连接轴长度或连接轴最大倾角。在确定连接轴长度时，为了减少轧钢机主传动装置的总长度和车间总面积，通常在保证轧钢机前后辅助设备配置的前提下，应选取较小的连接轴长度。连接轴两端铰链中心线之间的水平长度 L，可由下式确定

$$L = \frac{h_\text{s}}{\tan\alpha}$$

式中 h_s——轧辊在最大提升位置时，上轧辊中心线与上齿轮轴中心线之间的距离；

α——连接轴最大允许倾角。

由图 8-11，可将上式写成：

$$L = \frac{h_\text{s}}{\tan\alpha} = \frac{H + D_\text{max} \pm h_\text{x} - A}{\tan\alpha}$$

式中 h_x——下轧辊中心线与下齿轮轴中心线之间的距离，按图 8-11 所示的位置，h_x 取负值；轧辊高于下齿轮轴取正值；

A——齿轮座中心距，如果轧辊单独驱动，则为两个轧钢机电动机轴间的中心距；

D_max——轧辊最大直径。

目前，在条件允许时，初轧机连接轴允许倾角一般为 3°～6°。板带轧机上，一般为 1°～2°。取最大倾角时，连接轴的长度要相应取短一些。

227. 什么是连接轴的平衡装置？

在直径大于 450～500mm 的轧钢机上，当连接轴重量较大时，为了不使连接轴重量全部传到连接铰链上，一般都设置了连接轴平衡装置。平衡装置的平衡力一般比连接轴重量大 10%～30%。

常用的连接轴平衡装置有弹簧平衡、重锤平衡和液压平衡三种形式。

图 8-12 为某厂 1700 热带钢连轧机连接轴液压平衡装置。连接轴承座 2 可在平衡支架 4 的垂直槽内上、下滑动，支架 4 能承受连接轴轴向力。上连接轴 1 通过两个平衡液压缸 6 平衡，下连接轴 5 通过一个液压平衡缸 7 平衡。液压平衡缸的压力为 10～12MPa。

228. 常用的几种连接轴装置的特点是什么？

表 8-7 表示的是三种常用的平衡装置优缺点及其使用场合。选择哪种平衡装置，要视连接轴上下的移动量大小而定，若车间内有液压系统，应首选液压平衡为好。

表 8-7　连接轴平衡装置形式

平衡装置形式	优　缺　点	使用场合
弹簧平衡	结构简单，但平衡力随连接轴的移动而变化	用于连接轴移动量小于 50～100mm 处，例如，型钢轧机、钢板轧机以及初轧机的下连接轴等
重锤平衡	结构简单，工作可靠，但其结构复杂，设备重量大	用于连接轴移动量较大处，例如，初轧机和劳特式钢板轧机的上连接轴等
液压平衡	工作平稳，换辊时易于调整连接轴位置，但需要液压系统，占车间面积大	在现代带钢车间和钢板车间应用较广

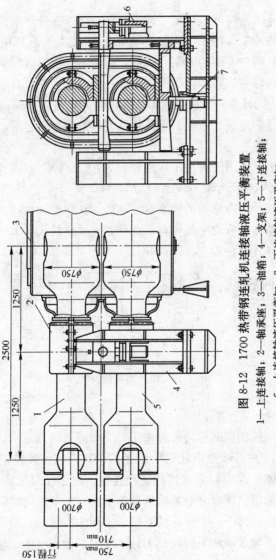

图 8-12 1700 热带钢连轧机连接轴液压平衡装置
1—上连接轴；2—轴承座；3—油箱；4—支架；5—下连接轴；
6—上连接轴液压平衡缸；7—下连接轴液压平衡缸

229. 齿轮座由哪些部件组成?

齿轮座由齿轮轴、轴承、轴承座和箱体四部分组成。

(1) 齿轮轴。由于齿轮座传递的扭矩较大,但其中心距 A 受到轧机轧辊中心距的限制。因此,齿轮座的齿轮直径小、宽度大,往往与轴做成整体,称为齿轮轴。该齿轮一般具有较少的齿数 Z、较大的模数 M_n 和宽度 B,都采用人字齿轮。轮齿的破坏主要是由早期点蚀、齿面剥落或塑性变形等因素引起的,偶有弯曲折断。

齿轮轴应选用硬齿面。常用材料为:45、40Cr、32Cr2MnMo、35SiMn2MoV、37SiMn2MoV、40CrMn2MoV 等。

(2) 轴承。齿轮轴的轴承有滑动轴承和滚动轴承。

(3) 箱体。齿轮座箱体有高立柱式、矮立柱式、水平剖分式和垂直剖分式四种形式 (图 8-13)。

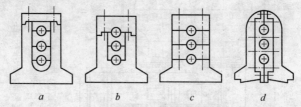

图 8-13　齿轮座箱体形式

a—高立柱式;b—矮立柱式;c—水平剖分式;d—垂直剖分式

齿轮座的轴承通常与齿轮采用一个润滑系统。

图 8-14 为 650 型钢轧机齿轮座的结构简图。齿轮箱体为立柱式,箱体上盖和 U 形底座用螺栓连接。由于径向尺寸的限制,齿轮轴颈采用巴氏合金浇铸的滑动轴承。在三个齿轮轴两端各有四块轴承座。其中,上齿轮的下轴承座和中齿轮的上轴承座,及中齿轮的下轴承座和下齿轮的上轴承座分别做成一体。轴承座装在箱体的立柱窗口中,在轴向则靠箱体立柱上的凸肩进行轴向固定 (图 8-15)。中间齿轮轴为主动轴,它通过带有安全销的齿轮

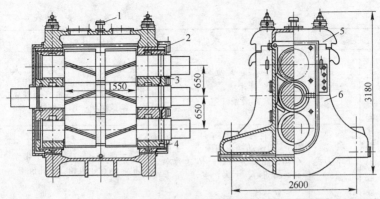

图 8-14　650 型钢轧机齿轮座

1—通风帽；2—上轴承座；3—中间轴承座；

4—下轴承座；5—上盖；6—底座

联轴器与减速机相连。齿轮座三个
齿轮轴的输出端上装有万向接轴的
叉头，与连接轴的扁头相连。

　为了减轻齿轮座重量，改善制
造工艺，可采用焊接结构的齿轮座
箱体。

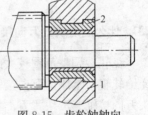

图 8-15　齿轮轴轴向
固定示意图

（图 8-14 齿轮座水平剖视图）

1—箱体立柱；2—轴承座

230. 常用的连接轴有哪些?

　目前，轧钢机常用的连接轴有
万向接轴、梅花接轴和弧形齿接轴
等三种形式。表 8-8 为各种类型连接轴的特点和应用范围。

表 8-8　轧钢机各种类型连接轴的特点和应用范围

类　型	特　　点	应 用 范 围
梅花接轴	由四个或多个凸瓣组成，凸瓣有弧形的或普通梅花头形，允许较小的倾角	最大倾角 $\alpha = 1° \sim 2°$，最大转数 $n = 400 \text{r/min}$，用于横列式型钢轧机，轧辊调整距离很小

类 型		特 点	应 用 范 围
万向接轴	滑块式	衬板由耐磨青铜、黄铜或人工合成材料作成，允许有较大的倾角，润滑条件差	最大倾角 $\alpha = 8° \sim 10°$，最大转数 $n = 1000 \text{r/min}$，用于初轧机、冷、热板带轧机、钢管轧机、钢球轧机、中厚板轧机等
	十字头式	磨损件少（没有月牙形滑块），因滚动轴承间隙小，工作平稳，润滑条件好，传动效率高，外形尺寸大，叉头强度较弱	最大倾角 $\alpha = 15°$，用于带钢轧机、钢管轧机和立辊轧机中
弧形齿接轴		传动平稳，润滑条件好，节省有色金属，径向间隙小	最大倾角 $\alpha = 3°$，高转速条件下不适用（因磨损大），用于带钢轧机、连续式小型轧机和线材轧机等

231. 什么是滑块式万向接轴？

在轧辊调整范围较大的轧机上，一般是用万向接轴将扭矩传递给轧辊。常用的万向接轴有两种方式：滑块式万向接轴和十字头万向接轴。滑块式万向接轴传递很大的扭矩，可达 3000kN·m 和允许有较大的倾角，可达 $8° \sim 10°$。它是由轧辊端扁头 1、带叉头的接轴 3、传动端扁头 2、衬瓦 4 以及中间具有方形或圆形的销轴 5 组成（图 8-16）。

根据扁头或叉头形状，滑块式万向接轴可分为开式铰链（图 8-16a）、闭式铰链（图 8-16b）和带筋板式铰链（图 8-16c）三种形式。图 8-17 为万向接轴开式铰链的立体简图。

滑块式万向接轴的润滑较为困难，因其摩擦表面与外界相通，润滑油不易保存在摩擦面上。润滑方式基本上有两种，人工定期加油和采用自动润滑装置。但作者本人在抚顺钢厂 850 初轧机上应用了"油包"润滑法。详见"如何解决初轧机滑块式万向接轴窜动问题"。润滑剂可采用干油或稀油，也可混合使用。

滑块式万向接轴，滑块磨损得较严重、除消耗大量青铜外，

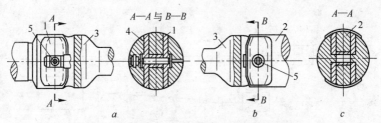

图 8-16 滑块式万向接轴的组成及其铰链的形式

a—开式铰链；b—闭式铰链；c—带筋板式铰链

1—轧辊端扁头；2—传动端扁头；3—带叉头的接轴；

4—衬瓦；5—中间具有方形或圆形的销轴

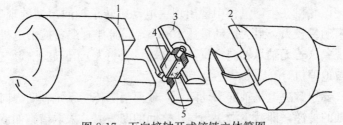

图 8-17 万向接轴开式铰链立体简图

1—扁头；2—叉头；3—月牙形滑板；4—小方轴；5—青铜滑板

严重影响轧机工作条件和轧机的作业率。

232. 如何解决初轧机滑块式万向接轴轴向窜动问题？

滑块式万向接轴，尤其是初轧机主传动装置，电动机直接传动连接轴时，由于轧辊轴向力、连接轴倾角变化、主传动系统扭振等原因，引起连接轴轴向窜动，进而导致主电动机转子轴轴向窜动。

解决主电动机转子轴轴向窜动（电动机之外的原因）的办法是尽量减小传动系统的轴向力和减小传动系统轴向力向主电动机转子轴的传递。下面举例说明如何用后一种办法解决主电机转子轴轴向窜动。

图 8-18 为抚顺钢厂 850 初轧机主传动系统示意图。两轧辊分别由两台 2800kW 直流电动机直接驱动。

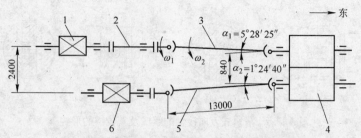

图 8-18 抚顺钢厂 850 初轧机主传动系统示意图

1、6—上、下主电机；2—主接轴；3、5—上、下万向接轴；4—轧辊

α_1、α_2—两转动轴与水平夹角；ω_1、ω_2—传动轴与万向接轴的转速

该轧机在生产过程中曾出现主电动机转子轴向窜动的现象，且窜动量较大，最大窜动量达 10mm，同时伴有严重撞击电机轴承现象（若无轴承轴向定位，则窜动量会更大），问题比较严重，故被迫停机。

要想解决电机轴向窜动问题，就要消除传动系统轴向力向电机轴的传递，即减少滑块与扁头之间的摩擦力。采取措施如下：

（1）将滑块与扁头之间间隙放大 1mm，同时人工用油磨石来研磨滑块与扁头接触面，使表面粗糙度达 0.32（原始的为 3.2）；

（2）用油包稀油润滑装置（图 8-19），加入 120 号中极压工

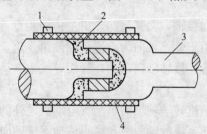

图 8-19 油包稀油润滑装置简图

1—卡子；2—润滑油；3—万向接轴；4—油包

业齿轮油代替原干油润滑。原干油润滑装置是：每个连接轴本体上装有两个带有蓄油器的柱塞泵，通过连接轴平衡装置的轴承座

上固定着的凸轮模板，连接轴每转一周柱塞泵向铰链处供油一次。

应用了这两项措施后，窜动问题得到根本的解决。油包材质最好用航空油箱尼龙布制作。

233. 什么是十字头（轴）式万向接轴?

带有滚动轴承的十字头（十字轴）式万向接轴是一种十字铰链，它由两个叉头 1（图 8-20）和十字轴 2（图 8-20）及装在十字轴颈上的滚动轴承等部件组成。近年来广泛被用在轧钢机主传动中，并有逐步取代滑块式万向接轴的趋势。

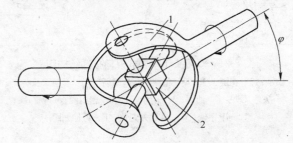

图 8-20　十字轴式铰链简图

1—叉头；2—十字轴

它具有以下优点：

（1）传动效率高；

（2）使用寿命长；

（3）润滑条件好；

（4）窜动平稳；

（5）噪声低；

（6）允许倾角大；

（7）适用于高速转动，传递扭矩大。

轧机用的大型十字轴式万向接轴的结构，根据万向节的连接固定方式的不同，可分为轴承盖固定式、卡环固定式和轴承座固定式。

一般双接头十字轴式万向接轴的组成（图 8-21），包括法兰叉头、花键叉头、由花键轴和套管及套管叉头组成的中间轴、十字轴、轴承、挡圈（或轴承盖）、密封圈等部分。中间轴可补偿在倾斜时的长度变化。法兰叉头采用合金铸钢，十字头采用合金锻钢。

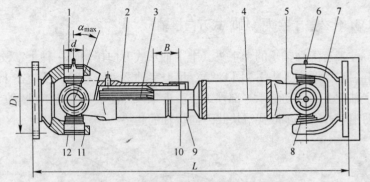

图 8-21 双接头十字轴式万向接轴结构图

1—滚针轴承；2—花键叉头；3—花键轴；4—套管；5—套管叉头；6—油杯；

7—法兰叉头；8—油封；9—防尘器；10—密封圈；11—挡圈；

12—十字轴；α_{max}—最大夹角；B—可伸缩距

234. 什么是梅花接轴？

梅花接轴与套筒（图 8-22）一般用于轧辊调整量不大的轧钢机上，其允许倾角小，一般不超过 $1°\sim2°$。如果倾斜角度过大，则会使磨损加大，寿命降低。梅花接轴的优点是构造简单、换辊方便，因此被广泛应用，尤其在横列式型钢轧机上；其不足是：运转中有冲击且噪声大，通常是在没有润滑的条件下工作，故很容易磨损。

图 8-23 为某型钢轧机采用的联合接轴。联合接轴，即在与齿轮机座连接的一端为万向接轴铰接，而在与轧辊连接的一端则为梅花轴头，这可改善轴与轴套的磨损情况。如此一来，齿轮座一端就能很好地维护，同时由于梅花连接易于拆卸，因而不会使换辊复杂。

表 8-9 为梅花接轴和套筒的一些主要尺寸和间隙。梅花接轴

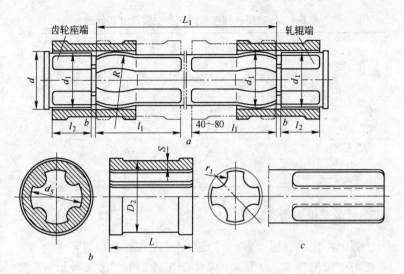

图 8-22 梅花接轴与套筒

a—弧形梅花头；b—梅花套筒；c—普通的梅花头

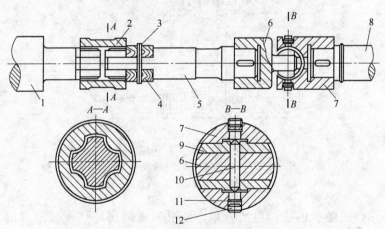

图 8-23 型钢轧机的联合接轴

1—轧辊；2—梅花套筒；3—铁丝；4—木块；5—梅花接轴；6—扁头；

7—叉头；8—齿轮辊出轴；9—滑块；10—销轴；11—垫块；12—螺丝

的材料，一般是铸钢或锻钢，接轴尺寸按自由公差制造。套筒一般用灰口铸铁或铸钢制成。

表 8-9　梅花接轴和套筒的一些主要尺寸和间隙

	接轴直径 d_1	头部圆弧半径 r_1	球形梅花头半径	接轴长度
梅花接轴	$d_1=(0.9\sim0.98)d$ 或 $d_1=d-(10\sim15)$	$r_1=0.2d_1$	$R=(2.8\sim3)d_1$	$L_1\geqslant2L+(40\sim80)$
	套筒长度	中部厚度	中部外径	梅花孔直径
梅花套筒	$L=(1.2\sim1.5)d_1$	$S=(0.18\sim0.20)d_1$	$D_2=d_5+2S$	$d_5=d_1+(3\sim5)$
梅花头直径 d_1/mm	$140\sim150$	$160\sim200$	$220\sim320$	$340\sim450$
间隙 b/mm	30	35	40	45

235. 什么是弧形齿接轴?

弧形齿接轴（图 8-24）与 CL 型齿轮联轴器相似，它是由一对弧形外齿轴套 5、内齿圈 6 及中间接轴 1 等主要零件组成。弧

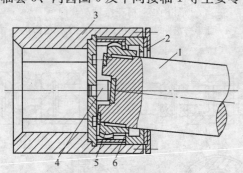

图 8-24　弧形齿接轴
1—中间接轴；2—密封圈；3—连接套；4—球面顶头；
5—弧形外齿轴套；6—内齿圈

形外齿轴套的齿，包括齿顶、齿根和齿侧面均呈圆弧形（图 8-25），所以当外齿轴套和内齿圈啮合时，允许接轴在 xOz 和 xOy 两个互相垂直的平面内倾斜，形成万向节。目前，弧形齿接轴工作时的允许倾角为 $1°30'\sim2°30'$，尽量不要大于 $3°$。如果角度再大，则承载能力下降。在非工作位置，其最大倾角可达 $6°$。

弧形齿接轴具有以下优点：

（1）传动平稳、噪声小，有利
于提高轧制速度；

（2）没有冲击振动和轴向窜动，
径向间隙可减小到最低限度，有利
于提高产品质量；

（3）使用寿命长；

（4）装拆方便，易于换辊；

（5）润滑条件好，也有利于提
高轧机作业率；

（6）与滑块式万向接轴比，可
节省大量的有色金属。

弧形齿接轴的缺点：

（1）比加工普通齿轮联轴器复
杂，成本高；

（2）倾角不大，承载能力随倾
角的增加而显著下降，允许传递的

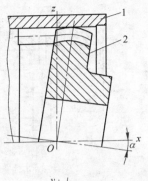

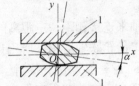

图 8-25 外齿轴套
的齿形示意图

1—内齿圈；2—弧形外齿套

扭矩没有滑块式万向接轴大。因此，在某些场合下的使用受到限
制，如要求大倾角、大扭矩的初轧机不能使用。

236. 什么是齿轮联轴节（器）？

应用最广的主联轴节（器）是齿轮联轴器。它能传递很大的
扭矩，能承受频繁的正反向冲
击负荷，并可允许较大的偏移
量，安装精度要求不高。但制
造困难，不能缓冲减振。齿轮
联轴器有两种形式：一般的齿
轮联轴器 CL 型（图 8-26），
用于直接连接相互靠近的两
端；带中间轴的齿轮联轴器
CLZ 型（图 8-27），用于借中

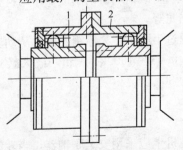

图 8-26 CL 型齿轮联轴器

1—外齿轴套；2—内齿圈

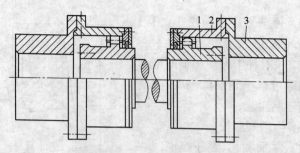

图 8-27　CLZ 型齿轮联轴器

1—外齿轴套；2—内齿圈；3—半联轴器

间轴来连接相距一定距离的两端。

齿轮联轴器中，所用齿轮的齿廓为渐开线，啮合角通常为 20°，齿一般为 30~80 个，材料一般用 45 号钢或 ZG45。联轴器的啮合应在油浴内工作。

237. 什么是棒销联轴节（器）？

棒销联轴节（器）结构简单、制造容易、维护方便、寿命长、能缓冲减振，可用于正反转变化多，启动频繁的高、低速转动，其主要缺点是外廓尺寸较大。因此，在轧钢机主传动中得到了应用。

棒销联轴器（图 8-28）由轴套 1 和 2、棒销 3、外套 4 及侧挡板 5 组成。轴套和外套由 45 或 35 锻钢或铸钢制成，棒销材料用榆木、胡桃木、酚醛布棒和尼龙等。

棒销联轴器工作时扭矩是通过半联轴器、棒销而传动从动轴上去的。其传递的许用扭矩为 0.63~1600kN·m，最大转速 300~3800r/min，允许的倾角为 30′。

238. 什么是安全联轴节（器）？

在传动系统中装有飞轮的轧机上应采用安全联轴器。当轧制情况不正常时，由飞轮所产生的转矩可能达到很大的数值，以至损坏轧机和飞轮之间的传动零件。为了保护传动装置和轧机，在

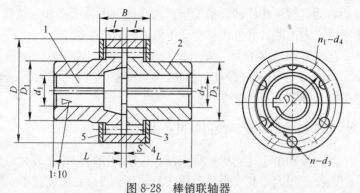

图 8-28　棒销联轴器

1、2—轴套；3—棒销；4—外套；5—侧挡板

减速机低速轴和齿轮座之间安装安全联轴器。

图 8-29 为 650 型钢轧机的齿式安全联轴器。法兰盘 1 装在

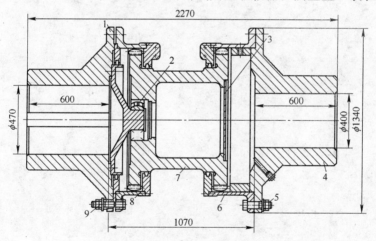

图 8-29　650 型钢轧机齿式安全联轴器

1、4—法兰盘；2—球面滚子轴承；3—盖板；5—铰孔螺栓；

6、8—内齿圈；7—外齿轴套；9—安全销螺栓

减速机低速轴上，减速机的扭矩通过安全螺栓 9、内齿圈 8、外
齿轴套 7 传至另一个内齿圈 6，再由螺栓 5、法兰盘 4 传动齿轮
座的主动齿轮。当安全销螺栓 9 过载切断时，齿轮座中齿轮停止

转动，而电机还在旋转。借助于双列球面滚子轴承 2 和法兰盘 1 的支承，内齿圈 8 和外齿轴套 7 不致下落造成事故。

这里重点指出的是：安全螺栓（安全帽）的个数、直径大小、径向 U 形槽缺口深度、材质、热处理工艺等，需要根据轧钢实践来确定。

239. 万向接轴的安全系数通常是多少？

万向接轴由于径向尺寸受限制，传递的扭转力矩又较大，计算应力往往很大，其安全系数往往只能达到 5。通常取最小安全系数不应小于 5。

9 剪 切 机

240. 什么是剪切机?

剪切机是轧钢车间的辅助机械设备，用其根据轧件断面形状和对切断面质量要求的不同剪切钢坯、钢材。

剪切机的类型很多，根据其结构及工艺特点可分为四种类型：平行刀片剪切机（平刃剪）、斜刀片剪切机（斜刃剪）、圆盘式剪切机（圆盘剪）和飞剪机（飞剪）。

表 9-1 为各种类型剪切机的特点与用途。

表 9-1 各种剪切机的特点与用途

项目	剪切机类型	特点	用途
平行刀片剪切机	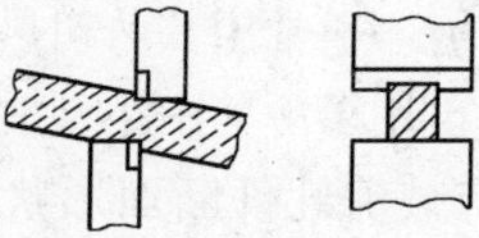	剪切机两个刀片彼此平行	用于横向热剪切初轧坯（方坯、板坯）和其他方形及矩形断面的钢坯，故又称为钢坯剪切机。有时，也用两个成型刀片来冷剪管坯及小型圆钢等
斜刀片剪切机	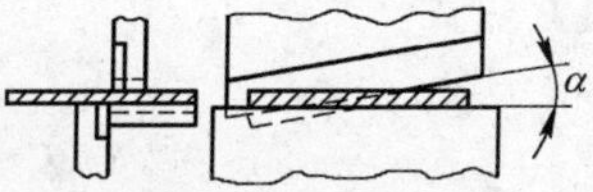	剪切机两个刀片中有一个刀片相对于另一刀片是成某一角度倾斜布置的。一般是上刀片倾斜，其倾斜角为 $1°\sim6°$	用来横向冷剪或热剪钢板、带钢、薄板坯，故又称为钢板剪切机。有时，也用来剪切成束的小型钢材

项目	剪切机类型	特 点	用 途
圆盘式剪切机		剪切机两个刀片均呈圆盘状	用来纵向剪切运动中的钢板（带钢）的边，或将钢板（带钢）剪成窄条，一般均布置在连续式钢板轧机的纵切机组的作业线上
飞剪机		剪切机刀片在剪切轧件时跟随轧件一起运动	用来横向剪切运动中的轧件（钢坯、钢板、带钢和小型型材、线材等），一般安装在连续式轧机的轧制线上，或横切机组作业线上

241. 什么是平刃剪？

剪刃平行放置的剪切机简称平刃剪。通常用其剪切热态初轧方坯和扁坯，以及中小型钢坯、材，也用于冷剪中小型成品。为获得很好的切头质量，刀刃的形状与被剪轧件断面形状相适应（如圆钢）。

根据剪切方式，平刃剪可分为上切式剪切机和下切式剪切机，还可分为闭式剪切机（机架位于剪刃的两侧，如门形）和开式剪切机（机架位于剪刃的一侧，如悬臂式）。一般大吨位剪切机采用下切式，小吨位剪切机采用上切式。

242. 平刃剪的工作制度分几种？

由电动机传动的剪切机，分为两种工作制度：一种是启动制，另一种是连续工作制。前者一般采用直流电动机，每剪切一次，电动机启动、制动一次，完成一个工作循环。这种工作制度的剪切机根据剪切钢坯厚度的不同可采用摆动式循环工作方式（即偏心轴旋转角度小于360°便完成一个剪切循环）或圆周循环的工作方式（偏心轴旋转360°完成一个剪切循环）。摆动式循环工作方式可以减少剪切过程中的空行程，从而提高了它的生产率。后者一般采用带有飞轮装置的交流绕线型异步电动机传动，并在传动系统中装有离合器，电动机启动后就连续运转，每次剪切时，先将离合器合上使传动机构带动剪切机构进行剪切，剪切完了，将离合器打开，使剪切机构与传动系统脱开。

243. 什么是上切式剪切机？

当剪切机剪切轧件时，下刀片固定不动，上刀片运动，剪切动作由上刀来完成，这个剪切机就叫上切式剪切机。

图 9-1 为由曲柄连杆机构组成的上切式剪切机。为使剪切工作顺利进行，在剪切机后面装有可随上刀片升降的摆动台。

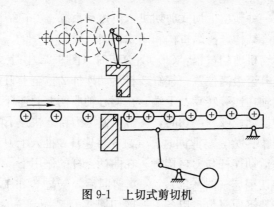

图 9-1　上切式剪切机

上切式剪切机是剪切机中结构最简单的一种，下刀片固定不动，上刀由曲柄连杆驱动完成剪切。剪切时，上刀压着钢坯一起下降，迫使摆动台下降，剪切完成后，上刀片上升至原始位置时，摆动台在平衡装置的作用下回升至原始位置。

244. 曲柄活连杆剪切机（冲剪机）工作原理是什么？

图 9-2 为活动连杆上切式剪切机剪切过程示意图。

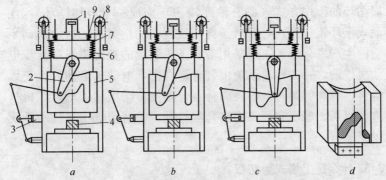

图 9-2　活动连杆上切式剪切机剪切过程示意图

a—不剪切时；b—上刀台下降准备剪切；

c—活动连杆推入进行剪切；d—上刀台形状

1、3—气缸；2—连杆；4—钢坯；5—上刀台；

6、9—缓冲弹簧；7—平衡吊架；8—链轮

这是一种新型上切式剪切机，由传动系统、剪切结构、上刀架快速升降结构、操纵机构和闭式机架组成。

该剪切机剪切过程：（1）不剪切时（图 9-2a），上刀台 5 由气缸 1 提升至最高位置，气缸 3 将活动连杆 2 拉至上刀台 5 的凹槽内，曲轴在连续转动，上端套在偏心轴曲柄上的连杆 2 在上刀台凹槽中摆动；（2）剪切时，气缸 1 使上刀台 5 快速下降并压住钢坯 4（图 9-2b），与此同时，气缸 3 将连杆 2 推入上刀台 5 的凸台上，使活动连杆与刀台接触，在曲柄连杆的作用下，上刀台向下运动剪切钢坯（图 9-2c）；（3）剪断后，气缸 3 和 1，使活连杆和上刀架迅速复位，以备下一剪切周期。

245. 1.6MN 普通曲柄连杆上切式剪切机工作原理是什么？

图 9-3、图 9-4 为 1.6MN 上切式剪切机，这是一种结构最简单，使用最广的小型钢坯剪切机。其机构是由传动系统、剪切系

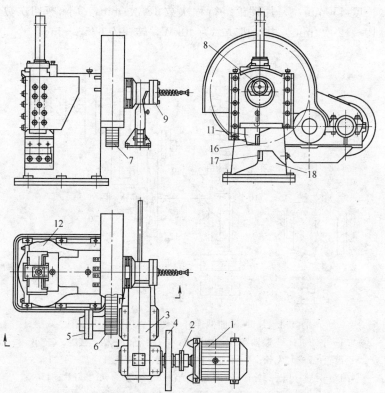

图 9-3 1.6MN 曲柄连杆上切式剪切机（件号同图 9-4）

统、离合机构、平衡装置及开式机架组成。

电动机 1 经一级减速机 3 和一级开式齿轮 6、7 减速，转动曲轴 8，由曲柄连杆 10 带动上刀架 11 在机架导轨 12 中作上下往复运动，完成剪切。上刀架以拉杆螺栓 13 和平衡弹簧 14 吊挂在机架 15 上。平衡弹簧起平衡与缓冲作用，并使上刀架停止在最高位置上，在上刀架上安装有上刀片 16，而下刀片 17 则安装在与机架相连固定不动的下刀架 18 上。

此剪切机的机架结构形式为开式机构（机架呈 C 形），操作人员易于看清剪切过程，更换刀片也较方便。性能参数是，最大剪切力为 1.6MN，刀片行程 140mm，刀片开口度 130mm，刀片长度 450mm，刀片理论空行程次数 18 次/min，实际剪切次数 10~12 次/min，电动机功率为 40kW，转速为 675r/min。

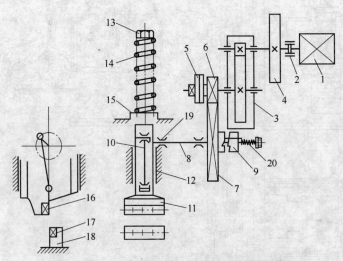

图 9-4   1.6MN 曲柄连杆上切式剪切机机构简图

1—电动机；2—联轴器；3—减速机；4—飞轮；5—法兰接手；6—小齿轮；7—大齿轮；8—曲轴；9—离合器；10—连杆；11—上刀架；12—导轨；13—螺栓；14—平衡弹簧；15—机架；16—上刀片；17—下刀片；18—下刀架；19—轴承；20—弹簧

　　该剪切机是连续工作制，剪切机构间歇性工作是靠牙嵌式离合器 9 来完成。离合器合上时，上刀架才下降完成剪切动作，切断后轴恰好旋转一周上刀架回到最高位置时，离合器完全脱开。

　　牙嵌式离合器是由主动和从动两部分组成，主动部分用螺栓固定在开式大齿轮 7 轮毂的端面上，而从动部分用滑键与曲轴连接，它可以在轴上作轴向滑动，两个半离合器相对的端面有锯齿形牙齿。离合器的合上，是靠弹簧 20 的推力，使从动半离合器左移，当两个半离合器的牙齿嵌到一起时，空套在曲轴上连续运转的大齿轮 7 便通过离合器传动曲轴，完成剪切。

离合器是由电磁铁通过杠杆来控制的，控制用的滚轮下降，离合器便合上。在从动半离合器右端面上安装一平面凸轮，当上刀架回程时，滚轮压在凸轮上，推动从动半离合器逐渐右移（弹簧 20 被压缩），当曲轴恰好转一周时，离合器完全脱开。

246. 什么是下切式剪切机？

当剪切机剪切轧件时，上、下两个刀片都是运动的，但剪切动作由下刀片来完成，这个剪切机就叫下切式剪切机。由于剪切过程是下刀将轧件抬离辊道来进行，因此，剪切机后面不必设置摆动台。下切式剪切机目前在初轧机和钢坯车间已被广泛的使用。

该剪切机剪切过程的特点是：在剪切开始，上剪刃首先下降，当压板压住钢坯并达到预定的压力后，即行停止，其后是下剪刃上升进行剪切。剪切后，下剪刃首先下降回到原来位置，接着上剪刃上升恢复原位。这种剪切方法具有以下优点：（1）剪切时钢坯高于辊道面，因此，不需要剪机后面的升降辊道；（2）剪切长轧件时，上剪刃一侧的钢坯不会弯曲；（3）机架不受剪切力；（4）装设有活动压板，保证剪切时钢坯处于正确位置，以获得整齐的切面。

247. 什么是六连杆式剪切机？

六连杆式剪切机（曲柄杠杆剪切机）是开口下切式剪切机。由于结构简单、操作方便、使用可靠、生产效率较高，因而被广泛地应用在初轧车间和钢坯车间，如抚顺钢厂 850 初轧机配置了 10MN 六连杆式剪切机。图 9-5 为 4MN 六连杆式剪切机。

该 4MN 剪切机最大剪切力是 4MN，剪刃长度为 720mm、500mm 两个规格。最大剪切端面为 240mm×240mm 和 210mm×30mm，剪切次数为 5～12 次/min，传动电机功率为 200kW 两台，转数为 500～1200r/min。

剪切机由机架、剪切机构、传动系统、上刃台（上刀架）导

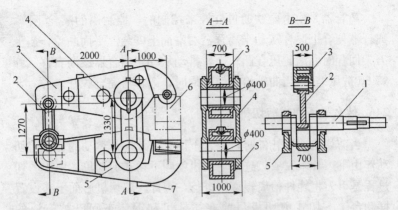

图 9-5　4MN 六连杆式剪切机

1—曲轴；2—连杆；3—上剪股；4—拉杆；

5—下剪股；6—上刃台；7—下机架

行套定位调节机构（上刀行程调整机构）、压板装置五部分组成。

　　剪切机构由六连杆组成，见图 9-5，即曲柄轴 1、连杆 2、上剪股 3、拉杆 4、下剪股 5 和上刃台 6（可沿导行套上下移动）等。整个机构只有曲柄轴支承点是唯一的固定支点。全部机构的重量由这个固定支点（曲柄轴）和下机架 7（下边垫有枕木）承受。

　　2.5MN 六连杆剪切机的剖视图及机构简图见图 9-6、图 9-7。

248. 六连杆式剪切机上刀架是如何调整的？

　　图 9-8 为六连杆式剪切机上刀架调整机构示意图。上刀架通过铰链与上剪股、拉杆 4 连接。剪切过程中，上刀架的行程是根据被剪切钢坯的断面高度，进行预先调整的。调整时应保证所剪钢坯能顺利通过刃口，又要避免剪切后钢坯因抬离辊道过高，引起钢坯的翘头或弯曲变形。

　　上刀架是这样调整的：上刀行程调整结构的小电动机（图中没示出）带动蜗杆 1、蜗轮 2，使与蜗轮用螺旋副连接的导行套（限位套）3 带动上刀架上、下移动（升降），并使上刃台停留在要

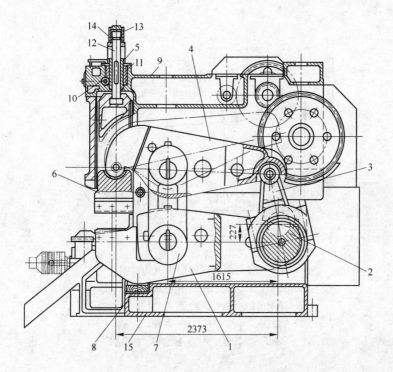

图 9-6 2.5MN 六连杆剪切机的剖视图

1—下剪股；2—偏心轴；3—连杆；4—上剪股；5—导行套；6—上刀架；
7—拉杆；8—缓冲垫；9—上机架；10—蜗杆；11—蜗轮；12—拉轴；
13—止推套筒；14—弹簧；15—机架

求的位置上，限制其下降。在导行套的中心孔内，穿有可以上、下移动的拉杆，拉杆下端挂有上刃台。为了消除上刃台与上剪股连接处的间隙以及吸收运动转换时的动负荷，在拉杆上端装有起缓冲作用的板形弹簧和止推筒。

249. 六连杆式剪切机是如何传动的?

图 9-9 为六连杆式剪切机传动系统简图。电动机工作制度为启动工作制，根据剪切钢坯尺寸的不同，可采用圆周工作循环与摆动式工作循环（电机作正、反两个方向转动，每剪切一次，电

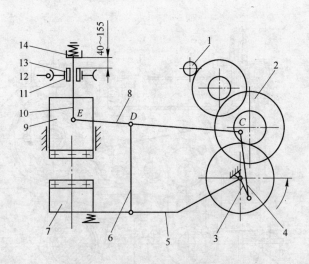

图 9-7　六连杆剪切机机构简图

1—电动机；2—减速机；3—偏心轴曲柄；4—连杆；

5—下剪股；6—拉杆；7—下刀架；8—上剪股；

9—上刀架；10—拉轴；11—蜗轮；12—蜗杆；

13—导行套；14—止推套筒、弹簧

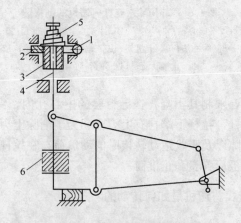

图 9-8　上刀架调整机构示意图

1—蜗杆；2—蜗轮；3—导行套；4—拉轴；

5—板型弹簧；6—钢坯

机改变一次转向，曲柄轴只在小于 360°角度内摆动）。电动机通过三级减速机，传动曲柄轴转动，进而带动连杆上剪股、拉杆、下剪股等一同运动，实现剪切机的工作。

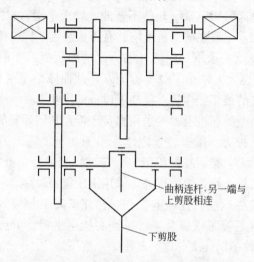

曲柄连杆，另一端与上剪股相连

下剪股

图 9-9　六连杆剪切机传动系统简图

250. 六连杆式剪切机压板装置的作用原理是什么？

图 9-10 为平行刀片剪切机剪切时作用在轧件上的力。金属剪切时分几个阶段，即刀片弹性压入金属阶段、刀片塑性压入金属阶段、金属塑性滑移阶段、金属内裂纹萌生和扩展阶段、金属内裂纹失稳扩展和断裂阶段。一般粗略地分为两个阶段：刀片压入和金属塑性滑移。

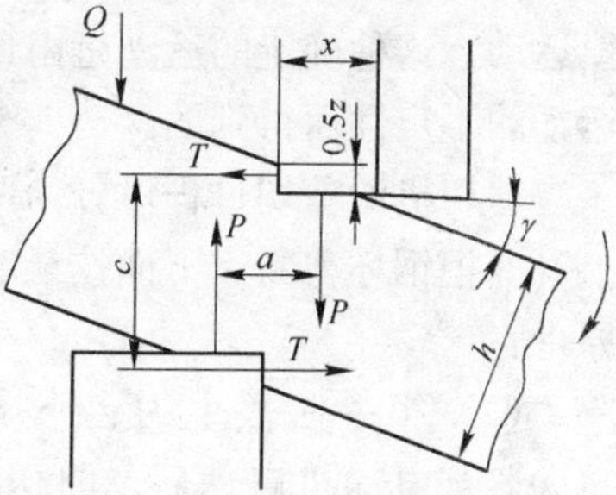

当刀片压入金属时，上、下刀片对被剪金属的作用力 P 组成力矩 Pa，此力矩使被剪金属沿顺时针方向转动。而上、下刀片侧

图 9-10　平刃剪剪切时作用在轧件上的力

面对轧件的作用力 T 组成力矩 Tc，将阻止轧件转动。随着刀片的逐渐压入，被剪金属转动的角度不断增大，直到转过角度 γ 后，两力矩平衡，便停止转动。

为了提高剪切质量（轧件不弯曲、切头平滑），尽量使 γ 小一些。为此，一般在剪切机上均装有压板装置，把轧件压在下刀台上，力 Q 就表示压板给轧件的力。增加压板后不但减小了转角 γ，同时也大大减小了侧向推力 T，从而减小了滑板的磨损，减轻了设备的维修工作量，提高了设备的作业率。

在中小型剪切机上多半采用弹簧压板，利用弹簧的变形产生所需要的压板力。压板装置固定在上刀架上，随上刀架一起运动。剪切时上刀架不动，压板与下刀架一起上升，弹簧被压缩。在大型剪切机上除弹簧压板外，采用液压压板较多，利用液压缸的力量把轧件压住。抚顺钢厂 850 初轧车间 10MN 六连杆剪切机使用的就是液压压板装置，与铁头推出机构、剪后摆动辊道（为清理切掉的钢坯头、尾）共用一个液压站。

251. 六连杆式剪切机的剪切工作原理是什么？

图 9-11 为六连杆式剪切机的剪切工作原理。六连杆剪切机的剪切机构属于活动度为 2 的曲柄杠杆机构，其杆件的运动是不定的，也就是说电机带动曲柄轴转动后，上、下剪股的升降与重合是没有规律的，即不定的。但生产工艺要求剪切机应按一定规律运动，这种确定的运动是由最小阻力（力矩）定理补偿了机构运动的不定性而得到的。

剪切机的剪切过程可分为两个阶段，即上刀片下降与下刀片上升并把钢坯剪断。下面按最小阻力矩定理来解释剪切机的工作原理：

（1）第一阶段上刀台下降：剪切机处于原始状态（图 9-11a），当电动机启动后，曲柄旋转，上刀台及上剪股由于自重作用，始终存在着向下运动的趋势，下剪股系统向上运动的趋势受到连杆及下剪股重量的阻碍，故曲柄旋转后，很显然是上剪股

绕 D 点转动（剪股连杆有微小摆动），上刀台下降，直至受到止
动装置导行套的阻碍为止（图 9-11b），上刀台下降的行程是根据

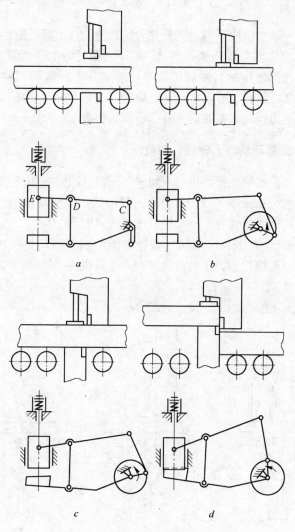

图 9-11 六连杆剪切机的剪切工作原理

a—起始状态；b—上刀台下降受导行套的限制；

c—下刀台上升；d—剪切终了

钢坯断面高度预先调整好止推装置位置，其调整的原则是上刀台下降后，使上刀台与钢坯保持有一段距离，而压板此时则正压着钢坯。

（2）第二阶段下刀台上升并剪切：上刀台下降受阻后，上剪股由绕 D 点转过渡到绕 E 点转时，下刀台开始上升（图 9-11c），下刀台与钢坯接触后便和压板等一起上升进行剪切。曲柄轴转 180°时剪切完了（图 9-11d），继续转动时，下刀台下降到原始位置后，上刀台与压板开始上升回至原始位置。

252. 什么是浮动偏心轴式剪切机？

浮动偏心轴式剪切机是下切式剪切机，用来剪切大型方坯和扁坯。按结构特点来分，可分为三种形式：上驱动机械压板式、下驱动机械压板式和下驱动液压压板式（图 9-12）。

图 9-13 为 16MN 液压压板浮动偏心轴式剪切机机构简图。剪切机由剪切机构、压板机构、刀片平衡机构、机架和传动系统

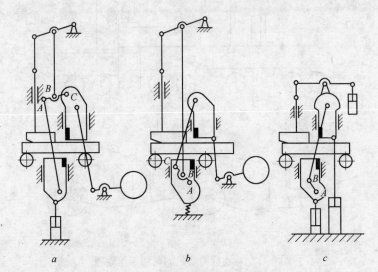

图 9-12　浮动偏心轴剪切机类型

a—上驱动机械压板式；*b*—下驱动机械压板式；*c*—下驱动液压压板式

组成。剪切机构由偏心轴 6、下刀台 7、连杆 8、上刀台 10 及心轴 11 组成。上、下刀台上装有刀片 13 和 14；上、下刀台通过连杆 8 连接起来。当偏心轴旋转时，靠液压系统的控制，上刀台10 先下降一个距离，然后下刀台 7 上升进行剪切。剪切时，上刀台在机架 9 的垂直滑道中上、下运动，而下刀台则在上刀台的垂直滑道中运动。

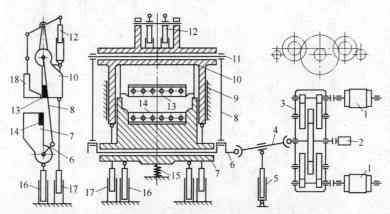

图 9-13　16MN 液压压板浮动偏心轴式剪切机机构简图

1—电动机；2—控制器；3—减速机；4—万向接轴；5—接轴平衡缸；

6—偏心轴；7—下刀台；8—连杆；9—机架；10—上刀台；11—心轴；

12—压板液压缸；13—上刀片；14—下刀片；15—弹簧；

16—下刀台平衡缸；17—上刀台平衡缸；18—压板

剪切机剪切过程（图 9-14）分三个阶段：

（1）上刀下降至适当位置、下刀不动（图 9-14b）；

（2）上刀停止，下刀上升并剪切钢坯，然后下刀下降至最低位置（图 9-14c、d）；

（3）下刀停止，上刀上升至原始位置（图 9-14e），完成一次剪切。

该剪切机剪切机构属于活动度为 2 的偏心连杆机构，其杆件的运动具有不确定性。偏心轴开始旋转时，存在着两种可能的运动：一为以 A 点为旋转中心时，上刀下降、下刀不动；另一种

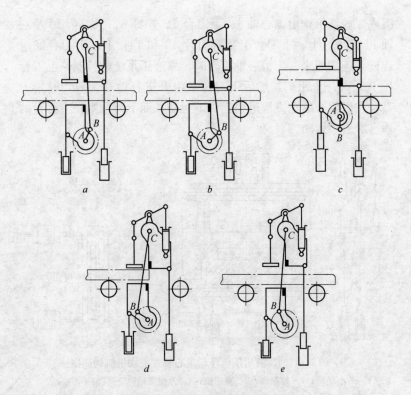

图 9-14　剪切机剪切过程简图

a—原始位置；*b*—上刀下降；*c*—上刀停止，下刀上升至最高位置；

d—下刀下降至最低位置；*e*—上刀复原

以 B 点为旋转中心时，上刀不动、下刀上升。究竟如何运动，应按最小阻力定律确定。为使机构具有要求的确定运动，需要依靠上、下刀台的平衡条件和附加的约束来获得。上刀是过平衡状态，下刀是欠平衡状态。

剪切机构实现上述运动规律，完全是由液压系统来控制。

第一阶段的运动是：曲轴旋转，由于上刀是过平衡状态，则以 A 点为旋转中心，上刀下降。上刀平衡缸控制上刀下降的位置，使上刀下降被迫停止。因而此时曲轴只能绕 B 点旋转，旋转中心从 A 换到 B，即第二阶段的运动开始了，下刀上升至最高位置（剪切）后再下降到原位。主轴继续沿同一方向旋转，而下刀已不能再下降，此时旋转中心又从 B 转换到 A，从而开始了第三阶段的运动——上刀上升到原始位置。

253. 平刃剪的主要参数有哪些？

平刃剪的主要参数包括两大类：一为结构参数，即刀片行程、刀片尺寸（长、高、厚）和理论空行程次数；二为力能参数，即剪切力、剪切功、剪切力矩及电动机功率。

254. 如何确定平刃剪剪刃行程（刀片行程）？

刀片行程（图 9-15）是剪切机最主要的结构参数，它决定了剪切机的高度。在剪切能力允许的范围内，它也决定了所能剪切的轧件最大断面高度。

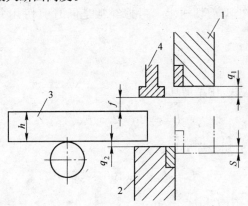

图 9-15 平刃剪刀片行程图
1—上刀；2—下刀；3—轧件；4—压板

刀片行程 H（指刀片的最大行程）可按下式计算：

$$H = h + f + q_1 + q_2 + S$$

式中　h——被切轧件最大断面高度；

　　　f——轧件上表面与压板之间的距离，一般取 $f = 50$

～75mm；

q_1——为了避免上刀受轧件冲撞，而使压板低于上刀的距离，一般取 $q_1=5\sim50$mm；

q_2——为了使轧件能顺利通过剪切机，下刀不被轧件磨损，使下刀低于辊道表面的距离，一般取 $q_2=5\sim20$mm；

S——上、下刀片的重叠量，一般取 $S=5\sim25$mm。

对于曲柄连杆剪切机，曲柄轴半径（或偏心轴的偏心）R，等于刀片行程的一半。

255. 如何确定平刃剪剪刃尺寸？

剪刃长度 L 可按下式确定：

对剪切方坯的剪切机，剪刃长度分两种情况：

（1）在小型剪切机上，考虑经常是同时剪切几个小断面钢坯，此时

$$L=(3\sim4)b_{max}$$

（2）在大、中型剪切机上

$$L=(2\sim2.5)b_{max}$$

（3）对剪切板坯剪切机

$$L=b_{max}+(100\sim300)$$

式中　L——刀刃长度，mm；

b_{max}——被切钢坯横断面的最大宽度，mm。

刀片断面高度及宽度可按下式确定：

$$h'=(0.65\sim1.5)h$$

$$b'=\frac{h'}{(2.5\sim3)}$$

式中　h'——刀片断面高度，mm；

　　h——被切钢坯断面高度，mm；

　　b'——刀片断面宽度，mm。

256. 如何确定平刃剪剪切次数?

　　剪切机的每分钟剪切次数，即每分钟理论空行程次数代表了剪切机的生产率。剪切次数的提高受到电动机功率和剪切机结构形式的限制。

　　表 9-2 为热钢坯剪切机基本参数（JB 2093—1977），可供选用。

　　应该指出，表中的理论空行程次数为剪切机连续空行程次数。显然，剪切机在剪切轧件时的实际剪切次数，总是远远小于理论剪切次数。因为在轧件两次剪切之间，需要完成轧件运输、定尺、铁头推出等辅助工序。

表 9-2　热钢坯剪切机基本参数（JB 2093—1977）

最大剪切力/MN	刀片行程/mm		刀刃长度/mm	扁坯最大宽度/mm	刀片断面尺寸/mm×mm	理论空行程次数/次·min⁻¹
	对方坯	对板坯				
0.63	110		300		30×80	20～30
1.0	160		400		40×120	20～30
1.6	200		450		50×150	20～30
2.5	250		550	300	60×180	18～30
4.0	320		700	400	70×180	14～18
6.3	360		800	500	70×210	12～16
10	440		1200	1000	80×240	10～14
16	500	400	1800	1500	90×270	7～12
(20)	500	450	2100	1800	100×300	7～12
25	500	450	2100	1800	100×300	5～8

257. 如何确定平刃剪最大剪切力?

　　从图 9-10 中可知：在剪切过程中，轧件受三个力作用，即剪切力 P、侧推力 T 和压板力 Q。在这三个力作用下轧件处于平衡状态。

剪切力 P 是随切入深度 z 的变化而变化的。当剪刃刚接触并逐渐压入轧件时，剪切力由零逐渐增大。在整个压入阶段，剪切力 P 在剪切断面上产生的剪切力小于轧件本身的抗剪应力。因此，轧件只产生局部压缩塑性变形，这时轧件进行偏转产生了 γ 角。随着剪刃的逐渐压入，剪切力继续增加，当剪应力等于轧件的抗剪应力时，压入阶段结束，转角 γ 不再增加。当剪切力稍大于此值时，在剪切断面上的剪应力便超过了轧件的抗剪应力，这时轧件便沿整个剪切断面产生了相对滑动，即滑移阶段。在滑移阶段，剪切断面逐渐变小，剪切力随着不断减小，直至剪断轧件剪切力为零。

可见，剪切过程中，瞬时剪切力是不等的。在设计和选用剪切机时，我们最关心的是最大剪切力，即剪切机的公称能力，最大剪切力 P_{max} 可按下式确定：

$$P_{max} = K_1 \tau_{max} F_{max}$$

式中　F_{max}——被剪轧件最大原始断面面积，mm^2；

　　　τ_{max}——被剪轧件材料在相应剪切温度下的最大单位剪切阻力，MPa；

　　　K_1——考虑刀刃磨钝和刀片侧间隙增大，而使剪切力增大的系数，可按剪切机能力选取；

小型剪切机（$P < 1.6MN$）$K_1 = 1.3$；

中型剪切机（$P = 2.5 \sim 9MN$）$K_1 = 1.2$；

大型剪切机（$P > 10MN$）$K_1 = 1.3$。

这里说明一下单位剪切阻力 τ，它是被剪金属材料本身抵抗剪切变形的能力，其值取决于被剪切金属材料本身的性能、剪切温度、相对切入深度和剪切变形速度等。

当所剪切材料没有实验曲线时，可按下式确定最大剪切力

$$P_{max} = K_1 K_2 \sigma_{bt} F_{max}$$

式中　σ_{bt}——被剪轧件材料在相应剪切温度下的抗拉强度，MPa，某些钢种在不同温度下的抗拉强度可近似

按表 9-3 选取;

K_2——系数,被剪材料的最大单位剪切阻力与抗拉强度

之比值 τ_{max}/σ_b,高温下可取 $K_2=0.6$。不同材料

和不同温度下的比值,可按表 9-4 选取。

表 9-3　某些钢种在不同温度下的抗拉强度 σ_{bt}（MPa）

$T/℃$ 钢种	1000	950	900	850	800	750	700	20（常温）
合金钢	85	100	120	135	160	200	230	700
高碳钢	80	90	110	120	150	170	220	600
低碳钢	70	80	90	100	105	120	150	400

注：常温时的 σ_{bt} 值,合金钢以 30CrMnSi、高碳钢以 45 号钢、低碳钢以 Q235A 为
代表。

表 9-4　剪切各种金属时 τ_{max}、ε_0、和 a 值

	材料	钢 20			钢丝绳钢			轴承钢			弹簧钢		
热剪时	温度/℃	650	760	970	660	760	980	670	780	1090	700	860	1020
	$a/N·mm·mm^{-3}$	66	47	32	56	44	32	54	49	30	47	44	35
	τ_{max}/MPa	137	88	48	145	91	45	150	96	38	133	74	48
	ε_0	0.65	0.72	1.0	0.55	0.65	1.0	0.45	0.65	1.0	0.5	0.8	1.0

	材　料	16CrNi4	1Cr18Ni9	钢 1025	弹簧钢	轴承钢	钢丝 绳钢	钢 20	铜	锌	硬铝
冷剪时	τ_{max}/MPa	750	470	280	610	540	460	380	160	150	130
	τ_{max}/σ_b	0.65	0.79	0.74	0.61	0.64	0.69	0.70	0.80	0.91	—
	ε_0	0.16	0.40	0.41	0.16	0.33	0.23	0.35	0.42	0.41	0.13
	$a/N·mm·mm^{-3}$	97	124	97	74	150	85	104	57	52	13

注：ε_0—断裂时相对切入深度（$\varepsilon_0=z_0/h$,z_0—断裂时刀片切入深度,h—被切钢坯
断面高度）;a—单位剪切功。

258. 如何确定平刃剪剪切功?

根据剪切功 A 可以近似而方便地计算剪切机功率。剪切功与剪切力和刀片行程有关,当不考虑刀片磨钝等因素时,可按下式计算

$$A = \int P \mathrm{d}z = Fha$$

式中　A——剪切功;

　　　P——剪切力;

　　　z——刀片压入深度;

　　　F——被剪轧件的原始断面面积;

　　　a——单位剪切力,$a = \int \tau \mathrm{d}\varepsilon$,它等于单位剪切阻力曲线 $\tau = f(\varepsilon)$ 下所包围的面积,也就是剪切高度 1mm,断面为 1mm² 试件所需的剪切功。某些材料的单位剪切功见表 9-4。如果所剪材料没有单位剪切功的试验数据,可近似地用下式确定 a 值

$$a = (0.72 \sim 0.96)\sigma_b \delta$$

式中　σ_b、δ——为材料的抗拉强度和伸长率;

　　　ε——相对切入深度,$\varepsilon = z/h$;

　　　h——被剪轧件的最大断面高度。

259. 什么是斜刃剪切机?

斜刃剪切机的两个剪刃互成一定角度,一般为 1°～12°之间,常用的小于 6°。通常上剪刃是斜的,下剪刃是水平的,如图 9-16 所示。

由于刀刃倾斜,剪切时剪刃只接触轧件的一部分,因此,剪切力比剪刃平放时小。但剪刃的行程加大了,同时产生了侧向推力。斜刃剪主要用来剪切钢板(带),又称为钢板剪切机。通常用被剪切轧件的断面尺寸(厚度×宽度)来命名,如 Q11—20×2000 型剪切机(图 9-17),它可冷剪厚度为 20mm,宽度为

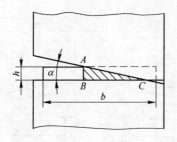

图 9-16 斜刃剪切示意图

2000mm 的钢板。最大剪切力 1000kN，上剪刃的倾斜角宽度为 4°15′，行程次数为 18 次/min，喉口深度为 588mm。

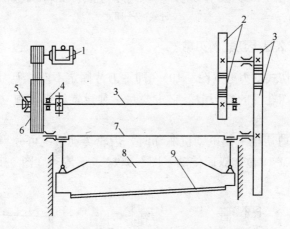

图 9-17 Q11-20×2000 型剪切机传动系统简图
1—电动机；2、3—减速齿轮；4—滚动轴承；5—离合器；
6—皮带轮；7—曲轴；8—上刀台；9—剪刃

根据剪切机机架结构形式，斜刃剪切机可分为开式和闭式两大类，如图 9-18 所示。闭式斜刃剪有两个支架，剪刃放在两个支架中间；开式斜刃剪只有一侧支架，另一侧为悬臂式的。开式机架能清楚地看见操作情况，而闭式机架弹性好。

开式斜刃剪一般为上剪式，而闭式斜刃剪又有上切式和下切式之分。目前已较广泛地使用下剪刃倾斜的下切式斜刃剪。

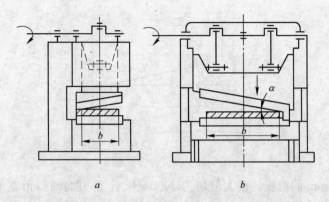

图 9-18　斜刃剪切机类型（根据剪切机机架结构形式分）

a—开式；b—闭式

260. 什么是上切式斜刃剪？

上切式斜刃剪（图 9-19），即下刀片固定不动，上刀片向下运动剪切轧件的斜刃剪。它主要是单独设置或组成独立的剪切机组。

当剪切机采用电动机驱动时，齿轮传动系统可分为单面传动（图 9-19a）、双面传动（图 9-19b）、下传动（图 9-19c）等形式。

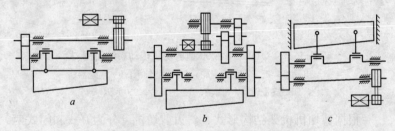

图 9-19　电动机驱动上切式斜刃剪传动系统示意图

a—单面传动；b—双面传动；c—下传动

261. 什么是下切式斜刃剪？

下切式斜刃剪（图 9-20），通常是上刀片固定不动，由下刀片向上运动剪切轧件的斜刃剪。它主要装设在连续作业线上，用来剪切板带的头部、尾部、分卷和剪切掉有缺陷的部分。电动机驱动的下切式斜刃剪（图 9-20a），一般采用偏心轴使下刀台作往复直线运动。液压驱动的下切式斜刃剪（图 9-21b），采用液压缸串联同步，即当下刀台 2 上升时，液压油先进入液压缸 7 的下油腔，而将液压缸 7 上的油腔的油排入液压缸 6 的下油腔，液压缸 6 的上油腔则与油管相连。只要使液压缸 6 下油腔的面积与液压缸 7 上油腔的面积相等，就可实现下刀台两个液压缸同步升降运动的要求。

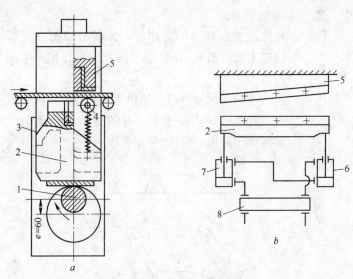

图 9-20　下切式斜刃剪简图

a—电动机驱动；b—液压驱动

1—偏心轴；2—下刀台；3—机架及导槽；4—弹簧压紧辊子；

5—上刀台；6、7—液压缸；8—换向阀

262. 斜刃剪的基本参数有哪些？

斜刃剪的基本参数有：剪切力、剪刃行程、剪刃长度、剪切次数、剪刃倾斜角、剪刃侧向间隙和剪切倾角。

263. 斜刃剪的剪切力由哪三部分组成？

剪切力是剪切机的一个重要参数，它表示该剪切机的最大剪切能力。实际剪切轧件的最大剪切力要小于剪切机的许用剪切力。

图 9-21 为斜刀片剪切机剪切钢板时，钢板变形示意图。

斜刀片剪切机的剪切力 P 由三部分组成

$$P = P_1 + P_2 + P_3$$

式中　P_1——纯剪切力；

　　　P_2——轧件被剪掉部分的弯曲力，即被剪掉部分在剪切时被上刀片沿着 AED 线（图 9-21）作用产生的弯曲力；

　　　P_3——钢板在剪切区域（近似地以 EF 线为界）内的弯曲力，在此区域内由于上刀片的压力使金属形成局部的碗形弯曲。

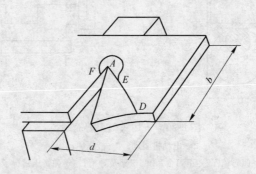

图 9-21　斜刃剪剪切钢板时，钢板变形示意图

在斜刃剪上的剪切过程与平行刀片剪切机主要不同点是，剪切时作用在刀片上的力不是以被剪切钢板全部断面来计算。在稳定剪切时，剪切面积只限于三角形 ABC 内阴影部分（图 9-22）。

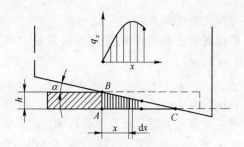

图 9-22 斜刃剪剪切钢板时，轧件
作用在刀片上的力

264. 如何确定斜刃剪的主要结构参数？

（1）剪刃行程 H 的确定。

除考虑平刃剪剪切时的各种因素外，需要考虑由于剪刃的倾斜所引起的行程增加，即 H_i 值（图 9-23）：

$$H = H_P + H_i = H_P + b\tan\alpha$$

式中　　H_P——相当于平刃剪上、下剪刃的开口度；

　　　　H_i——剪刃倾斜引起的行程增加；

　　　　α——剪刃倾斜角；

　　　　b——被剪切板料的最大宽度。

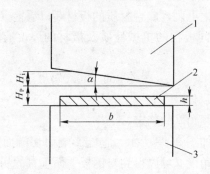

图 9-23 斜刃剪剪刃行程示意图
1—上刀台；2—被剪轧件；3—下刀台

(2) 剪刃长度 L 的确定。

确定剪刃长度时主要考虑被剪切板料的最大宽度，另外余量。一般按下式确定：

$$L = b + (200 \sim 300)$$

(3) 剪刃倾斜角 α 确定。

剪切机剪刃倾角对剪切力质量很有影响，α 角增大会造成板材的弯曲和变形增大，使剪切质量降低，会造成过大的侧向推力，有可能使剪切过程不稳定。但剪切时剪切力减小，设备重量减轻。反之，α 角减小，剪切力增大，设备重量加大、造价增高，也使被剪轧件变形和尺寸不准确性减小，有利于改善剪切质量。目前，一般取 $\alpha = 1° \sim 12°$，当剪切薄板时，α 采用小值，通常选用 $1° \sim 6°$；而当剪切中厚板时，倾角 α 采用大值，通常选 $8° \sim 12°$。

(4) 剪切次数的确定。

斜刃剪的剪切次数可参照平刃剪进行，主要根据剪切机的生产效率确定。

(5) 剪刃侧向间隙 Δ_j 的确定。

Δ_j 的大小是影响被剪轧件质量的重要因素，同时也关系到剪切力的大小及剪刃寿命。Δ_j 太小会使剪切力增加，同时增加了刃口同板边的摩擦，加速了刃口的磨损。Δ_j 太大，会使塑性材质的板材产生毛刺，脆性材质的板材断口粗糙（图 9-24）。

Δ_j 的取值同板材的机械性质及板材的厚度有关，推荐公式如下：

$$\Delta_j = (0.05 \sim 0.07)h$$

式中　h——板材厚度。

(6) 剪切倾角 θ 的确定。

剪切倾角如图 9-25 所示，它能影响剪切端面的平整性和垂直性。合适的角度 θ 可以得到与钢板平面垂直的切面。推荐范围如下：

$$\theta = 2° \sim 4°$$

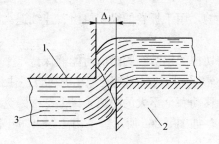

图 9-24　剪刃侧向间隙 Δ_j

Δ_j—剪刃侧向间隙；1—上剪刃；2—下剪刃；

3—被剪轧件

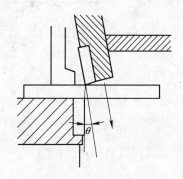

图 9-25　剪切倾角 θ 示意图

265. 什么是圆盘剪?

圆盘式剪切机，通常用旋转的圆盘刀片连续、纵向剪切运动着的板材和带材，有时将板、带材剪成比较窄的带材，或者将它们的边缘剪齐。当用它来切边时，通常还装有碎边机，将边切成小段，便于回收。

圆盘剪按用途可分为两种形式：剪切板边的圆盘剪和剪切带钢的圆盘剪。前者每个圆盘刀片均悬臂地固定在单独的传动轴上，刀片的数目为两对，用于中厚板的精整加工线、板卷的横切机组和连续酸洗等作业线上。后者刀片一般都固定在两根公用的传动轴上（也有少数的圆盘刀片固定在单独的传动轴上），刀片的数目是多对的，用于板卷的纵切机组、连续退火和镀锌等作业线上。

为了使已切掉的钢板在圆盘剪时能够保持水平位置，而切边则向下弯曲，常采用刀盘轴错开（图 9-26a），往往将上刀片轴相对下刀片轴移动一个不大的距离，或上、下刀盘采用不同直径（上小、下大），如图 9-26b 所示。采用压辊来防止钢板进入圆盘剪时上翘（图 9-26）。

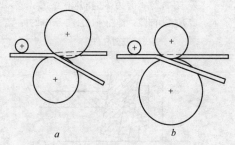

图 9-26　使钢板保持水平位置的方法

a—刀盘轴错开；b—上、下刀盘采用不同直径

266. 两对刀片圆盘式剪切机结构是怎样的？

图 9-27 为两对刀片圆盘剪切机结构示意图。该剪切机用来冷剪厚度为 4～25mm，宽度为 900～2300mm 的钢板侧边。剪切速度为 0.25m/s，主传动电动功率为 138kW，转速为 375r/min。

该剪切机有五套传动机构分别传动刀片旋转（主传动）、调整左右两对刀片的距离（定尺）、调整上下刀片间径向间隙（重叠量）、调整刀片的侧向间隙和调整上下刀片轴的相对位置。

（1）刀片旋转机构（图 9-27）：刀片 1（左右两对，共 4 片）旋转是由主传动电机（138kW，37.5r/min），通过齿轮座和万向连接轴 2 传动的。

（2）刀片间距（定尺）：为了剪切不同宽度的钢板，实现准确、快速的宽度定尺，左右两对刀片的间距（图 9-27 中示出的

2300～900mm）可以调整，它由定尺调整小电动机（5kW、905r/min），通过蜗轮减速机和丝杠移动其中一对刀片的机架来实现。

（3）上、下刀片径向间隙（重叠量）调整机构：由重叠量小的电动机（0.7kW、905r/min），经两对蜗杆蜗轮减速传动偏心套筒 3（其中安装着刀片轴），使上、下两个套筒向相反的方向转动，从而使两圆盘剪刃的轴间距增大或减小，以调整剪刃的重叠量。

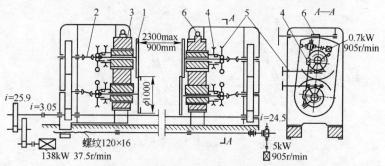

图 9-27　两对刀片圆盘剪结构示意图

1—刀片；2—万向连接轴；3—偏心套筒；4—改变刀片轴间距离的机构；
5—调整刀片侧向间隙的传动机构；6—上刀片轴的偏移机构

（4）刀片的侧向间隙调整机构：该调整是靠手动手轮带动蜗轮传动机构来实现的。当手轮传动蜗轮后，蜗轮沿轴线方向不能移动，因此，与蜗轮用螺纹衔接的偏心套就在蜗轮带动下，做轴向移动。而圆盘剪刃的轴与偏心套是轴向固定的，因此，圆盘剪刃也随着做轴向移动，从而实现了侧向间隙的调整。

（5）刀盘轴心连线倾斜角调整机构：为使上刀片轴相对下刀片轴移动一个不大的距离，是由手轮通过蜗轮传动机构，使装有上刀片轴的机架绕下刀片轴做摆动而实现的。

267. 圆盘式剪切机的剪切力由哪两个分力组成？

作用在圆盘剪一个刀片上的总剪切力 P 由两个分力组成，即

$$P = P_1 + P_2$$

式中　P_1——纯剪切力，其值的确定，原则上同斜刃剪类似；

　　　P_2——钢板被剪掉部分的弯曲力，是由于剪切伴随着钢
　　　　　　板的复杂弯曲而产生的，特别对于较窄的钢板更
　　　　　　为显著，如图 9-28 所示。

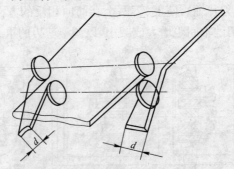

图 9-28　圆盘剪剪切板边示意图

268. 如何确定圆盘剪的主要结构参数？

圆盘式剪切机主要结构参数为圆盘刀片尺寸、侧向间隙和剪
切速度。

（1）刀片尺寸（刀片直径 D 及其厚度 δ）。

圆盘刀片直径 D 主要取决于钢板厚度 h，其最小允许值与刀
片重叠量 S 和最大咬入角 α_1 的关系如下：

$$D = \frac{h + S}{1 - \cos\alpha_1}$$

一般取 $\alpha_1 = 10° \sim 15°$。

当被剪切钢板厚度大于 5mm 时，重叠量 S 为负值，图 9-29
为某厂采用的刀片重叠量 S 与钢板厚度 h 的关系曲线。

圆盘刀片厚度一般取为：

$$\delta = (0.06 \sim 0.1)D$$

表 9-5 为某些圆盘刀片尺寸与被剪切带材厚度的关系。

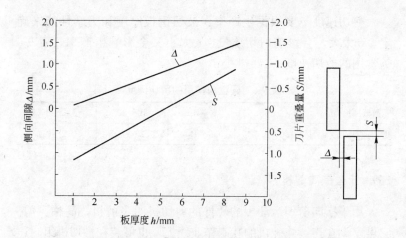

图 9-29　圆盘刀片重叠量 S 和侧向间隙 Δ 与被剪钢板
厚度 h 的关系曲线

表 9-5　圆盘刀片尺寸与被剪切带材厚度的关系（mm）

被剪切带材厚度	圆盘刀片直径	刀片厚度
0.18～0.6	150～170	15
0.6～2.5	250～270	20
2.5～6	440～460	40
6～10	680～700	60
10～25	700～1000	80

（2）刀片的侧向间隙 Δ。

确定侧向间隙时，要考虑被切钢板厚度 h 和强度。Δ 过大，剪切时会出现撕裂现象，而 Δ 过小，又会导致设备超载，刀刃磨损快、切边发亮和毛边过多。

在热剪钢板时：

$$\Delta = (12\% \sim 16\%)h$$

在冷剪钢板时：

$$\Delta = (9\% \sim 11\%)h$$

当 $h < 0.15 \sim 0.25$mm 时，$\Delta = 0$

（3）剪切速度 v。

剪切速度 v 要根据生产率、被切钢板厚度和力学性能来确定。v 太大，会影响剪切质量，v 太小又会影响生产率。表 9-6 为常用的剪切速度。

表 9-6　圆盘剪常用的剪切速度

钢板厚度/mm	2~5	5~10	10~20	20~35
剪切速度/m·s^{-1}	1.0~2.0	0.5~1.0	0.25~0.5	0.2~0.3

269. 什么是飞剪机?

用于横向剪切运动中的轧件的剪切机叫飞剪机，简称飞剪。它可安设在连续式轧机的轧制作业线上，也可装在横切机组、连续镀锌机组和连续镀锡机组等连续作业精整机组上，将轧件切成定尺或仅切头切尾。在某种程度上，飞剪机限制了轧制速度的提高。随着连续式轧机的发展，飞剪机的技术也在不断地提高并得到了愈来愈广泛的应用。飞剪机按用途可分为：切头飞剪机和定尺飞剪机两类。按工作原理和结构形式来分，应用较广泛的有圆盘式飞剪、滚筒式飞剪、曲柄回转杠杆式飞剪和摆式飞剪等。飞剪一般由传动机构、剪切机构、调节剪切长度机构和剪刃侧间隙调整机构等组成。有的飞剪还设置了夹送、校直及切头收集等辅助装置。

270. 对飞剪机有哪些基本要求?

飞剪机的特点是能够剪切运动着的轧件，对它有三个基本要求：

(1) 剪刃在剪切轧件时要随着运动着的轧件一起运动，即剪刃应该同时完成剪切与移动两个动作，且剪刃在轧件运动方向的瞬时分速度 v 应与轧件运动速度 v_0 相等或大 2%~3% 时，即 $v = (1~1.03)v_0$（图 9-30 中 $v = v_1\cos\beta$，β 为咬入角，v_1 为剪刃的圆周速度）。在剪切轧件时，剪刃的 v 如果小于轧件的 v_0，则剪刃将阻碍轧件的运动，会使轧件弯曲，甚至产生轧件缠刀事故。反之，如果 v 比 v_0 大，则在轧件中将产生较大的拉应力，这会影响轧件的剪切质量和增加飞剪机的冲击负荷；

（2）根据产品品种规格的不同和用户要求，在同一台飞剪机上应能剪切多种规格的定尺长度，并使长度尺寸公差与剪切断面质量符合国家的有关规定。

（3）能满足轧机或机组生产率的要求。

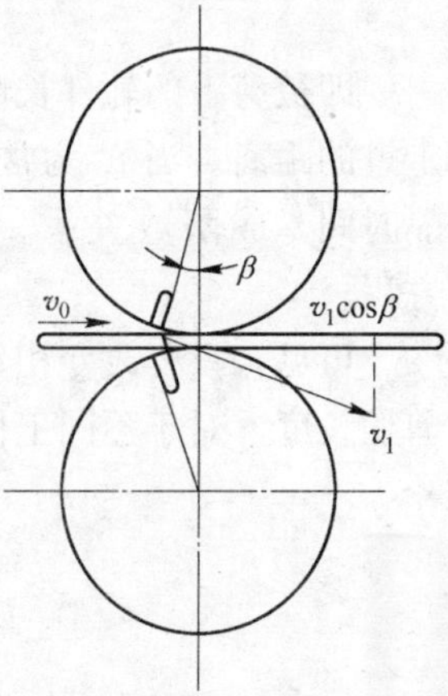

图 9-30　双滚筒式飞剪剪刃速度关系

271. 什么是飞剪机的工作制度？

飞剪机有两种工作制度：启动工作制和连续工作制。

启动工作制是飞剪机剪切一次后，剪刃停止在某一位置上，下次剪切时，飞剪重新启动。采用此种工作制度可以根据需要获得任意长度的定尺。一般在切头飞剪或定尺长度很长而速度较低的定尺轧件的飞剪机上采用此种工作制度。

连续工作制是在轧件速度较高、定尺长度较短、启动工作制不能满足要求的情况下采用。飞剪机主轴（刀片）不停地转动，有目的地控制每次剪切动作，控制方法较多，如改变剪机主轴转速、改变空切系数等。

272. 如何调整飞剪机的定尺长度？

根据工艺要求，飞剪机要将轧件剪切成规定长度，因此要求定尺飞剪机的剪切长度能够调整。

通常用专门的送料辊 1 或最后一架轧机的轧辊将轧件送往飞剪机 2 进行剪切（图 9-31）。如果轧件运动速度 v_0 为常数，而飞剪机每隔 t 秒剪切一次轧件，则被剪下的轧件长度 L 为

$$L = v_0 t = f(t)$$

即被剪下的轧件长度等于在相邻两次剪切间隔时间 t 内轧件走过的距离。当 v_0 为常数时，剪切长度 L 与相邻的两次剪切间隔时间 t 成函数关系。上式就是飞剪机调整定尺长度的基本方程。

可见，只要改变相邻两次剪切间隔时间 t，便可得到不同的剪切长度，对于不同工作制度的飞剪机，改变 t 值的方法不同。

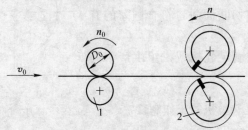

图 9-31　送料辊与飞剪机布置简图
1—送料辊；2—飞剪机

273. 如何调整启动工作制飞剪机的定尺长度?

启动工作制飞剪机用于剪切轧件的头部、尾部和剪切长度较长而速度较低的轧件。飞剪的启、制动是自动进行。当轧件头部作用于装设在飞剪后的光电管或机械开关（图 9-32a）时，飞剪便自动启动。轧件的定尺长度 L 按下式确定：

$$L = L_g + v_0 t_j$$

式中　v_0——轧件运动速度（常数）；

　　　L_g——光电管与飞剪间的距离；

　　　t_j——飞剪由启动到剪切的时间。

在调节定尺长度时，通常不调节 L_g，而是调节 t_j（通过继电器）。当轧件定尺长度较短时，可能出现 L 小于 $v_0 t_j$，此时，光电管就需要放在飞剪的前面（图 9-32b），此时轧件剪切长度 L 为：

$$L = v_0 t_j - L_g$$

显然，只有在两次剪切间隙时间内能保证完成飞剪的启动和制动时，飞剪才能采用启动工作制。

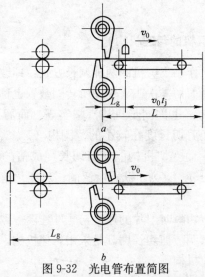

图 9-32 光电管布置简图

a—光电管在飞剪后；b—光电管在飞剪前

274. 如何调整连续工作制飞剪机的定尺长度？

在轧件运动速度较高的情况下，用于剪切定尺长度的飞剪一般都采用连续工作制。

若以 k 表示每剪切一次刀片（或飞剪主轴）所转的圈数，则此时剪下的轧件定尺长度 L 按基本方程可表示为：

$$L = v_0 tk = v_0 \frac{60}{n} k = f\left(\frac{1}{n}, k\right)$$

式中　　v_0——轧件运动速度；

　　　　t——飞剪主轴转一圈的时间；

　　　　n——飞剪主轴或刀片转速；

　　　　k——相邻两次剪切间隙时间内，飞剪机主轴或刀片所转的圈数，称为空切系数或倍尺系数。

可见，当 v_0 一定时，连续工作制飞剪的定尺寸长度 L 取决

于刀片的转速 n 和空切系数 k。因而，可采用两种方法来调节轧件的剪切定尺长度，其一是改变刀片的转速 n，其二是改变空切系数 k。

275. 什么是飞剪机的匀速机构?

根据连续工作制飞剪机的两种调长方式：即改变飞剪机主轴转速 n 和改变每剪切一次飞剪主轴所转圈数（也称空切系数）k。前者靠匀速机构（也称同步机构）来实现，而后者则靠空切机构。匀速机构能剪切长度在较小的范围内（1～2 倍基本定尺长度）无级变化，而空切机构能使剪切长度成倍的变化（2、3、4……基本定尺长度）。为了获得广泛的定尺变化范围，总是二者同时被采取。

为了保证剪切瞬时刀片的速度与轧件速度一致，采用改变刀片转速的方法来调节剪切长度都是采用匀速机构，如双曲柄匀速机构、径向匀速机构等。

匀速机构的特点：

(1) 不剪切时，刀片的转速大于或小于轧件的速度；

(2) 剪切轧件瞬时，刀片速度与轧件的速度一致。

飞剪机匀速机构基本分成两大类：

(1) 飞剪机主轴做不等速运动的匀速机构，如双曲柄匀速机构、椭圆齿轮匀速机构等。当飞剪机主轴做不等速运动时，假设平均转速 n_P 小于基本转速 n_j，则轧件剪切长度 L 大于基本长度 L_j（空切系数 $k=1$）。由图 9-33 可知，虽然 $n_P < n_j$，但在剪切轧件瞬时，飞剪机主轴瞬时转速 n_S 仍然等于基本转速 n_j，即 $n_S = n_j$。此时，既实现了调节轧件剪切长度的要求，又满足剪切瞬时飞剪机刀片水平方向的分速度与轧件运动速度一致的要求。

图中 e 是双曲柄轴与摇杆轴心线之间的偏心距。

(2) 飞剪机主轴做等速运动的匀速机构，如径向匀速机构。径向匀速机构可使飞剪机主轴做等速运动，通过改变刀片轨迹半径，使 R 在 $R_{min} \sim R_{max}$ 范围内变化（图 9-34）来改变刀片的速度，以保证剪切时刀片水平方向的分速度与轧件运动相一致。假设，为了减小定尺长度，就要增大飞剪机主轴转速，而要相应地减小刀片轨迹半径 R。

这两类匀速机构，前者由于刀刃速度不均匀，因而引起较大的动力矩；剪切短定尺时，要求飞剪剧烈地加、减速也很困难。而后者的动力特性较好，但是，径向匀速机的结构较复杂。

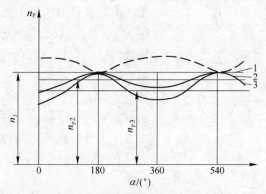

图 9-33　飞剪机主轴转速与其转角的关系

1—当 $n_P = n_j$（$e=0$）时；2、3—当 $n_P < n_j$（$e>0$）时；

虚线—剪切在最小瞬时转速下进行

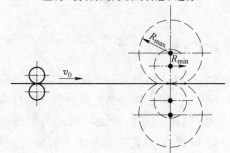

图 9-34　径向匀速机构刀片轨迹变化示意图

276. 什么是飞剪机的空切机构？

为了调整连续工作制飞剪机的定尺长度，其方法之一就是改变空切系数 k。用来改变空切系数的机构称为空切机构。空切机构的形式很多，但从方法上看基本上是两种：

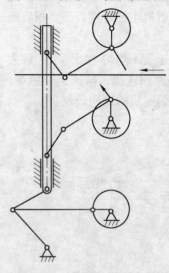

图 9-35 飞剪机处于空切状态

（1）改变飞剪机上、下两刀片角速度的比值，即在刀片运动不变的情况下，改变上、下两刀片相遇的次数实现空切来调节定尺长度。例如在滚筒式飞剪机上，改变上、下两滚筒直径的比值。当 D_1/D_2 分别为 1、1/2、1/3、1/4……时，小滚筒每转一次剪切一次，每转两次剪切一次……。由此，可以得到一系列的 k 值：$k=1$、2、3、4……。但实际上，上、下滚筒直径相差不能太大。另外，还可通过改变滚筒上刀片的数目也同样可得到不同的 k 值。

（2）改变刀片运动轨迹（不改变两刀片角速度），使上、下两刀片不是每转都相遇以实现空切来调节定尺长度。例如在曲柄回转杠杆式飞剪机上，当空切机构投入工作后，刀片处于空切状态（见图 9-35）。

277. 什么是圆盘式飞剪机？

圆盘式飞剪常用在小型和线材车间，它可以剪切运动速度达 10m/s 以上的轧件。一般安装在精轧机前剪切轧件头部或安装在冷床前将轧件切成倍尺。图 9-36 为线材车间的圆盘式切头飞剪结构简图。该车间采用五槽轧制，故此飞剪装有五对圆盘刀片。上、下刀盘的重叠量为 1～3mm，刀盘间侧间隙为 0.2～0.4mm，刀盘是由电动机 1 经减速箱 2 和齿轮 3 传动的。此飞剪采用连续工作制。

飞剪由两个圆盘形剪刀成组装配使用，圆盘的轴线与轧件运动方向成一个角度，如图 9-37 所示（$\beta=50°$），使刀盘圆周速度在轧件运动方向上的分速度与轧件运动速度相等或稍大，这也是圆盘式飞剪能横向剪切运动着的轧件的工作原理。

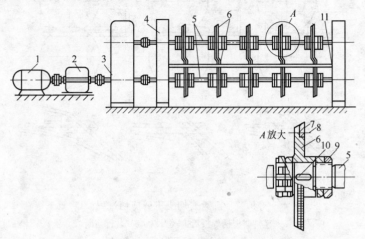

图 9-36　圆盘式切头飞剪结构简图

1—电动机；2—减速箱；3—齿轮；4—机架；5—刀盘轴；6—刀盘；

7—圆盘刀片；8—螺栓；9—调节螺母；10—键；11—定向导板

　　轧件进入圆盘刀片是通过诱导极 3 自动实现的。当运动着的轧件头部穿过上、下刀盘重叠部分的外侧碰到诱导极后，就沿着诱导极一边前进一边进入圆盘刀片重叠部分进行切头。经切头后的轧件，在刀盘的带动下滑入出口喇叭口 5，送往精轧机。诱导极 3 安装在定向导板 1 上，控制着切头长度。

　　圆盘式飞剪的结构简单、工作可靠，安装和使用方便。其缺点是轧件的剪切断面是倾斜的，但对于切头或在冷床前粗剪轧件影响不大。

278. 什么是滚筒式飞剪机？

　　滚筒式飞剪机应用较广，常装在连轧机组或横切机组上，用来剪切厚度小于 12mm 的钢板或小型型钢，可剪切运动速度达 15m/s 以上的轧件。用于切头时，采用启动工作制；用于定尺剪

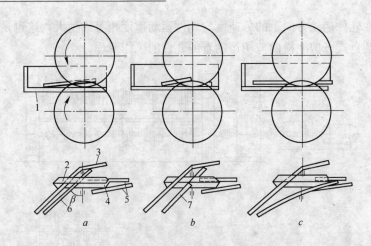

图 9-37 圆盘式切头飞剪剪切过程

a—轧件碰撞诱导板后进入刀口；b—轧件切断；

c—轧件进入出口喇叭口送往精轧机

1—定向导板；2—上刀盘；3—诱导板；4—下刀盘；5—出口喇叭口；

6—切头前的轧件；7—切头后的轧件

时，一般采用连续工作制。由于其刀片做简单的圆周运动（图 9-30），所以在剪切区刀片不是做平行移动的，在剪切厚轧件时轧件断面不平整。

图 9-38 为滚筒式飞剪机。在小型车间的滚筒式飞剪上，由于轧件宽度不大，一般将刀片装在杠杆上（图 9-38b），该飞剪也称为回转式飞剪机。

279. 什么是曲柄回转杠杆式（曲柄连杆式）飞剪机？

用飞剪机剪切厚度较大的板带或钢坯时，为了保证剪后轧件剪切断面的平整，往往采用刀片做平移运动的飞剪机，曲柄回转杠杆式飞剪机就是此类飞剪机的一种。它装在连续式热带钢精轧机组前面用于切头飞剪机时，这种飞剪机只有剪切机构，采用启动工作制；装在板带材横切剪机组里用于定尺飞剪机时，此种飞剪机为连续工作制，有较大的定尺范围，所以要求除了剪切机构

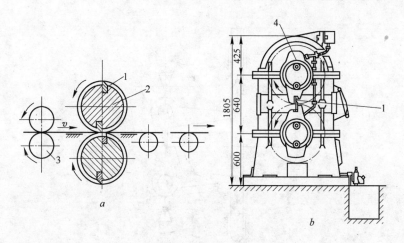

图 9-38　滚筒式飞剪机

a—刀片装在滚筒上；b—刀片装在杠杆上

1—刀片；2—滚筒；3—送料辊；4—杠杆

外，还有空切机构和均速机构。

图 9-39 为曲柄回转杠杆式飞剪结构示意图。飞剪的剪切机构是由刀架、偏心套筒和摆杆组成的四连杆机构。刀架 1 作成杠杆形状，其一端固定在偏心套筒上，另一端则与摆杆 2 相连。当偏心套筒（曲柄）转动时，刀架在剪切区域内做近似平移运动，固定在刀架 1 上的刀片能垂直或近似垂直于轧件，所以剪切断面比较平整。

当做切头飞剪时（即启动工作制时），摆杆是铰接在固定架体上；当曲柄轴做相遇运动时，刀片相遇进行剪切。而做定尺飞剪时（即连续工作制时），摆杆 2 的摆动支点则铰接在可升降的立柱 3 上，立柱可由曲柄主轴同步齿轮（图中未画出）经小曲柄轴、连杆、曲折杆 4 带动升降。升降杆下降，两剪刃不相遇，实现空切（图 9-39）。

在剪切钢板时可以采用斜刀刃，以减少剪切力。这种飞剪的优点是可以很好地剪切厚度较大的钢板；缺点是结构复杂，动力特性不好。

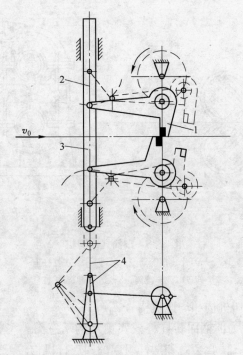

图 9-39 曲柄回转杠杆式飞剪结构示意图

1—刀架；2—摆杆；3—可升降的立柱；4—空切机构的曲折杆

280. 什么是曲柄偏心式飞剪机？

曲柄偏心式飞剪也是刀片在剪切区做平稳运动飞剪机的一种，如图 9-40 所示。这种飞剪机装设在连续钢坯轧机后面，用来剪切方钢坯。双臂曲柄轴 9（BCD）铰链在偏心轴 12 的镗孔中，并有一定的偏心距 e。双臂曲柄轴还通过连杆 6（AB）与导架 10 相铰接。当导架旋转时，双臂曲柄轴以相同的角速度随之一起旋转。刀片 15 固定在刀架 8 上，刀架的另一端与摆杆 7 铰接，摆杆则铰接在机架上。通过双臂曲柄轴、刀架和摆杆可使刀片在剪切区做近似于平移运动，以获得平整的剪切断面。

通过改变偏心轴与双臂曲柄轴（也可以说是导架）的角速度比值，可改变刀片轨迹半径，以调整轧件的定尺长度。

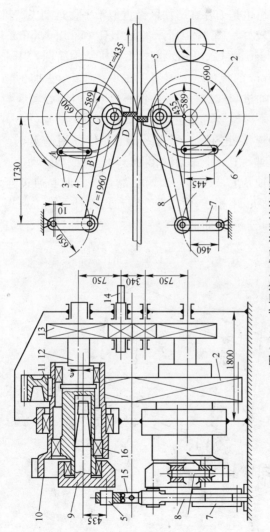

图 9-40 曲柄偏心式飞剪机结构简图

1—小齿轮；2、11—传动导架的齿轮；3、4—铰链；5—双臂曲柄轴的曲柄头；6—连杆；7—摆杆；8—刀架；9—双臂曲柄轴；10—导架；12—偏心轴；13、14—传动偏心轴的齿轮；15—刀片；16—滚动轴承

281. 什么是摆式飞剪机?

摆式飞剪机也是刀片在剪切区做近似于平移运动飞剪机的一种，剪切质量较好，图 9-41 所示的是 IHI (Ishikawajima-Harima-Heavy Industries Co. Ltd) 摆式飞剪机结构简图，用来剪切厚度小于 6.4mm 的板带。上刀架 1 在"点 2"与主曲柄轴 8 铰接。下刀架 2 通过套式连杆 4、外偏心套 6、内偏心套 5 与主曲柄轴 8 相连。下刀架 2 可以在上刀架 1 的滑槽中滑动。上、下刀架与主曲柄轴连接处的偏心距为 e_1，偏心位置相差 180°。当主曲柄轴 8 转动时，上、下刀架做相对运动，完成剪切动作。

在主曲柄轴 8 上，还有一个偏心距 e_2。此偏心通过连杆 12 与摇杆 10 的轴头 11 相连，而摇杆 9 则通过连杆 3 在"点 1"与上刀架相连。因此，当主曲柄轴 8 转动时，通过连杆 12、摇杆 10、

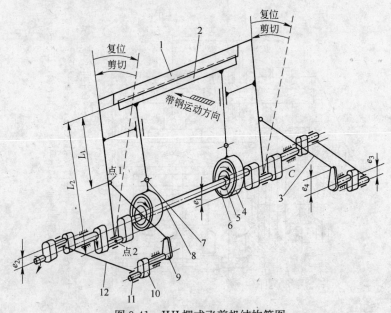

图 9-41　IHI 摆式飞剪机结构简图

1—上刀架；2—下刀架；3—连杆；4—套式连杆；5—内偏心套；6—外偏心套；
7—销轴；8—主曲柄轴；9、10—摇杆；11—摇杆轴头；12—连杆

9 和连杆 3 上、下刀架做往复摆动。由于上、下刀架除能上、下运动外还可进行摆动，故能剪切运动中的轧件。

282. 什么是曲柄摇杆式飞剪机（施罗曼飞剪机)？

曲柄摇杆式飞剪机也称施罗曼飞剪机，用来剪切冷轧板带。图 9-42、图 9-43 为曲柄摇杆式飞剪机剪切机的结构简图、机构

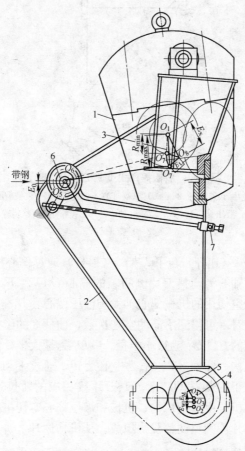

图 9-42　曲柄摇杆式飞剪机剪切机的结构简图
1—上刀架（连杆）；2—下刀架（摇杆）；3—曲柄；4—机械偏心轴；
5—液压偏心套；6—偏心枢轴；7—刀片侧间隙调整装置

原理图。

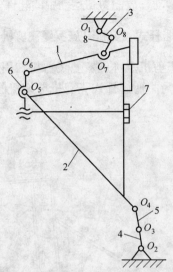

图 9-43 曲柄摇杆式飞剪机机构原理图

1—上刀架(连杆)；2—下刀架(摇杆)；3—曲柄；4—机械偏心轴；

5—液压偏心套；6—偏心枢轴；7—刀片侧间隙调整装置；

8—柱盘偏心

上刀架 1（连杆）与下刀架 2（摇杆）通过偏心枢轴 6 相铰链，偏心枢轴 6 为调整刀片侧间隙的偏心 O_5O_6。下刀架的摆动中心处装有空切用的机械偏心轴 4 和液压偏心套 5，当改变 4、5 的偏心位置时，可得到不同的空切次数。曲柄 3 的半径通过柱盘偏心是可调的，O_1O_7' 为最小半径，O_1O_7 为最大半径，构成一个径向匀速机构。曲柄 3 以 O_1 为中心旋转，通过上刀架 1、偏心枢轴 6 带动下刀架摆动。上、下刀片按相应的轨迹运行进行剪切。此飞剪机是由剪切机构、机械和液压偏心空切机构、径向匀速机构及刀片侧间隙调整机构组成。从机构原理上讲，它是一个八杆件曲柄摇杆机构。

由于该飞剪机工作时总能量波动较小，故可在大于 5m/s 的速度下工作。

10 锯切机械

283. 什么是锯切机械?

轧制后的钢坯或成品,必须切除头、尾、缺陷或切成定尺长度。成品轧件主要的切断方式为剪切和锯切。一般说来,在要求切断的断面平直整齐,端部不允许变形等情况下,广泛使用锯切机械。

根据工作方式和结构形式,锯切机械可以分成两类:(1)锯机。锯机用于(停放着的)轧件单根或整束的切头、切尾或定尺长度;(2)飞锯机。飞锯机用于将运行中的轧件切头、切尾或切成定尺长度。

根据所锯切轧件温度的不同,将锯切常温轧件的锯机、飞锯机称为冷锯机、冷飞锯机;将锯切高温轧件的锯机、飞锯机称为热锯机、热飞锯机。

284. 什么是热锯机?

在轧钢车间里用得最多的锯切机械就是热锯机,它被广泛用在高温下锯切异型断面轧件。热锯机一般装设在轧机后面的生产线上。在很多情况下,整个轧钢车间的生产量常因热锯机生产能力的限制而受到影响。锯切后的钢材断面仍能保持平面而没有剪切时产生的压扁和断面不规整等缺陷。因此,锯切比剪切的断面质量高。但用锯切则金属损耗较大、锯片消耗大、锯屑难处理且产生锯屑火花和噪声,操作环境不好。

285. 热锯机由哪三个机构组成?

锯机的主要机构有三部分:

（1）锯片传动机构（锯切机构）：常用的方法有两种，电动机直接传动或用三角皮带间接传动。两种传动方式比较见表10-1。

表 10-1　锯片传动方式比较

传动方式	优　点	缺　点	适用范围
电动机直接传动	结构简单，工作可靠，传动效率高	电动机受轧件高温影响，必须加设水冷保护罩	大型锯机锯片直径大于ϕ1500mm
三角皮带传动（间接传动）	锯盘放在锯机前部，电机在后部，上滑台受载均匀，台面宽度小　电动机不受轧件高温影响　锯片直径和圆周速度不受电机转数的限制，可通过传动速比达到要求	皮带根数多，松紧不同，传动效率低　三角皮带消耗大　三角皮带若置于锯片轴两轴承座中间时更换不便	中小型锯机锯片直径≤ϕ1500mm

（2）锯片送进机构：一般采用被切轧件不动，锯片向轧件进给。

（3）调整定尺的锯机横移机构：一般采用电动机或液压缸（短行程）驱动，使锯机在轨道上沿轧件轴向移动，改变锯机与轧机之间的距离。

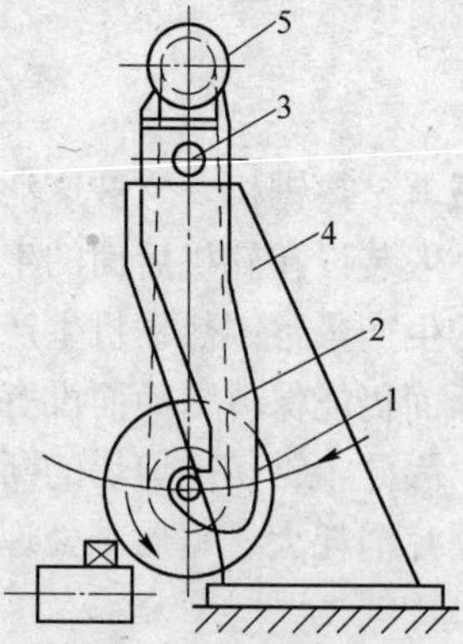

图 10-1　摆式热锯机简图
1—锯盘；2—摆杆；3—摆杆的摆动轴；4—机架；5—电动机

286. 热锯机有哪几种主要类型?

根据锯片的送进方式，热锯机主要有以下几种类型：

（1）摆式热锯机（图 10-1）。这种锯占地面积小，但因为是摆动进锯，故锯行程有限，且刚度差、振动大，现在已不再制造。

（2）气动送料固定锯。这种早期的固定锯目前仍有使用，它只有锯切机构，锯片不能送进，借助气动拨爪将轧件拨向锯片实现锯切。

（3）杠杆式热锯机（图 10-2）。具有间接传动的锯切机构和杠杆摆动的送进机构（可手动，也可电动或液动）。用于锯切小型钢材和取样。

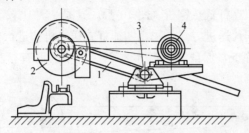

图 10-2　杠杆式热锯机简图

1—摆动框架；2—锯片；3—摆动轴；4—电动机

（4）滑座式热锯机（图 10-3）。它具有完善的三部分传动系统，即直接传动的锯切机构、齿轮 6、齿条 5 传动的装有锯片 7 的上滑台 4，可沿装于下滑座 3 上的滑动导轨或滚轮向轨道方向移动送进机构和横移机构（图中未示出）。

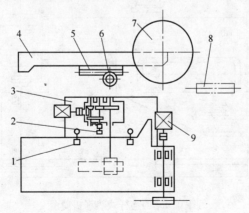

图 10-3　滑座式热锯机简图

1—行程开关；2—行程控制器；3—下滑座；4—上滑台；

5—齿条；6—送进齿轮；7—锯片；

8—辊道；9—锯片电动机

该锯与摆式锯、杠杆式锯比较，滑座式锯锯片横向振动小、高效率、行程大而工艺性能好，并且结构比较完善，得到广泛使用。

（5）四连杆式热锯机（图10-4）。这是一种比较新式的锯切机。它的锯片送进方式是采用四连杆式送进机构进行的。由于送进机构的特点，保证锯片基本水平送进，因而有行程大、摩擦

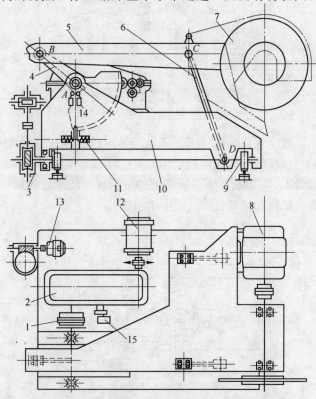

图 10-4　四连杆式热锯机简图

1—安全联轴器；2—送进减速机；3—横移减速机；4—曲柄；

5—锯架；6—摇杆；7—锯片；8—锯片电动机；9—行走轮；

10—锯座；11—缓冲器；12—送进电动机；13—横移电动机；

14—行程开关；15—行程控制器

小、平稳可靠的优点，它是一个值得推荐的锯切机类型。

287. 什么是滑座式热锯机？

早期的热锯机是固定的，既无横移机构也无送进机构，锯切时使用气动装置（小车或拨爪）将轧件送往锯片。在送进轧件过程中常将轧件推弯，从而使锯切后的切口断面和轧件轴线不垂直，影响产品质量。所以，固定式热锯机逐渐被可自动送进（有送进机构）的移动式热锯机所取代。

因轧钢车间产量的日益提高及轧制产品断面的不断加大，一种工作行程较长且生产率较高的滑座式热锯机得到了广泛应用。图 10-5 为 ϕ1500 滑座式滚轮送进热锯机的结构图。近代的滑座式锯机都以滚轮代替滑轨送进。

该锯机具有行程大、生产效率高、工艺性能好且锯片横向振动小等优点，但其结构复杂，设备重量较大，维修工作量大。

锯切机构是由锯切（片）电动机 12 直接带动锯片 9 传动锯切组成的。锯切机构被固定在上滑台 1 上。在电动机周围装有水箱保护以防止热辐射。

送进机构是由送进电动机 2 经减速机 4、送进齿轮 19 和送进齿条 20 组成的，且其使齿条 20 实现往复运动来实现送进运动。送进机构设置在下滑座 6 上。为了使上滑台 1 在下滑座 6 上滚动，在下滑座上装有三对支撑辊 17、22，支撑辊辊轴 23 的两端做成方形，并装配在下滑座 6 的方槽中。在上滑台的底面装有滑板 18、21，通过它们使整个上滑台被支承在下滑座的六个滚轮上。靠近锯片一侧的三个滚轮呈 120°的 V 形槽状，与其接触的滑板 18 也作成 120°的 V 形，以保证上滑台的直线送进。而另一侧的三个滚轮则做成一般圆柱形，便于制造、安装和调整。为使送进时上滑台运行平稳，故在上滑台内装有四对上压辊 16，它通过上滑板 15，压在上滑台内侧，上压辊不能将上滑台压得太紧。送进机构的电动机一般采用直流他激电动机，可自动调整

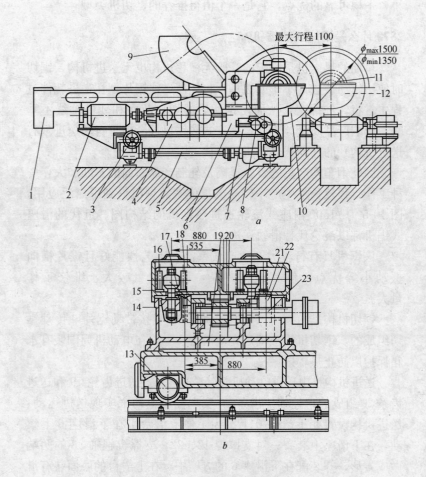

图 10-5 ϕ1500 滑座式热锯机

1—上滑台；2—送进电动机；3—夹轨器；4—送进减速机；5—行走轮轴；

6—下滑座；7—横移减速机；8—横移电动机；9—锯片；10—锯片；

11—水箱；12—锯片电动机（在锯片后面）；13—被动行走轮；

14—压辊轴；15—上滑板；16—上压辊；17—V形支撑辊；

18—V形滑板；19—送进齿轮；20—送进齿条；21—平滑板；

22—平支撑辊；23—支撑辊辊轴

送进速度，保持锯切过程平稳并防止锯片电动机过载。

当被锯切钢材的定尺长度改变时，锯机需要做横向移动。该锯机采用了齿轮式横移机构。它是通过横移电动机 8 经齿轮、横移减速机 7、圆锥齿轮，行走轮轴 5 两端的两个主动车轮，在另一侧有两个被动行走轮 13，共同使热锯机在轨道上横移。为使横移时行走平稳，前面（靠近轧件）的两个车轮具有凸缘，后面的两个车轮为平轮。

288. 什么是四连杆式热锯机？

四连杆式热锯机是一种新型热锯机。它得名于其锯片送进方式是采用了四连杆机构（见图 10-4）。锯片是由电动机 8 直接传动的，它们固定在锯架 5 的端部。电动机外面装有水帘降温。锯片轴的轴承采用稀油循环润滑，且轴承座通水冷却。送进机构的电动机 12 装在锯座 10 上，经减速机 2、安全联轴器 1 带动曲柄 4 摆动，从而带动锯架 5 前后移动，实现送进运动。合理地选择曲柄和摇杆尺寸，可以保证锯片基本上是水平移动。因而它具有行程大、摩擦小、工作平稳可靠等优点，而且它的设备重量也比滑座式热锯机轻。

锯机沿轨道的横移是由横移电动机 13，经二级蜗轮蜗杆横移减速机 3 带动行走轮 9 在轨道上滚动实现的。

289. 锯片轴是如何装配的？

图 10-6 为锯片轴装配图。锯片轴 7 的两端采用双列向心球面滚动轴承 6。锯片端采用两个轴承，中间用隔环 4、5 隔开。靠电动机一端的轴承设计成可以游动的，以适应锯片轴受高温后的热膨胀。

为了便于更换锯片，锯片 2 用内夹盘 3、外夹盘 1 装于轴的悬臂端。夹盘的作用是使锯片对准中心，保证锯片的平直，消除锯片的轴向振摆，并使锯片与锯片轴牢固连接。

轴承采用稀油润滑，由高速旋转的甩油环 11 与不动的端盖

8 组成密封。

由于锯片转速很高，对锯片平面不平度要求不大于 0.7/1000mm，径向跳动不大于 0.2mm，锯片偏摆不大于 1.9mm。

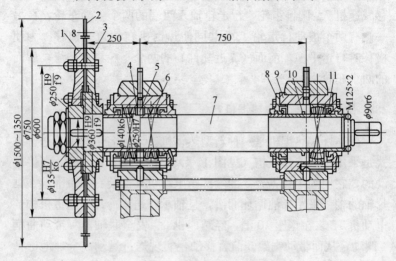

图 10-6　锯片轴装配图

1—外夹盘；2—锯片；3—内夹盘；4、5—间隔环；6—滚动轴承；
7—锯片轴；8—端盖；9—轴套；10—油环；11—甩油环

290. 快速更换锯片夹持机构的原理是什么?

为了缩短锯片更换时间，锯片的夹持方法有所改进，出现了具有快速换片作用的锯片夹持机构，如图 10-7 所示。

锯片 1 夹持在内夹盘 2 和外夹盘 6 中，由双螺母、弹簧压板 10、弹簧 9、外压板 8 和带凸块压板 7 压紧。换锯片时，只需手动液压泵，经三个液压缸 5，推动托盘 4 和推杆螺栓 3，使外压板 8 和带凸块压板 7 与外夹盘 6 分离，出现间隙，然后再旋转方向转动压板至另一极限位置，这时压板 7 的凸块和夹盘 6 的凹槽正好相对，即可取下外夹盘和锯片。上片是下片的逆过程。这样在不卸螺栓、轴向压板 8、10 的情况下，只利用弹簧 9 的压缩和外夹盘 6 与压板 7 的凹、凸结构来快速完成锯片的上、下过程。

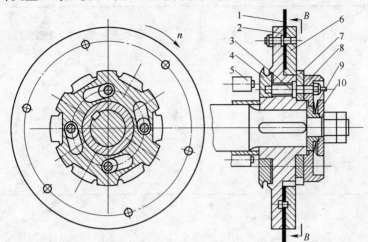

图 10-7 快速更换锯片的锯片夹持机构

1—锯片；2—内夹盘；3—推杆螺栓；4—托盘；5—液压缸；6—外夹盘；

7—带凸块压板；8—外压板；9—弹簧；10—弹簧压板

291. 热锯机有哪些基本参数?

热锯机的基本参数（表 10-2）可分为两大类：结构参数和工艺参数两大类。

表 10-2 热锯机的基本参数（JB 2094—1977）

锯片直径 D/mm		锯片中心至辊道面的距离 H/mm	锯片厚度 δ/mm	锯片最大行程 L/mm	锯片夹盘最大直径 D_1/mm	被切金属	
公称直径	重磨后的最小直径					高度 h/mm	宽度 b/mm
900	820	380	6	600	500	120	350
1200	1080	520	6～8	800	570	160	560
1500	1350	625	6～8	1000	750	200	600
1800	1620	760	8～10	1400	900	260	730
2000	1800	850	8～10	1500	900	350	730

安装孔径 d/mm	螺栓孔分布直径 D_2/mm	螺栓孔径 D_1/mm	锯片圆周速度 /mm·s^{-1}	进锯速度 /mm·s^{-1}	退锯速度 /mm·s^{-1}
300	400	27			
300	400	27			
360	600	27	90~120	20~300	300
400	600	38			
400	600	38			

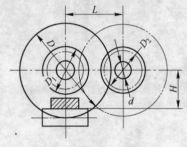

图 10-8　热锯机的结构参数

（1）结构参数（图 10-8），包括锯片直径 D、锯片厚度 δ、夹盘直径 D_1、锯轴高度 H、锯片最大行径 L 以及锯齿形状等。

（2）工艺参数，包括锯片圆周速度 v、进锯速度（也称进给速度、送进速度）u、锯机生产率（每秒钟锯切断面面积）f 等。

292. 如何确定锯片的尺寸？

锯片直径 D 是热锯机最主要的结构参数，常以锯片 D 作为热锯机的主要系列标称，如 $\phi1500$mm，$\phi1800$mm、……热锯机。

D 的大小取决于被锯切轧件的断面尺寸。要保证锯切最大高度的轧件时，锯轴、上滑台和夹盘能在轧件上面自由通过（见图 10-8）。同时，为使被锯切断面能被完全锯断，锯片下缘应比辊道表面最少低 40~80mm（新锯片可达 100~150mm）。

初选锯片直径 D 时，可按以下经验公式确定：

对于边长为 A 的方钢：　　　　　$D=10A+300$

对于直径为 d 的圆钢：$\qquad D=8d+300$

对于对角线长度为 B 的角钢：$D=3B+350$

对于钢材宽度为 C 的槽钢、工字钢：

$$D=C+400$$

锯片直径最终值，还要取得与标准相一致。

锯片直径的允许重磨量为 5%～10%。

锯片厚度 δ 根据所需锯片直径 D，可按下式确定：

$$\delta=(0.18\sim0.20)\sqrt{D}$$

这里要提的是：δ 过大，将增加锯切功率损耗和被切轧件的金属损耗；δ 过小将会降低锯片的强度和刚度。

293. 如何确定热锯机的夹盘直径？

夹盘是用来将锯片夹紧装在锯轴上的。当锯片直径 D 一定时，夹盘直径 D_1 就可按以下经验公式确定：

$$D_1=(0.35\sim0.50)D$$

要注意：当 D 一定时，D_1 过大，锯片能锯切的轧件最大高度减小；D_1 过小，则锯切时锯片变形和轴向振动加大，导致锯片寿命降低。

294. 如何确定锯轴高度？

锯轴高度 H 为锯轴轴心（锯片中心）到辊道上表面的高度（见图 10-8）。当锯片直径 D 一定时，一般可按以下经验公式确定：

$$H=\frac{D}{2}-(45\sim120)$$

要注意：H 不能过小，否则会在热锯机送进锯切时，将被切件推开而不能进行锯切；同时，当 D 一定时，H 又不能过大，否则无法保证重磨后的锯片最小直径下缘应低于辊道上表面的要求。

295. 如何确定锯片行程？

锯片行程 L 由被切轧件的最大宽度和并排锯切的最多根数

而定。热锯机的送进机构应保证具有大于 L 的行程。

296. 如何确定锯齿形状?

热锯机锯齿常用的齿形有狼牙形（图 10-9a）、鼠牙形（图 10-9b）和等腰三角形（图 10-9c）三种。齿形的主要参数为：齿前角 γ、齿距 t'、齿后角 γ'、齿顶角 θ、齿高 h 和齿根圆角半径 r 等。

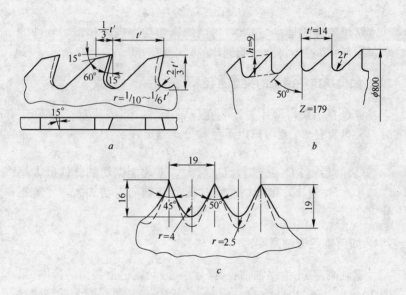

图 10-9 热锯机锯齿常用的齿形
a—狼牙形；b—鼠牙形；c—等腰三角形

合理的锯齿形状应能满足下列要求：锯切强度好、锯切能耗少、使用寿命长、噪声低、制造和重磨成本低。为了比较上述三种齿形的使用性能和开发新齿形，近年来经系统的理论研究和工业性实验，得出以下结论：

（1）当 $t'=h$ 时，鼠牙形齿形具有较好的切削性能、锯切能耗小、锯切力小、制造和修齿比较方便，噪声较低，使用寿命长。

（2）当 $t'=h$ 时，狼牙形齿形制造和修齿比较困难，难以保证所设计的齿形。

（3）当 $t'=h$ 时，等腰三角形齿形的齿根强度较好，制造和修齿比较方便，切削很少在齿尖处形成屑瘤。但锯切能耗大、噪声也最大，齿尖强度较鼠牙齿下降40%，易折齿。

（4）齿前角 $\gamma=0°$ 的鼠牙形最好，其次为 $\gamma=-10°$ 的鼠牙形齿形和齿高 $h\approx t'/3$ 的狼牙形齿形。

（5）新型的弧背齿、双尖齿及带侧隙的鼠牙齿，具有较好的力学性能和使用性能，这些新型锯片可以转为产品。

297. 锯片采用何种材料及热处理方法？

锯片常采用 65Mn 制成。锯片整体热处理后板面硬度为 HRC＝29～37。锯齿齿尖一般采用高频感应加热或接触电加热法进行淬火，齿尖硬度 HRC＝56～63。

热锯机切削时采用高压水强力冷却来提高锯齿和锯片的寿命。因为锯切时，切削和摩擦产生大量热量，同时切削的还是高温轧件，这将导致锯片迅速升温，故必须强冷防止齿尖退火，其次要清除粘附在齿尖或齿槽中的切屑。

298. 如何确定锯片圆周速度？

为了提高锯切生产率 f 就必然要求高的进锯速度 u，而提高锯片圆周速度 v 可为此提供条件。但是，随着 v 的增加，由于离心力而引起的径向拉应力也将增加，从而降低了锯齿所能承受的锯切能力。因而，一般锯片圆周速度 v 确定在 100～120m/s 以下，最大不能超过 140m/s。

299. 如何确定锯片进锯速度？

进锯速度 u 也称进给速度或送进速度。u 值应随被切件断面的大小相应调整，一般取 $u＝30～300$mm/s。此外，u 也要和锯片圆周速度 v 相适应。因为如果 v 过低而 u 过高，切削厚度增加，锯切阻力将增加；相反，如果 v 过高而 u 过低，切削厚度太薄，锯屑容易崩碎成粉末，将使锯齿尤其是齿尖部分迅速磨损，这两种情况都会影响锯齿寿命。因此，u 取值应遵循：轧件断面大时 u 取小值，反之取大值，v 小时 u 取小值，v 大时 u 取大值。同时要求进锯速度具有空切快进、快速返回和随锯切负荷变化而自动调节的能力。

300. 如何确定锯机生产率？

锯机生产率 f 是热锯机的一项主要工业参数，用每秒所锯切的轧件断面面积 S 表示：

$$f = \frac{S}{t}$$

式中　t——锯切断面面积为 S 所用的时间，s。

f 不仅关系到热锯机的生产率和锯切质量，而且也是计算热锯机锯切力和锯切功率的主要参数。

一般所采用的 f 值如表 10-3 所示。

表 10-3　锯片直径 $D = 1350 \sim 1800mm$ 锯机生产率 f

被锯切金属	锯切温度/℃	$f/mm^2 \cdot s^{-1}$
钢($w(C) = 0.1\% \sim 0.2\%$)	$750 \sim 900$	$2000 \sim 3000$
钢($w(C) = 0.1\% \sim 0.2\%$)	$900 \sim 1000$	$3000 \sim 4000$
钢($w(C) = 0.1\% \sim 0.2\%$)	$1000 \sim 1100$	$4000 \sim 6000$
硬铝(Д16)	300	$8000 \sim 12000$

301. 什么是冷锯机？

锯切常温轧件的锯机称为冷锯机。

为了提高锯切断面的质量和定尺精度，现代大型和中型型钢轧钢厂，逐渐用冷锯机代替热锯机，进行轧件的切头、切尾和定尺锯切。例如，圆盘式高速金属冷锯机。它的锯片圆周速度 $v \leqslant$ 130m/s，进给速度 $u \leqslant 200 \sim 300mm/s$，与圆盘式金属热锯机相似，比机械厂用于下料的圆盘式金属冷锯机的圆周速度（$v \leqslant$ 10m/s）要大得多。

302. 什么是飞锯机？

飞锯机主要用来装设在连续焊接机组后面，将正在运行的焊管切成定尺长度。飞锯机有三个机构，即锯切机构、同步机构、定尺机构。根据同步机构的形式来分，飞锯机有两大类：（1）具有直线往复运动同步机构的飞剪机；（2）具有回转运动同步机构的飞剪机，如行星轮系回转式飞锯机（图 10-10）、卧式四连杆回转式飞锯机（图 10-11）。

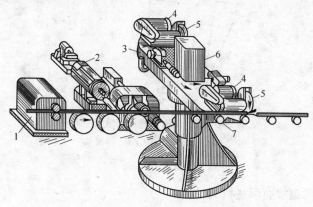

图 10-10　具有行星轮系式回转机构的飞锯机

1—测速装置；2—回转机构电动机；3—回转台；4—锯片电动机；

5—锯片；6—电源滑环装置；7—叉形装置

303. 对飞锯机基本的工艺要求是什么？

对飞锯机基本的工艺要求是：

（1）飞锯机必须和运行着的钢管同步，即在锯切过程中，锯片既要绕锯轴转动，又要与钢管以相同的速度移动；

（2）根据用户要求，应能锯切不同的定尺；

（3）要保证锯切切口断面平整、不弯曲且垂直于钢管轴线。

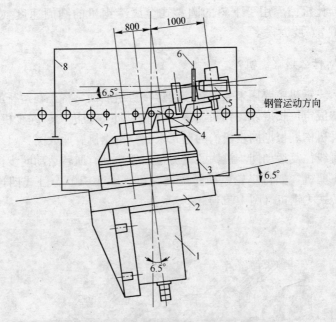

图 10-11 卧式四连杆回转式飞锯机

1—回转机构主电动机；2—底座；3—减速机；4—旋臂；

5—锯片电动机；6—锯片；7—辊道；8—锯罩

304. 飞锯机有哪些机构？

飞锯机具有三个机构：

(1) 锯切机构，飞锯多为直接传动方式，即电动机与锯片直接连接。

(2) 同步机构，这是飞锯机的重要组成部分，也是区别于其他锯的主要标志。同步机构一般分两种：其一直线往复运动同步机构；其二回转运动同步机构。前者是使运动中的钢管带着锯切机构一起推进，锯切完毕，松开夹在钢管上的夹紧装置，锯切机构返回原位，钢管继续向前移动。只适应于钢管运行速度不大于1m/s 的情况。后者由行星轮系或四连杆实现回转同步。

(3) 定尺机构，一般由专门的送进机构和空切机构组成。

11 矫 直 机

305. 什么是矫直机?

轧件在轧制、冷却、运输及各种加工过程中,常因外力作用、温度变化及内力消长而发生弯曲或扭曲变形。在长度远大于宽度或厚度的轧件上,纵向纤维的变形十分明显;在宽度不太小的轧件上(如带材)横向纤维变形也很明显。例如钢轨、型钢和钢管经常出现弧形弯曲;某些型钢(如工字钢等)的断面会产生翼缘内并、外扩和扭转;板、带材则会产生纵向弯曲(波浪形)、横向弯曲、边浪和瓢曲以及镰刀弯等。为了消除这些缺陷、获得平直的轧件必须使其纵向纤维或纵向截面由曲变直,横向纤维或横向截面也由曲变直。实现这一要求的过程叫做矫直,用于矫直的设备称为矫直机,也称矫正机。

306. 矫直机分哪些类型?

矫直机为了完成各种矫直任务,故类型很多。矫直机按不同的方法分类:

(1) 按工作原理可分为五类:

1) 反复弯曲式矫直机,如压力矫直机、辊式矫直机;

2) 旋转弯曲式矫直机,如斜辊矫直机、转毂矫直机;

3) 拉伸矫直机,如钳式拉伸矫直机、连续拉伸矫直机;

4) 拉弯矫直机;

5) 拉坯矫直机。

(2) 按用途不同可分为八类:

1) 型材矫直机,如压力矫直机、辊式矫直机及型材拉伸矫直机;

2）板材矫直机，如辊式矫直机和拉伸矫直机；

3）带材矫直机，如连续拉伸矫直机及拉弯矫直机；

4）管棒材矫直机，如斜辊矫直机、转毂矫直机、管材拉伸矫直机；

5）线材矫直机，如转毂矫直机及平立辊复合矫直机；

6）薄壁管异型管的平动式矫直机；

7）连铸拉坯矫直机；

8）特殊用途矫直机，如瓦楞板矫直机、圆锯片矫直机、钢丝绳矫直机等；

（3）按结构特征不同可分为八类：

1）压力矫直机；

2）平行辊式矫直机，简称辊式矫直机；

3）斜辊矫直机；

4）转毂矫直机；

5）拉伸矫直机；

6）拉弯矫直机；

7）拉坯矫直机；

8）特殊用途矫直机，如行星式矫直机及平动式矫直机。

常见的矫直机基本类型见表 11-1。

表 11-1　矫直机的基本类型

名称	工　作　简　图	用　途
压力矫直机	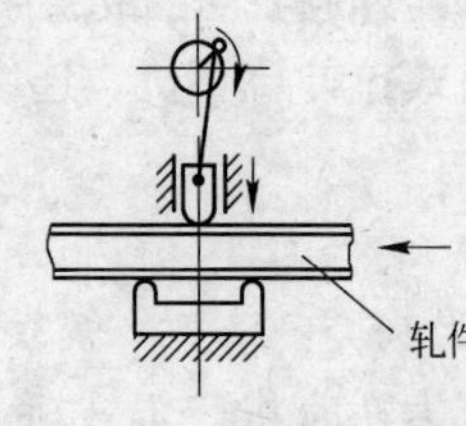 *a*—立式 轧件	矫正大型钢梁和钢管

名称	工作简图	用途
压力矫直机	b—卧式 压头升降齿条机构 动压头	矫正大型钢梁和钢管
辊式矫直机	c—上辊单独调整	矫正型钢和钢管
	d—上辊整体平行调整	矫正中厚板
	e—上辊整体倾斜调整	矫正薄、中板

名　称	工　作　简　图	用　途
辊式矫直机	f—上辊局部倾斜调整 	矫正薄板
管材棒材用矫直机	g——一般斜辊式 	矫正管和圆棒材
	h—<313>型 	矫正管材
	i—偏心轴式 偏心辊芯棒	矫正薄壁管
张力矫直机（或机组）	j—夹钳式 夹持机构 	矫正薄板

名称	工 作 简 图	用 途
张力矫直机（或机组）	k—连续拉伸机组	矫正有色金属带材
拉伸弯曲矫直机组	l—拉伸弯曲矫正机组 弯曲辊　矫平辊	在联合机组中矫正带材

307. 什么是压力矫直机?

压力矫直机属于利用反复弯曲并逐渐减少压弯挠度方法达到矫直目的的设备（表 11-1 图 a、b）。其工作原理是：将带有原始弯曲的工件支承在工作台的两个活动支点之间，用压头对准最弯部位进行反向压弯。当压弯量与工件弹复量相等时，压头撤回后工件的弯曲部位变直。如此进行，工件各弯曲部位必将全部变直从而达到矫直的目的。

这种矫直机用来矫直大型钢梁、钢轨和大直径（大于 $\phi 200$ ~300mm）钢管或用作辊式矫直机的补充矫直。它的主要不足是生产率低、操作较繁琐。

图 11-1 为日本大同机械制造所研制的 HPH—150 卧式压力矫直机。最大压力 1500kN；行程 300mm；空行程、返程速度

35.1mm/s、57.5mm/s；加压速度 3.6mm/s；轴向柱塞式油泵压力 19.6MPa（200kgf/cm²）；流量为 16.56L/min；电动机功率为 7.5kW。

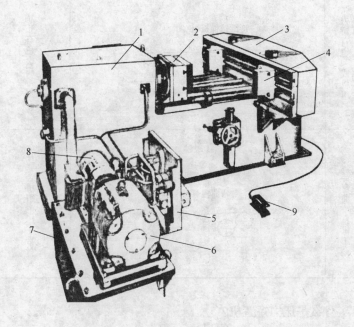

图 11-1　HPH-150 卧式压力矫直机

1—液压缸；2—压头；3—支承横梁；4—活动支点；5—液压控制板；
6—电动机；7—油箱；8—油泵；9—脚踏开关

308. 压力矫直机分哪几类？

压力矫直机种类很多，表 11-2 为压力矫直机分类表。按其动力源分为：机动压力矫直机和液（气）动压力矫直机；按其压头与地面的垂直或水平分为：立式压力矫直机和卧式压力矫直机；图 11-2 为立式气动压力矫直机。图 11-3 为立式偏心压力矫直机。

表 11-2　压力矫直机分类表

立　式		
曲　轴　式	曲柄偏心式	肘　杆　式

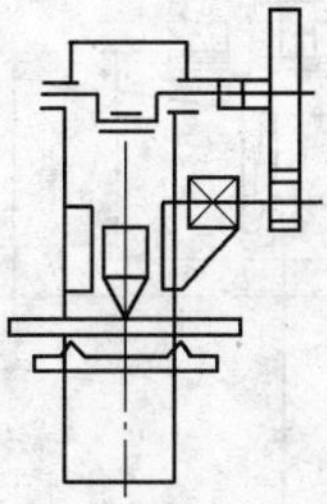

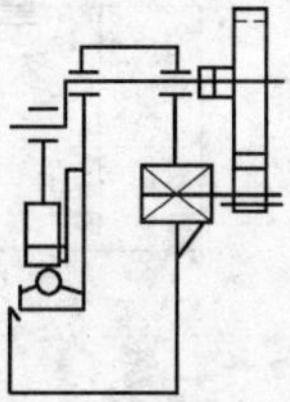

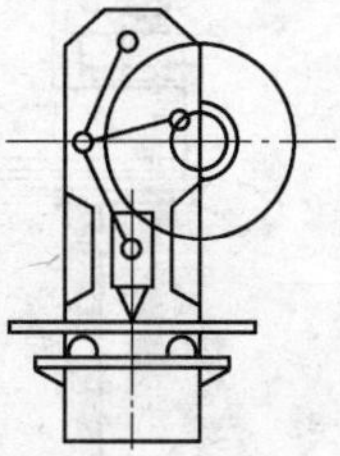

机动压力矫直机

卧式

换向压弯式
（不翻钢）

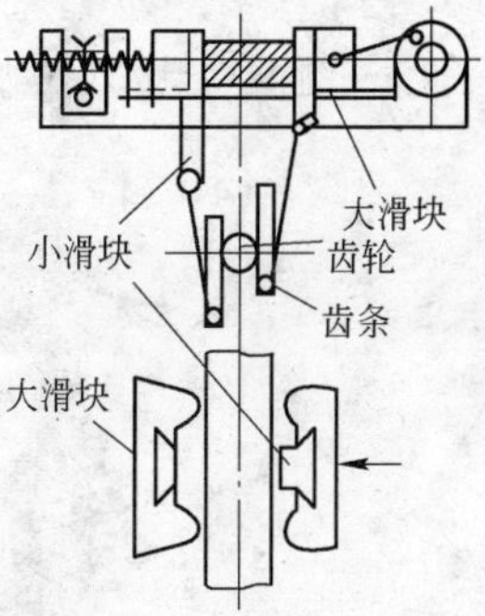

小滑块　大滑块　齿轮　齿条

大滑块

立　式	卧　式

液（气）动压力矫直机

普通型

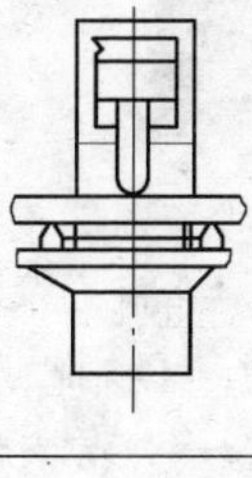

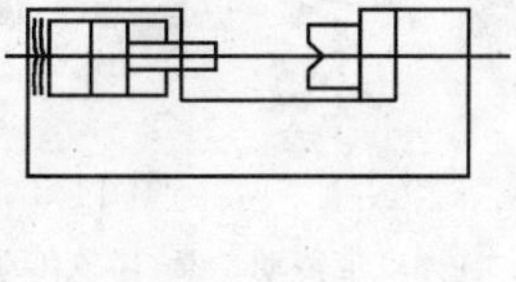

精密型	具有活动支点及仪表检测
程控型	微型计算机设定压弯量，按程序检测，修正，定位及压弯

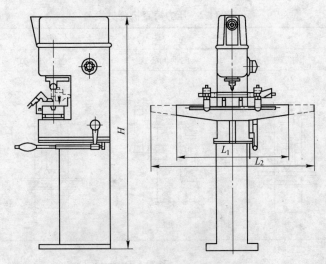

图 11-2 立式气动压力矫直机

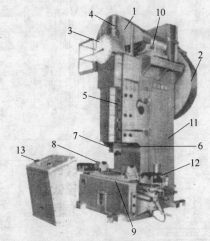

图 11-3 立式偏心压力矫直机

1—皮带传动；2—齿轮传动；3—行程指示盘；4—偏心调整电动机；

5—导轨压板；6—滑块；7—压头；8—可移动支点；

9—工作台面；10—电动机（主传动）；11—机架；

12—移送工件的支撑辊；13—操纵台

309. 压力矫直机有哪些主要参数？

压力矫直机的主要参数有支点距离、压头行程、压弯量和矫直力、矫直功率等。

支点距离，压力矫直机是三点矫直，即由压头和两个支点（图 11-4）组成三点矫直。两个支点（$b'b$ 或 $d'd$）之间的距离为 $2L'$ 或 $2L$ 称为支点距离。两支点是可相对移动的。

被矫轧件断面模数越大，其抗弯能力越大，其弯曲的曲率变化平缓（出现慢弯）。反之断面模数越小，弯曲的曲率变化越急（出现硬弯）。与这种自然现象相适应，矫直大模数断面或矫直慢弯轧

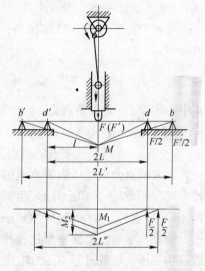

图 11-4　压力矫直机的三点矫直

件时，压力机的两个支点需要较大的距离；反之要减小间距。

因为 F 与 L 成反比，L 值过小时矫直机的矫直压力可能不够用，也可能产生较大的剪切应力，致使工件断面高度受到过大压缩，故应尽可能增大 L 值，充分发挥矫直机的能力。

压头行程，就是压头可移动的最大距离。

压弯量，就是两支点之间的压弯挠度，其两个支点都是零弯矩点，其间的压弯挠度可以从矫直需要即小变形原则来确定，应当等于工作的弹复挠度。希望一次压弯就能矫直，但实际上往往达不到这种理想目标，而需要再次计算压弯挠度，再次进行压弯。

矫直力，就是矫直轧件时作用在压头上的压力，其大小同压头给予轧件的压力相等。由下式确定：

$$F = \frac{2M}{L}$$

式中　　F——矫直力；

　　　　M——弯矩；

　　　　L——压头到支点的距离。

矫直力是压力矫直机结构与强度设计的依据，故需要最大值，即：

$$F_{max} = \frac{2M_{max}}{L}$$

式中　　F_{max}——最大矫直力；

　　　　M_{max}——最大弯矩；

　　　　L——压头到支点的距离。

最大矫直力也是压力矫直机的标称，如最大矫直力 100kN、1000kN、4000kN … 压力矫直机的标称为 100kN 矫直机、1000kN 矫直机、4000kN 矫直机……。

矫直功率则需依据矫直过程所消耗的能量即矫直功率确定。矫直功是压头加载过程中压力增量与挠度增量乘积的总和，再减去卸载时工件弹复所反馈的弹性功。从金属本身来说，矫直功应该与工件弹塑性弯曲变形减去其弹复变形能的结果相等。不过在两支点间的工件整个长度上变形，而且是由两支点向中点连续增加，所以矫直功的总和应该是矫直功的积分和。

310. 什么是平行辊式矫直机？

平行辊式矫直机（表 11-1 图 c、d、e、f）也称辊式矫直机，具有两排交错布置的工作辊（轴线平行），对弯曲的工件通过转动的两排工作辊，经过多次反复弯曲进行矫直。为了增加工作辊刚度，有的矫直机还设有支撑辊。图 11-5 为大型八辊矫直机。

辊式矫直机生产率高且易于实现机械化，在板、带车间和型钢车间用于矫直板、带材和型钢。

表 11-1 图 c 是上排每个工作辊可单独调整的矫直机。表 11-

1图 d 是整排上工作辊平行调整的矫直机。表 11-1 图 e 是整排
上工作辊可以倾斜调整的矫直机。表 11-1 图 f 是上排工作辊可
以局部倾斜调整（也称翼倾调整）的矫直机。

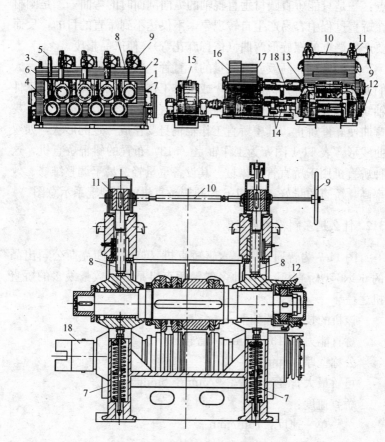

图 11-5　大型八辊矫直机

1—机架；2—可拆卸上盖；3—联结螺栓；4—下辊；5—连接杆；

6—上辊；7—上辊平衡弹簧；8—压下螺丝；9—手轮；

10—分配轴；11—螺旋齿轮；12—手动螺母；

13—立式导向辊；14—导向辊电动机；15—主电动机；

16—减速机；17—齿轮座；18—万向联轴器

311. 什么是斜辊矫直机?

平行辊矫直机在矫直管、棒等圆形断面轧件时存在着两个缺点:一是只能矫直圆材垂直辊轴的纵向剖面时的弯曲;二是圆材在矫直过程中容易产生自转现象,不仅达不到矫直的目的,反而要产生严重的螺旋形弯曲(俗称麻花弯),使产品报废。

为了低耗、高效、高质量的矫直管、棒等圆形断面轧件,人们发明了斜辊矫直机,即两个或两排工作辊轴线交叉,且与工件轴线装成倾斜某一角度,管棒材在矫直时边旋转边前进受到反复弯曲使轧件矫直。其中矫直工作辊辊身要作成一定的形状,如双曲线形。表 11-1 图 h 为工作辊是〈313〉布置的斜辊矫直机,这种矫直机用于矫直管、棒材。其设备重量轻、易于调整维修、效率高、矫直质量好。图 11-6 为斜辊矫直机的典型辊系示意图。

312. 什么是多斜辊矫直机?

图 11-7 为普通 222 型六辊矫直机(英国布朗克斯公司出品的 6CR6 型矫直机)。这种多斜辊矫直机是使用数量最多的矫直机之一。

该机的技术特性如下:

矫直能力:$\phi 13 \sim 65mm$(管径);

公称壁厚:$6mm$;

可矫最大管径×壁厚:$\phi 75mm \times 5mm$

矫直速度:

单一速度:$75m/min$

双　速　度:$60m/min$ 及 $120m/min$

三　速　度:$60m/min$、$80m/min$ 及 $120m/min$

无级变速:$6 \sim 120m/min$

这种矫直机的辊形为等距双曲线形。电动机 1 通过减速分配齿轮箱 2 及三根万向接轴 3 分别驱动三个下辊 4。三个上辊 5 由右侧的同样驱动装置 12 来驱动。上辊座 6 装在横梁 7 上由手轮

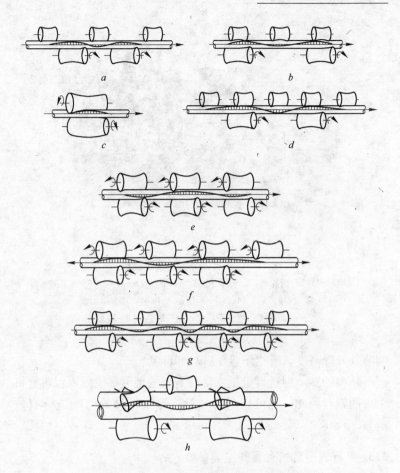

图 11-6　斜辊矫直机的典型辊系示意图

a—椭圆变形；b—管材矫直专用辊系；c—辊形凹凸变化；

d—开发辊系；e—全部驱动辊；f—辊子后加 1 辊；

g—九辊高速矫直机；h—七辊薄壁矫直机

8 来调定其高度，调好后用螺母 9 锁死。上辊的斜角由手轮 11
来调节。上辊高度有指示盘 10 显示。下辊座 17 装在底座 16 上
并由手轮 15 来调节下轮的斜角。由于中央辊需要与两侧辊之间
形成对工件上的压弯量，故上、下辊可以单独升降。手轮 14 可

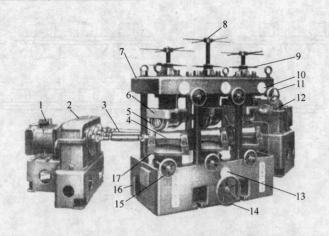

图 11-7　普通 222 型六辊矫直机

1—电动机；2—齿轮箱；3—万向接轴；4—下辊；5—上辊；6—上辊座；
7—横梁；8、11、14、15—手轮；9—螺母；10—指示盘；
12—驱动装置；13—指示盘；16—底座；17—下辊座

调节其升降高度，有指示盘 13 显示其高度。

　　新型的 222 型矫直机把二辊矫直机的辊形移植到六辊矫直机中央两辊，因此，它可以对棒、管（厚壁）材的两端进行有效矫直。

313. 平行辊矫直机有哪些主要参数？

　　平行辊矫直机的主要参数有：

　　(1) 结构参数，包括：

　　1) 辊系与辊数；

　　2) 辊径、辊距与辊长。

　　(2) 力能参数，包括：

　　1) 矫直力；

　　2) 工作转矩；

　　3) 驱动功率。

（3）工艺参数，包括：

1）压弯量；

2）弯辊凸度；

3）轴向调节量；

4）矫直速度。

314. 斜辊矫直机有哪些主要参数？

斜辊矫直机的主要参数有：

（1）结构参数，包括：

1）辊系与辊数；

2）二辊矫直机辊形；

3）多辊矫直机的辊形与辊距。

（2）力能参数，包括：

1）矫直力；

2）矫直功率。

（3）工艺参数，包括：

1）辊子斜角；

2）压弯量；

3）矫直速度。

315. 平行辊矫直机分哪几类？

平行辊矫直机是目前应用范围最广的矫直机，其类型最多。按用途可分为板材和型材矫直机两大类。

（1）板材矫直机又分为：

1）中厚板矫直机；

2）中薄板矫直机；

3）薄板矫直机。

此外，也有用板宽来标称板材矫直机的；还有用重型及普通型来区分板材矫直机的。总之板宽及板厚与矫直机的能力及结构复杂程度有密切关系：一板厚决定辊径尺寸；二板宽决定辊长尺

寸；三辊数决定矫直质量；四辊子重叠数决定着矫直质量及表面
粗糙度；五矫直温度决定矫直机的结构特点。

（2）矫直机过去多用辊距及辊数，以及用途等来标称，近来
也用辊系特征来标称矫直机：

1）普通型钢矫直机；

2）异辊距型矫直机；

3）变辊距矫直机；

4）平立辊组合式矫直机。

316. 斜辊矫直机分哪几类？

斜辊矫直机是按辊系分类的，依次按用途分、按辊数分、按
结构分、按辊座数分等。斜辊矫直机包括所有辊子轴线对圆材轴
线倾斜放置的辊式矫直机。按辊系分类包括：

（1）二辊矫直机；

（2）三辊矫直机；

（3）双列配置多斜辊矫直机；

（4）按三列配置或〈313〉配置的多斜辊矫直机。

前两种矫直机的 2 个、3 个辊子都在同一段圆材周围工作，
都靠辊子本身的凹凸辊形使圆材产生反弯达到矫直目的。

317. 什么是转毂式矫直机？

转毂式矫直机与斜辊矫直机的工作原理基本相同，都属于旋
转反弯式矫直机。转毂式矫直机是通过转毂内设备的矫直工具绕
工件旋转使工件（工件不转）在前进中得到矫直；而斜辊矫直机
使工件在斜辊作用下绕其自身轴线旋转并在前进中经过反复弯曲
而被矫直。从转动主体来看，前者为工具旋转而后者为工件旋
转，可见两者从相对运动的原则来看，同属旋转矫直。转毂式矫
直机的旋转矫直工具有多种结构形式，归纳起来有三种结构，即
滑动模式结构、滚动模式结构和斜辊式结构。

318. 什么是滑动模转毂矫直机?

图 11-8 为滑动模转毂矫直机工作简图。转毂矫直机的旋转矫直工具有多种结构形式,其矫直工具是在转筒内设置若干个孔模,它们交错配置在工件轴线上,使工件在通过孔模时产生反复弯曲而被矫直。用装在入口侧的送料辊 1 夹送工件进入转毂 2,装在出口侧的引料辊 4 可将料尾拉出转毂。转毂 2 由皮带轮 5 驱动旋转,转毂中装有孔模 3,其数量一般为 6~8 个,两端的孔模处在旋转轴线位置,其余各孔模相互交错配置,其交错量即压弯量可以任意调整。孔模可做成封闭式(图 11-8a)或开口式(图 11-8b),后者便于更换。

矫直机工作时,圆材被前、后夹送、引料辊夹住只能随辊子的圆周速度前进而不能转动。圆材从转毂中穿过时,其中交错配置的孔模必将圆材压成反复弯曲状态,同时又随着转毂进行着全方位的旋转弯曲。在压弯量调节的合适条件下,圆材走出转毂后得到矫直。

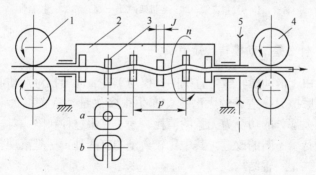

图 11-8　滑动模转毂矫直机工作简图

1—送料辊;2—转毂;3—孔模;4—引料辊;5—皮带轮

这种矫直机多与剪切机一同组成矫直剪切联合机组矫直盘条及盘管。把盘条形原料先行展开,然后矫直及定尺切断。图 11-9 为 TG-4A 型线材矫直切断机。它就是滑动孔模转毂式矫直机并与定尺切断机联动成为一个机组的。

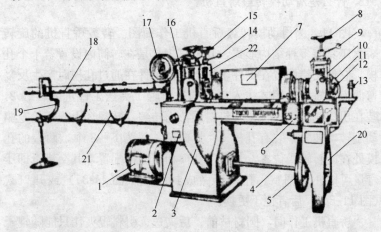

图 11-9　TG-4A 型线材矫直切断机

1—电动机；2—齿轮箱；3—传动罩；4—传动轴；5—皮带轮；6—开关盒；
7—转毂；8—手轮；9—螺帽；10—送料辊；11—传动轮；12—送料口；
13—挡料环；14—螺帽；15—手轮；16—剪切机；17—飞轮；18—导
料管；19—导料支架；20—主机架；21—成品架；22—拉料辊

319. 什么是滚动模转毂矫直机？

由于滑动模转毂矫直机的孔模与工件表面的相对滑动而产生很大摩擦力，造成较大磨损，产生很多热量，矫直工具寿命很短，大部分的功变为无益的消耗。为了克服这种缺陷，对矫直工具进行了不断的改进，其中比较典型的有两种：一是滚动孔模结构；二是斜辊结构。

滚动孔模结构，相当于在孔模外部装上滚动轴承，并使孔模的斜角可调（滑动模垂直放置，滚动模倾斜放置）。在转毂转动时，交错配置的滚动孔模对工件进行螺旋形的反复压弯而达到矫直目的。图 11-10 及图 11-11 为滚动模矫直机工作简图及滚动模工作原理图。

如图 11-10 所示，转毂 3 中装有可调位置的滑块 4，装有孔

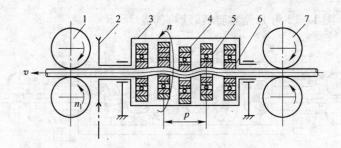

图 11-10　滚动模矫直机简图

1—出料辊；2—传动机构；3—转毂；4—滑块；

5—轴承；6—孔模；7—送料辊

模 6 的轴承 5 又被装在滑块 4 中。在矫直时，将滑块调整成交错压弯位置，各孔模形成相互偏心状态，其偏心大小代表压弯量的不同。孔模的偏心将随着转毂的转动而绕圆材轴线旋转，形成全方位的连续反弯。由于轴承外圈随转毂转动，而轴承内孔与孔模装在一起压在圆材表面，其压力点将随轴承外圈的转动形成螺旋形转动轨迹，如图 11-11 中螺旋线 3 所示。在孔模宽度不太大，孔模与工件的接触弧不太长的条件下，两者基本处于完全滚动状态。因此，消耗于摩擦的能耗将明显减少。

　　矫直机工作时，送料辊 7（图 11-10）、出料辊 1（图 11-10）将圆料夹住，使其只能随辊子圆周速度前进而不能转动。

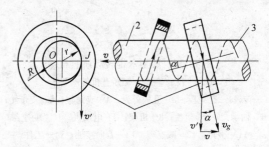

图 11-11　倾斜滚动模工作原理

1—滚动模；2—圆材；3—螺旋线

图 11-12 为 R 型六辊转毂矫直机。

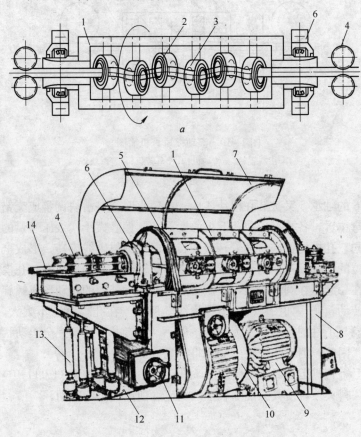

图 11-12　R 型六辊转毂矫直机

a—转毂示意图；*b*—矫直机外形图

1—转毂；2—孔模；3—孔模外壳；4—夹送辊；5—皮带轮；
6—轴承；7—转毂盘；8—机架；9—电动机；10—变速器；
11—手轮；12—减速箱；13—万向接轴；14—工件

320. 什么是多斜辊转毂矫直机？

图 11-13 为多斜辊转毂矫直机。该矫直机是把转毂的孔模换

成斜辊，并按倾斜交错配置。从辊子与圆材的相对运动来说，它与上、下——交错辊系（共 5 个辊子），即 1-1（5）辊系斜辊矫直机矫直原理相同（见图 11-6a）。这种矫直机与滑动模式、滚动模式两种转毂矫直机在结构上主要不同点是转毂直径有所增大，转毂内辊子的转动离心力有时比矫直力还要大。

圆材被夹送辊 1 送入转毂 2，转毂 2 由皮带轮 4 驱动旋转，被装入转毂的斜辊 3（其数量一般为 4～8 个）随转毂旋转，形成全方位的连续反弯，圆材由夹送辊 5 拉出转毂得到矫直。

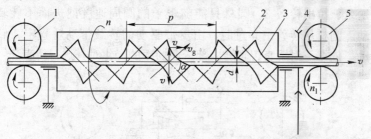

图 11-13　多斜辊转毂矫直机

1—夹送辊；2—转毂；3—斜辊；4—皮带轮；5—夹送辊

图 11-14 为五辊转毂矫直机，其转毂内采用 212 辊系。

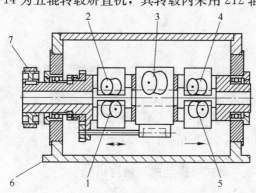

图 11-14　五辊转毂矫直机转毂结构简图

1、5—支撑辊；2、4—导向辊；3—矫直辊；

6—转毂支座；7—皮带轮

321. 什么是二斜辊转毂矫直机?

图 11-15 为二斜辊(二辊)转毂矫直机简图。为了克服前述的滑动模式、滚动模式和多斜辊式转毂矫直机,对圆材头、尾部分不能矫直的缺点,出现了二辊转毂矫直机。其工作原理与二辊(斜辊)矫直机相同。把有全长矫直能力的两斜辊装在转毂中,让两个斜辊在转毂的公转中随着工件的前进而自转。矫直辊 4 的辊架斜角及辊缝是可调整的。机前、后夹送辊 1、6 将轧件夹紧送入、拉出转毂 3。圆材只能随辊子的圆周速度前进而不能转动。圆材从转毂中穿过时,由皮带驱动的转毂带动矫直辊 4 转动,依靠一对矫直辊辊缝内部弯曲曲率的变化对其进行矫直。

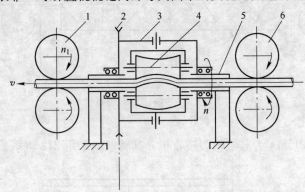

图 11-15　二斜辊(二辊)转毂矫直机简图

1—夹送辊;2—皮带轮;3—转毂;4—矫直辊;5—支架;6—夹送辊

图 11-16 为我国生产的第一台二辊转毂矫直机,矫直管材规格 $\phi 20\sim 80$ mm、矫直精度:0.5mm/m。

322. 什么是平动式(振动式)矫直机?

平动式矫直机属于旋转反弯矫直机的一种,其工作原理与斜辊矫直机和转毂矫直机相同。三者的区别是:(1)斜辊矫直机是工件在斜辊的作用下绕其自身轴线旋转并在前进中通过反复弯曲

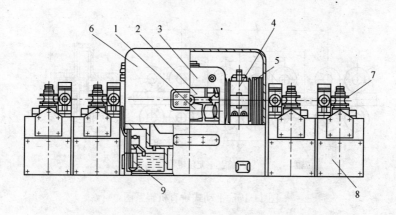

图 11-16　二辊转毂式矫直机

1—凸辊；2—凹辊；3—转毂；4—轴承座；5—传动皮带轮；

6—外罩；7—夹送料辊；8—传动装置；9—供油装置

而变直；（2）转毂式矫直机是通过转毂内设置的矫直工具绕工件旋转使工件在前进中经过反复弯曲得到矫直；（3）平动式矫直机是通过每个辊组（矫直头）之间进行平动（平移旋转）使工件断面在前进中沿中心（即断面形心）轨迹平移旋转而反复弯曲而变直。

这种矫直机的运动实质是水平振动与垂直振动的合成振动，并形成一种平移的圆形或椭圆形中心轨迹。国外称平动式矫直机为振动式矫直机或万能式矫直机。

图 11-17 为平动式矫直机辊系图。

上边说到的合成振动也可以说成是互相垂直、频率相等的两个振动合成所形成的综合振动。因此，振动本体即工件断面将沿中心（断面形心）轨迹平移旋转。当互相垂直振动的振幅相等时，形心轨迹为圆形；不相等时为椭圆形。图 11-17 中除拉、送料辊各两组外，中间 3 个辊组构成矫直辊系。每个辊组用 4 个辊子构成封闭孔型（图 11-17 A-A 剖面图，方形）。3 个封闭孔型之间进行相对的平移旋转便可完成工件的旋转反弯矫直，这些辊组又称为矫直头。最少的矫直头为三组，两侧固定，中间平动；

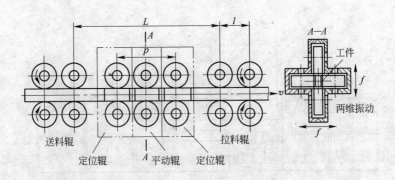

图 11-17 平动式矫直机辊系图

多的矫直头可达 5 组以上。

常见的封闭孔型为方形、六角形，也可以是其他异形。矫直头实现平移旋转正好能适应非圆断面的旋转矫直要求，因此，可以说不管什么断面型材都可以进行旋转反弯矫直，也就是全方位的反弯矫直。

图 11-18 为曼内斯曼-梅尔万能矫直机（平动矫直机）。

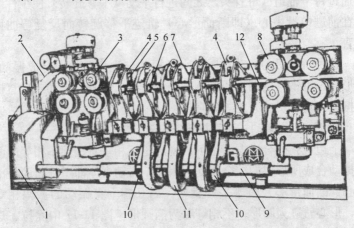

图 11-18 曼内斯曼-梅尔万能矫直机
1—下部主轴传动箱；2—水平主轴传动箱；3—入口夹送辊；4—定位辊架；
5—定位辊；6—平动辊；7—平动辊架；8—出口夹送辊；9—下部主轴；
10—固定轴承；11—偏心轴套；12—工件

矫直头的垂直线或水平振幅的调节是靠偏心轴与偏心套的相位匹配来实现的。当它们的最偏心值处在同一相位、同一直线上时振幅最大。处在相反相位同一直线上时振幅为零。处在不同相位两条相互垂直的直线上时振幅减半。处在其他位置上时要看合成偏心值的大小便可知各中间振幅值。振幅对工件来说就是其压弯量，由于这种矫直机用于矫直异形断面和异型管材，故其压弯量应以最大半径处纤维（如方管的对角线两端）的最大弯形来限定。

323. 什么是组合辊系型矫直机（双向辊式矫直机）？

图 11-19 为组合辊系型矫直机，该矫直机组合辊系是水平辊系与垂直辊系的组合。两者工作时反弯矫直的工作面相互垂直，以提高矫直效果，尤其对于多向抗弯能力相同的断面轧件，如圆材、六角材及方形材等。两个辊系基本相同，但两个机架差别较大。为了对准孔型，两个辊子的机架至少有一个是可调整的。这种矫直机的驱动辊只有一排。另一排可调压弯量的辊子为随动辊。

英国布朗斯公司生产的 BX983 型矫直机技术性能：

矫直工件（以圆材为例）$\phi 70mm$；

矫直速度 36m/min；

电动机功率为 36kW。

组合辊系型材矫直机的矫直原理同平行辊式矫直机相同，是连续性反复弯曲矫直机，但由于其在垂直、水平两个方向上布置了矫直辊，使得全方位纵向剖面弯曲矫直变成了可能和快速，特别对方、扁材尤为有效。

324. 什么是二斜辊矫直机？

二斜辊矫直机是斜辊矫直机的一种，也称二辊矫直机。它主要用于矫直棒材、厚壁管材，但它的工作原理与多斜辊矫直机比较具有独特性，除了辊子轴线对被矫圆材轴线倾斜放置外，两个

图 11-19　组合辊系型材矫直机

1—水平辊系压下装置；2—垂直辊系；3—垂直辊系压下装置；

4—垂直机架升降装置；5—水平辊系；

6—水平辊系移动装置

辊在同一段圆材周围工作，它对工件的矫直作用不是依靠各辊之间的交错压弯使工件产生塑性弯曲变形，而是靠辊子本身的凹凸辊形弯曲曲率变化使圆材产生反弯达到矫直目的。

图 11-20 为二辊矫直机的基本工作方式及其两种压弯方式。图 11-20a 为二辊矫直机工作状态的两个视图，圆材在辊缝之间被同向旋转的凹凸二辊压弯并做反向旋转。由于两个辊子轴线对圆材轴线成对称倾斜关系，圆材将一边旋转一边前进。当矫直棒材时，如图 11-20b 所示，辊缝内形成三种弯曲区，S_d 及 S'_d 为等曲率区，S_b 为变曲率塑性变形区。3 个曲率比 C_{w1}、C_{w2}、C_{w3} 与 3 个曲率区相对应，图中 t 为旋转导程值，C_{w3} 按线性递减原则分配在出入口区。图 11-20c 为矫直管材时的辊缝弯曲形状，此时只有 S_d 及 S_b 区，其长度为 $S_d=t$，$S_b=（2\sim3）t$。由于二辊矫直机矫直时压弯会造成相当严重的缩径，因此无法矫直薄壁管材；而矫直厚壁管时，辊缝的弯曲程度要适当减小，塑性变形

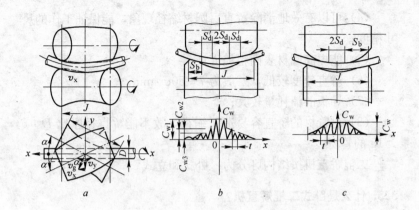

图 11-20　二辊矫直机的基本工作方式及其两种压弯方式
a—工作状态；*b*—等曲率区；*c*—辊缝弯曲形状

深度与管壁厚度可以相等。所以辊腰区（辊子中间区）的曲率不需太大，从而矫直区的曲率变化范围也要明显减小，故除辊腰区仍需要等曲率压弯之外，其他区域便可以按线性递减原则来安排辊缝的曲率变化。

如果材质不匀会使残留弯曲难以统一，也难使残留弯曲被一次矫直；工件尺寸公差较大时，时常需施加过大的压弯量；工件的刚性偏大时，常需增加压弯次数；考虑到辊子磨损、新辊缝的弯曲曲率必须适当增大等，因此，辊缝多采用对称形式，入口侧辊缝起到咬入及预矫作用，出口侧辊缝起到矫直作用；辊腰处的等曲率区为中区，起到统一残留弯曲的作用。

二辊矫直机矫直工件范围：$\phi 1.5 \sim 200\text{mm}$。

二辊矫直机的优、缺点：

（1）使工件得到全长矫直，解决了工件头尾两端的矫直难题；

（2）极高的矫直精度，达到 $0.1 \sim 0.5\text{mm/m}$；

（3）对圆材外径有较强的圆整作用，显著地减少了圆材的椭圆度；

(4) 可以有效地消除矫直后圆材缩径现象，能保证工作的尺寸精度；

(5) 能提高圆材表面粗糙度；

(6) 矫直速度较低，一般为 7~50m/min；

(7) 导板的消耗量较大；

(8) 对管材的矫直容易造成缩径，故不能矫直径厚比 $D:\delta$ >15 的管材。

二辊矫直机按结构可分为：卧式和立式。

325. 什么是卧式二辊矫直机?

图 11-21 为美国比戈伍公司的卧式二辊矫直机，即 RMV 系列矫直机。其性能见表 11-3。

表 11-3 RMV 系列矫直机性能表

型 号	棒材 直径/mm	$v=10$m/min 时的功率/kW	机器重量/t
RMV1	4.75~25	2×3.7	1
RMV2	6~38	2×5.5	2
RMV3	9.5~50	2×9.2	4
RMV4	12.5~70	2×18.4	9
RMV5	16~100	2×30	15
RMV6	19~127	2×37	24
RMV7	25~150	2×44	30
RMV8	32~178	2×55	35

卧式二辊矫直机主要用于矫直棒材，也用于矫直厚壁管材，其工作原理见上题。

图 11-21 中，1 为送料槽，工件 14 可以通过导向管 2 进入辊缝并在两个辊座 6 与 11 之间进行矫直，成品通过出料槽 8 落到成品堆上。可移动辊座 6 由手柄 4 通过传运机构及其座板 5 做横向平移以调节它与固定辊座 11 间的距离，达到改变辊缝的目的。座板 5 由四根导向杆 10 来保持其平行移动的稳定状态。两个手柄 9 用以调整辊子斜角，而手轮 3 可通过链条传动来调节支承导板的高度。电动机 7 在出料侧及进料侧各有一台分别驱动两个矫

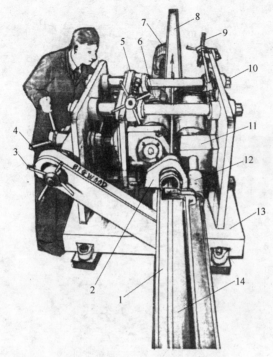

图 11-21 比戈伍公司的卧式二辊矫直机

1—送料槽；2—导向管；3—手轮；4—手柄；5—座板；
6、11—辊座；7—电动机；8—出料槽；9—手柄；
10—导向杆；12—联轴器；13—平台；14—工件

直辊。进料侧的电动机在送料槽下面，它用联轴器 12 与辊座 11 相连。

326. 什么是立式二辊矫直机?

图 11-22 为英国布朗克斯公司的立式二辊矫直机。

立式二辊矫直机的结构向高度方向扩大，可以节省占地面积，驱动电动机可以装在生产线的一侧给操作及维修带来方便，另外生产线高度不需调节，换辊和导板调节较方便。

图 11-22 中，矫直辊 6、8 分别由传动轴 4、9 来驱动。这两

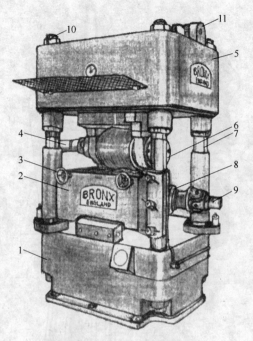

图 11-22　立式二辊矫直机

1—基座；2—摆动门；3—手轮；4、9—轴；

5—上横梁；6—上辊；7—套管；8—下辊；

10—拉杆；11—驱动系统

根传动轴分别与各自的电动机-减速机连接（图中未示出），两根
辊子分别装在上、下横梁上，两个横梁之间用四根套管 7 连接，
套管内的四根拉杆 10 用液压螺母施加预应力，以保证机架具有
较大的刚性。上辊及其升降装置都装在一块厚钢板上，由精密的
蜗轮蜗杆及压下螺丝调节其高度，两个辊端轴承座装在一个转盘
上，直接与压下螺丝相对应，可以使棒材头尾出入辊缝时造成的
偏心载荷不超出四个压下螺丝的支撑范围。为了消除压下螺丝背
隙可能造成的冲击，采用两个平衡汽缸装在上横梁 5 上，并直接
与上辊底板相连。11 为压下机构的驱动系统。上、下辊的斜角
可在松开压紧锁块之后用棘轮扳手比较轻快地进行调整。在辊缝

两侧装有导向板以保持棒材在辊缝中稳定通过。导向板装在机架
两侧的摆动门2上并用手轮3来调整两导板的相对位置，以保证
有足够的辊缝宽度。摆动门可绕机架立柱旋转开闭。此矫直机还
具有先进的矫直力过载保护装置。

327. 什么是拉伸矫直机？

图 11-23 为板带材的形状缺陷。板、带材在轧制、冷却和运
输过程中，由于各种因素的影响，往往产生形状缺陷。板、带材
会产生纵向弯曲（波浪形）（图 11-23a）、横向弯曲（图 11-23b）、
边浪（图 11-23c）和中间瓢曲（图 11-23d）以及镰刀弯等。

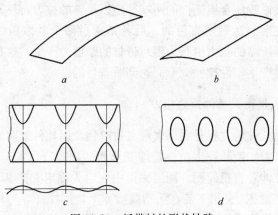

图 11-23　板带材的形状缺陷
a—纵向弯曲；b—横向弯曲；c—边缘浪形；d—中间瓢曲

通常，辊式板带材矫直机只能有效地矫直轧件的纵向或横向
弯曲（即二维形状缺陷）。但对于厚度为 0.7mm 的高强度（$\sigma_t \geqslant$
1000MPa）薄板到厚度为 0.2mm 的低强度（$\sigma_t \leqslant 300$MPa）薄板进
行矫直时，因受辊径限制和板型影响而很难达到矫直质量。至于
板、带材的边浪和中间瓢曲（三维形状缺陷），则是由于板带材沿
长度方向各纤维变形量不等造成的。为了矫直这种缺陷，需要使
轧件产生适当的塑性延伸。在普通辊式矫直机上，虽然能使这种
缺陷有所改善，但矫直效果不理想，这时只好接受一些夹紧头部

所造成的损失而采用拉伸矫直的方法。拉伸矫直的机理是：利用金属工件不直时其纵向纤维必然长短不齐，而长短不齐的纤维受到塑性拉伸达到长短相等之后卸掉外力时，必然以基本相等的弹复量恢复到稳定状态，以达到矫直的目的。不过，由于材料的强化特性不同，矫直质量有高有低。对于理想弹塑性材料或强化性很小的金属，一次拉伸后便可以得到良好的矫直效果；否则要经过两次或多次拉伸才可达到矫直目的，对于一些特别难矫的材料必须经过矫前退火处理。

常用的拉伸矫直机（也称强力矫直机）有钳式拉伸矫直机（表 11-1 中图 j），连续拉伸矫直机（表 11-1 中图 k）。前者是利用楔形夹钳咬住金属轧件的两端并施以足够的拉力，使其产生塑性拉伸变形而达到矫直目的。后者是通过两个卷取机、张力辊组，拉伸所需的张力由张力辊对带材的摩擦力产生，这足够的张力使带材产生塑性拉伸变形而达到矫直目的。

328. 什么是钳式拉伸矫直机？

钳式拉伸矫直机是利用楔形夹钳咬住金属轧件的两端并施以足够的拉力，使其产生塑性拉伸变形而达到矫直目的。图 11-24 为钳式拉伸矫直机简图。两组夹钳中一组为固定夹钳 9，另一组为活动夹钳 7。夹钳 7 装在活动横梁 6 上，用拉杆 5 与柱塞 3 连接，借助固定油缸 4 内的油压来拉动横梁 6 进行对工件 8 的拉伸矫直动作。柱塞 3 的内腔也是一个油缸，缸内柱塞 2 固定在横梁 1 上，当缸内增压时将推动柱塞 3、拉杆 5 及横梁 6 右移以卸除拉力并松开工件。固定夹钳 9 装在右侧的横梁 10 上。

拉伸力使工件全断面产生塑性变形之后，各条纵向纤维的受力会迅速达到均匀化，所以在卸掉外力之后各条纤维会进行同步弹回，形成平行收缩，内应力无从存在。因此，拉伸矫直的残余应力最小，直度的稳定性最好。但是，钳式拉伸矫直机只适用于单支工件的矫直，间歇工作，效率较低。另外，拉伸变形很容易向局部缺陷处集中，形成边裂；向金属晶界的薄弱处集中形成滑

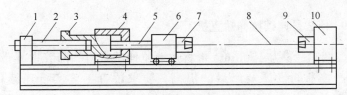

图 11-24 钳式拉伸矫直机简图

1—左横梁；2、3—柱塞；4—油缸；5—拉杆；6—横梁；
7—活动夹钳；8—工件；9—固定夹钳；10—右侧横梁

移线，使工艺操作的难度增大。图 11-25 为日本住友机械公司制
造的 600t 板材拉伸矫直机。

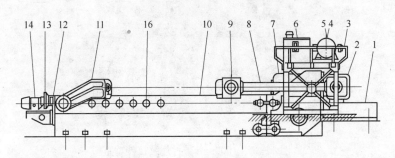

图 11-25 600t 板材拉伸矫直机

1—底板；2—丁字梁；3—油箱支架；4—泵站；5—电机；6—油箱；7—液压缸；
8—拉力杆；9—动拉力头；10—主梁；11—静拉力头；12—轴承；13—齿轮箱；
14—调节电动机；15—导向螺杆；16—拉头定位销孔

329. 什么是连续拉伸矫直机?

图11-26 为 1500mm 带材连续拉伸矫直机。随着世界带材生产技术的发展及产量的提高,要求矫直工艺实行连续化,因而出现了辊式连续拉伸矫直机。展卷机 1 由直流机组驱动并可做侧向调整以防止跑偏。切头剪 2 及对接焊机,可将前一卷带材尾端与新一卷带材的前端对齐焊接起来。切边机 3 与碎边剪的切宽可调,不仅能适应各种宽度的需要而且可微调切宽的裕量,一般可按 0.15% 留量以补偿拉伸时宽度的缩小。清洗槽 4 的入口槽为脱脂去污槽,出口槽为清洗挤干槽,带材在入口槽内行走 5s,经槽内喷射系统洗去污后在出口槽

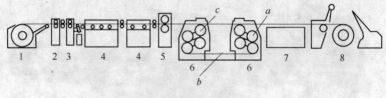

图 11-26　1500mm 带材连续拉伸矫直机

1—展卷机;2—切头剪;3—切边机;4—清洗槽;5—压印机;

6—拉伸矫直机;7—质量检验台;8—卷取机组

a—前拉力辊组;b—被矫带材;c—后拉力辊组;d—齿轮分配箱;

e—差动连接齿轮箱;f—驱动直流电动机与差动调速齿轮箱

内行走 2s，先喷水后用橡皮辊挤干。当需要时，可用压印机
5 压出图案，压印也助于增加摩擦力，放大拉力。连续拉伸矫
直机 6 前后各有三个驱动辊及一个随动辊，靠前后拉力辊组
间的速度差产生拉力。拉力辊在最大拉力侧装有压紧辊以便
在松带或断带时，保持拉力。可在质量检验台 7 处停车检查
矫直质量。卷取机组 8 包括：一台卷取机（由直流电动机驱
动）、一台剪切机，可切去带头及焊接头；一套涂油辊为带材
涂上一层保护油；一套皮带助卷器及防止跑偏的液压侧向调
节器。

330. 什么是拉伸弯曲矫直机？

板、带辊式矫直机几乎无法矫直带材的三维形状缺陷（如边
浪、中间瓢曲等），尤其是高强度合金钢带材。矫直带材的三维
形状缺陷，必须使带材产生塑性延伸，而靠拉伸矫直机矫直合金
钢带材时会出现下列问题：（1）连续拉伸矫直时，需要使带材产
生超过材料屈服强度的应力，对较厚较宽的合金钢带材，必须施
加很大的张力，耗能偏高，很不经济；（2）矫直脆性材料时，容
易产生边裂、断带，这会造成设备事故。如果能使拉伸变形不同
时在一个横截面上达到最大值，而在一部分截面上达到最大值，
则会克服上述缺点。于是在拉伸同时加上弯曲，使带材一侧的拉
伸叠加，用较小的拉力便可得到较大的拉伸变形，使带材的另一
侧的拉压互相抵减而不产生塑性变形。如此反复拉伸弯曲两次以
上，便可以得到两侧基本对称的拉伸变形（见图 11-27）。基于
此原理制造了拉伸弯曲矫直机（表 11-1 图中 l）。

拉伸弯曲矫直机（见图 11-28）由张力辊组合拉伸弯曲机
座两大部分组成。（1）拉伸弯曲机座是使带材产生拉伸弯曲
变形的设备，它由弯曲辊组与矫平辊组组成。弯曲辊组有两
个或更多的小直径弯曲辊，其作用是使带材在张力作用下，
经过剧烈的反复弯曲变形，达到工艺要求的伸长率。矫平辊
组有一个或几个矫平辊，其作用是将剧烈弯曲后的带材矫平。

由于弯曲辊和矫平辊直径很小，因而它们都由一组支撑辊支承，组成辊系以提高刚度。当被矫直的带材较厚时，弯曲辊和矫平辊常采用图 11-29a 的形式。当带材较薄时，常采用图 11-29b、c、d 的浮动辊形式。（2）张力辊组的作用是使带材产生张力。它由前、后两个张力辊组组成。这两个辊组都是驱动的，但后张力辊组的线速度高于前者。带材的张力就是由线速度差产生的。

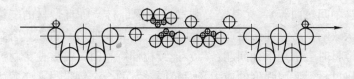

图 11-27　拉伸弯曲矫直机工作原理

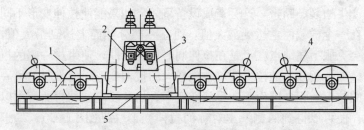

图 11-28　有两组弯曲辊，一组矫平辊的拉伸弯曲矫直机组
1—前张力辊组；2—弯曲辊组；3—矫平辊组；4—后张力辊组；
5—拉伸弯曲机座

331. 如何确定拉伸弯曲矫直机的主要工艺参数？

拉伸弯曲矫直机的主要工艺参数是带材伸长率。按照工艺要求，带材伸长率的范围大致是 0.5%～3%，可参考表 11-4。

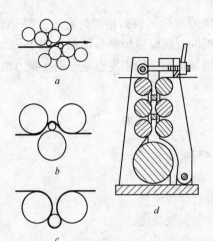

图 11-29 弯曲辊和矫平辊的形式

a—多支撑辊辊系；b—Y 形浮动辊；c—V 形浮动辊；d—U 形浮动辊

表 11-4 带材伸长率的选择原则

拉伸弯曲矫正机组的用途	带材伸长率/%
单纯为了矫正带材	0.5~1
用于机械破鳞（去除氧化铁皮）	0.5~1.5
矫正有严重缺陷的带材	≤1.5
控制和改善带材力学性能	≥2

在拉弯矫直过程中，影响带材伸长率的主要因素为：带材张力、弯曲辊直径与带材厚度的比值以及带材对弯曲辊的包角等。采用增大包角的方式来加大带材伸长率，有利于改善带材的力学性能。

332. 如何确定拉伸弯曲矫直机的主要结构参数？

拉伸弯曲矫直机的主要结构参数有弯曲辊直径、张力辊直径及其数量。

（1）弯曲辊直径与带材厚度及带材的屈服强度有关。一般来说，采用小直径弯曲辊时，不仅矫正效果好，而且还能相应地减小带材单位张力。但辊子直径过小，将使辊子转速增加、加大辊子磨损、降低使用寿命。因而推荐弯曲辊的最小直径为 30mm。浮动辊式矫直机的弯曲辊辊径最小可取 6~20mm。

（2）张力辊辊径选择的出发点是带钢在张力辊上应保持弹性弯曲变形，即

$$D = \frac{hE}{\sigma_s}$$

式中　　D——张力辊辊径；

　　　　h——带材厚度；

　　　　E——带材弹性模量；

　　　　σ_s——带材屈服强度。

按这一原则计算的张力辊直径往往过大。通常选择的张力辊直径允许带钢在辊子上有少量的弹塑性弯曲变形。一般按带材厚度的不同，大致取 500~1500mm 范围内。

（3）张力辊辊数主要取决于矫直时的张力值。张力辊依靠辊面与带材的摩擦传递张力。张力大小与摩擦系数、包角有关。表 11-5 为几种张力辊的布置形式及其理论包角数值范围。

表 11-5　张力辊的布置形式及其理论包角的数值范围

排列方式	$\alpha / (°)$	$\overset{\frown}{\alpha}$
	180~450	3.142~7.854
	360~660	6.283~11.519
	450~600	7.854~10.472

排列方式	$\alpha / (°)$	$\overset{\frown}{\alpha}$
	600～900	10.472～15.708
	720～900	12.566～15.708

333. 如何确定拉伸矫直机的主要工艺参数?

拉伸矫直机的主要工艺参数有拉伸率 ε_1 及拉伸速度 v_1。拉伸率一般取 0.5%～3%,个别可达到 5%。根据工件原始弯曲状态、板形情况好、坏适当取值,不好时取较大值, $\varepsilon_1 = 2$% ～ 3%;反之取较小值 $\varepsilon_1 = 0.5$%～1%。

拉伸速度应该以变形速度为依据,当 1s 的变形率根据经验在不超过一个弹性极限变形率时,将有利于减少拉断的可能性。

334. 如何确定钳式拉伸矫直机的主要结构参数?

钳式拉伸矫直机的主要结构参数包括钳口开口度、长度及宽度、楔面斜角、钳口数量及床面尺寸。钳口开口度 K (mm) 要根据加工范围来确定,如板厚及型材两端轧头厚度 H,则

$$K = H + (10 \sim 30)$$

钳口长度 L 值应保证在夹紧轧头时能产生足够的拉伸力,则

$$L = (2 \sim 6)H$$

钳口的宽度 B 应比最大的轧头宽度大一些,如大 10%～20%。

钳口数量 n 是指宽板拉矫用钳口的数量,则

$$n = \frac{S}{B}$$

式中　S——板宽；

　　　B——单个钳口宽度。

床面尺寸、板材矫直机床面宽度稍大于板宽，而型材矫直机的床面主要按拉力装置所需宽度来确定。床面长度则由所矫工件长度、拉力机构所需的行程及床头、床尾装置所需长度来确定。

335. 如何确定连续拉伸矫直机的主要结构参数？

连续拉伸矫直机的主要结构参数是拉力辊的直径及其辊数。

拉力辊直径对防止拉裂及拉断带材具有重要意义。因为拉力已达到塑性拉伸的能力，在辊子的咬入处加上弯曲应力使变形增大，只要工件边部有缺陷就会马上扩大甚至断裂，所以按最厚带材及最小屈服强度在拉力辊上可以达到弹性极限弯曲的条件来确定辊径是足够安全的，即

$$D \geqslant \frac{EH_{max}}{\sigma_{tmin}}$$

式中　D——拉力辊直径；

　　　E——板材的弹性模量；

　　H_{max}——被矫直板材最大厚度；

　σ_{tmin}——板材的最小屈服强度。

拉力辊的数量取决于拉力放大的倍数，拉力由展卷出口拉力增大到矫直所需的拉力是逐步由拉力辊通过带材对辊子包角所产生的摩擦力而增加的，包角越大，拉力增加得越多，参见图 11-30。张力辊组入口端张力 T_1 与出口端张力 T_2 的关系可用欧拉公式表示

$$T_2 = T_1 e^{\pm fa}$$

式中　$e^{\pm fa}$——张力放大（或减小）系数。当张力辊为主动辊时，$e^{fa} > 1$；当张力辊为制动辊时 $e^{-fa} < 1$。

　　　f——带材与辊面间的摩擦系数；

　　　a——带材在辊子上包角的总和。

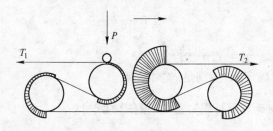

图 11-30　张力辊组张力分布示意图

336. 如何确定平行辊式矫直机的辊距？

辊式矫直机的辊距 t 的正确与否直接影响到矫直机的矫直质量。矫正轧件的基本条件是应使轧件产生弹塑性反复弯曲变形。确定辊距 t 的原则是在保证轧件矫直质量的同时，还要满足辊子的强度条件。最小允许辊距 t_{min} 受辊子强度条件限制；最大允许辊距 t_{max} 取决于轧件矫直质量。通常矫直辊辊径 D 与 t 有一定的关系，见表 11-6。

表 11-6　矫直辊辊径 D 与 t 的关系

矫直机类型	D/t	矫直机类型	D/t
薄板矫直机	0.9～0.95	厚板矫直机	0.7～0.85
中板矫直机	0.85～0.9	型钢矫直机	0.75～0.9

（1）最小允许辊距 t_{min} 的确定：t 愈小，矫直质量愈高，但矫直力 P 愈大，t_{min} 受到工作辊扭转强度和辊身表面接触应力的限制。

对于辊式板带材矫直机：

$$t_{min} = 0.43 h_{max} \sqrt{\frac{E}{\sigma_s}}$$

式中　h_{max}——轧件最大厚度；

　　　E——辊子弹性模量；

　　　σ_s——板带的屈服强度。

（2）最大允许辊距 t_{max}：t_{max} 决定于轧件矫直质量。

$$t_{max} = 0.16 \frac{h_{min}E}{\sigma_s}$$

式中　h_{min}——轧件最小厚度。

最后确定 t，应满足 $t_{min} < t < t_{max}$。

337. 如何确定平行辊矫直机矫直辊的尺寸?

辊径 D 的确定：根据已确定的辊距 t，通过表 11-6 选出辊径 D，再最后按矫直机参数系列的数据确定。

辊身长度 L 的确定：L 取决于轧件最大宽度 b_{max}

$$L = b_{max} + a$$

当 $b_{max} < 200mm$ 时，$a = 50mm$；

当 $b_{max} \geq 200mm$ 时，$a = 100 \sim 300mm$。

同时 L 要考虑型钢矫直时的孔型数目。

338. 如何确定平行辊矫直机的辊数?

辊数 n 的确定，原则上是在保证矫直质量的前提下，尽量减少辊数。因为增加辊数就是增加反弯次数，有利于提高矫直质量。常用的辊数见表 11-7。

表 11-7　辊式矫直机的辊数

矫直机类型	辊式钢板矫直机			辊式型钢矫直机	
轧件种类	钢板厚度/mm			中小型型钢	大型型钢
	0.25~1.5	1.5~6	>6		
辊数 n	19~29	11~17	7~9	11~13	7~9

339. 如何确定平行辊矫直机的矫直速度?

平行辊矫直机的矫直速度 v 主要由生产率确定，同时要考虑轧材的种类、温度等。一般来说：小规格轧件矫直速度大；热轧件较冷轧件矫直速度大；位于作业线上的矫直速度比单机大。表 11-8 列出了辊式矫直机的矫直速度。

表 11-8　辊式矫直机的矫直速度

矫直机类型	轧件规格	矫直速度 $v/m \cdot s^{-1}$
板材矫直机	$h=0.5\sim4.0mm$	$0.1\sim6.0$；最高达 7.0
	$h=4.0\sim30mm$	冷矫时 $0.1\sim0.2$ 热矫时 $0.3\sim0.6$
型材矫直机	大型（70kg/m 钢轨）	$0.25\sim2.0$
	中型（50kg/m 钢轨）	$1.0\sim3.0$；最高达 $8.0\sim10.0$
	小型（100mm² 以下）	5.0 左右；最高达 10.0

340. 什么是纯弹性弯曲?

弯曲的轧件为什么会被矫直? 矫直机的工作原理是什么? 为了说明这些问题，需要对弹塑性弯曲的基本概念做一个介绍。

轧件在外负荷弯曲力矩 M 作用下产生弯曲变形时，中性层以上的纵向纤维受到拉伸变形，中性层以下的纵向纤维受压缩变形（图 11-31）。

在外负荷弯曲力矩 M 作用下，轧件表面层的最大应力小于或等于材料的屈服强度（其应力状态如图 11-32b 所示），各层的纵向纤维都处于弹性变形状态。外负荷去除后，在弹性内力矩的作用下，纵向纤维的变形能够全部弹性恢复，这种弯曲变形称为纯弹性弯曲。

341. 什么是弹塑性弯曲?

随着外负荷弯曲力矩 M 的增大（图 11-31），轧件各层纤维继续产生变形。当外负荷增加到一定数值，轧件表层纵向纤维应力超过了材料屈服强度时，纤维产生塑性变形。外负荷越大，塑性变形区由表层向中性层扩展的深度也越大（其应力状态如图 11-32a 所示）。当除去外负荷后，在弹性内力矩作用下，各层纵向纤维的变形可弹性恢复一部分，但无法全部恢复，这种弯曲变形称为弹塑性弯曲变形。

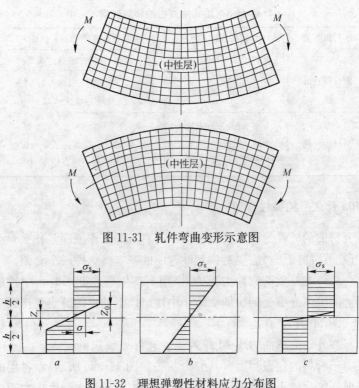

图 11-31　轧件弯曲变形示意图

图 11-32　理想弹塑性材料应力分布图
a—弹塑性弯曲；b—纯弹性弯曲；c—纯塑性弯曲

342. 什么是纯塑性弯曲？

随着外负荷力矩 M 的继续增大，整个轧件断面的纵向纤维应力都超过了材料的屈服强度（应力状态如图 11-32c 所示），所有纵向纤维都处于塑性变形状态。当除去外负荷后，在弹性内力力矩作用下，纵向纤维的变形只能恢复弹性变形部分，这种弯曲变形称为纯塑性弯曲变形。

343. 什么是弹塑性弯曲时的原始曲率？

弹塑性弯曲时的原始曲率是轧件初始状态下的曲率，用 $\dfrac{1}{r_0}$ 表示（图 11-33a），r_0 是轧件的原始曲率半径。$\dfrac{1}{r_0}=0$ 时，表示轧件原始状态是平直的。

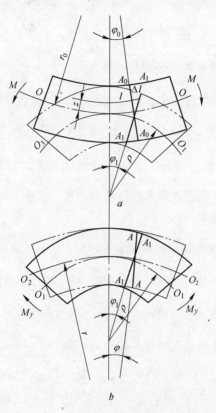

图 11-33 弹塑性弯曲时曲率的变化及其与
断面纤维应变的关系
a—弯曲阶段；b—弹复阶段

344. 什么是弹塑性弯曲时的反弯曲率？

弹塑性弯曲时的反弯曲率是在外力矩 M 的作用下，轧件强制弯曲后的曲率，用 $\dfrac{1}{\rho}$ 表示（图 11-33a），ρ 是反弯曲率半径。

在压力矫直机和辊式矫直机上，反弯曲率是通过矫直机的压头或辊子的压下来获得的。反弯曲率的选择是决定轧件能否矫直的关键。轧件矫直的实质就是要选择适量的反弯曲率，以便使轧件在外负荷消除后，经过弹性恢复而变直$\left(\text{即}\dfrac{1}{r}=0\right)$。

345. 什么是弹塑性弯曲时的残余曲率?

弹塑性弯曲时的残余曲率是当除去外负荷后，轧件在弹性内力矩 M_y 的作用下（图 11-33b），经过弹复后所具有的曲率，用 $\dfrac{1}{r}$ 表示，r 是残余曲率半径。如果轧件得到矫直，则 $\dfrac{1}{r}=0$；如果轧件未被矫直，则在连续弯曲过程中，这一残余曲率将是下一次反弯时的原始曲率。

346. 什么是弹塑性弯曲时的弹复曲率?

弹塑性弯曲时的弹复曲率是在弹性恢复阶段，轧件弹性恢复的曲率，用 $\dfrac{1}{\rho_y}$ 表示，ρ_y 是轧件弹性恢复的曲率半径。弹复曲率 $\dfrac{1}{\rho_y}$ 是反弯曲率 $\dfrac{1}{\rho}$ 与残余曲率的代数差，即

$$\frac{1}{\rho_y}=\frac{1}{\rho}-\frac{1}{r}$$

显然 $\dfrac{1}{r}=\dfrac{1}{\rho}-\dfrac{1}{\rho_y}$，若让 $\dfrac{1}{r}=0$，则 $\dfrac{1}{\rho}=\dfrac{1}{\rho_y}$，这表明矫直轧件的基本原则：要使原始曲率为 $\dfrac{1}{r_0}$ 的轧件得到矫直，即 $\dfrac{1}{r}=0$，必须使反弯曲率 $\dfrac{1}{\rho}$ 在数值上等于弹复曲率 $\dfrac{1}{\rho_y}$。

347. 什么是弹塑性弯曲时的总变形曲率?

弹塑性弯曲时的总变形曲率是轧件弯曲变形的曲率变化量，

是原始曲率与反弯曲率的代数和，由 $\frac{1}{r_c}$ 表示，即

$$\frac{1}{r_c} = \frac{1}{r_0} + \frac{1}{\rho}$$

式中　$\frac{1}{r_0}$——轧件原始曲率；

　　　$\frac{1}{\rho}$——轧件的反曲率。

使用公式时，应将轧件的弯曲方向（曲率的正、负号）考虑进去。

348. 如何用曲率变化来说明弹塑性弯曲的变形过程？

用曲率变化来进一步说明弹塑性弯曲的变形过程：弹塑性弯曲的变形过程分为弹塑性弯曲和弹复两个阶段。弹塑性弯曲的阶段，在弯曲力矩 M 的作用下，将具有原始曲率 $\frac{1}{r_0}$ 的轧件向相反方向弯曲，其反弯曲率为 $\frac{1}{\rho}$；当外负荷去除后，进入弹复阶段。此时，在弹性内力矩 M_y 的作用下，轧件弹性恢复，弹复曲率为 $\frac{1}{\rho_y}$，最终得到残余曲率 $\frac{1}{r}$。如果所取的反弯曲率在数值上等于弹复曲率，则弹复后的轧件将得到矫直。

349. 什么是辊式矫直机的小变形量矫直方案？

辊式矫直机所矫的轧件原始曲率并非具有单方向的单一性，而是无论大小和方向均是不相同的，$\frac{1}{r_0}$ 在 $0 \sim \pm \frac{1}{r_{0min}}$ 之间变化，$\pm$ 表示弯曲方向，r_0 是轧件的原始曲率半径，r_{0min} 是轧件的原始最小曲率半径，$\frac{1}{r_{0min}}$ 是最大原始曲率。因此，矫直机的矫直过程应是在消除原始曲率不均匀性的同时将轧件矫直，这就决定了轧件需经多辊反复弯曲而逐渐矫直的特点。

在辊式矫直机上，按照每个辊子使轧件产生的变形程度，可以分成多种矫直方案，小变形量矫直方案就是其中的一种。

小变形量矫直方案就是假设矫直机上排工作辊可以单独调整每个辊子压下量（即反弯曲率）的方案。在此方案中，各辊子压下量的选择原则是：进入该辊的轧件经反弯和弹复后，其最大原始曲率完全消除。图 11-34 所示为原始曲率为 $0 \sim \pm \dfrac{1}{r_0}$ 的轧件采用这种矫直方案时矫直过程。

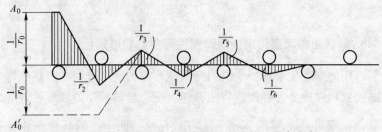

图 11-34　矫直过程中，各辊子下轧件的残余曲率

轧件进入第二辊（左上）时，其最大原始曲率为 $\pm \dfrac{1}{r_0}$。第二辊的反弯曲率 $\dfrac{1}{\rho_2}$ 是按照使凸度向上的 $+\dfrac{1}{r_0}$ 的那部分轧件得到矫直的原则选择的。进入第三辊（左下第二辊）的原始曲率为 $0 \sim -\dfrac{1}{r_0}$。第三辊反弯曲率 $\dfrac{1}{\rho_3}$ 是按照使 $-\dfrac{1}{r_0}$ 的弯曲部分得到矫直的原则选择的，它在数值上等于 $\dfrac{1}{\rho_2}$，但方向相反。进入第四辊的轧件原始曲率为 $0 \sim \dfrac{1}{r_3}$。第四辊的反弯曲率 $\dfrac{1}{\rho_4}$ 是按照使 $\dfrac{1}{r_3}$ 得到矫直的原则选取的。经过第四辊后，原始平直的部分具有残余曲率 $-\dfrac{1}{r_4}$。

同理，经过第五辊的轧件原始曲率为 $0 \sim -\dfrac{1}{r_4}$。经第五辊后，$-\dfrac{1}{r_4}$ 得到矫直，而原来平直的部分将产生残余曲率 $\dfrac{1}{r_5}$，……

以后各辊以同样方式对轧件进行矫直，直到用适当的辊数矫直为止。

350. 什么是辊式矫直机的大变形量矫直方案？

由上题知，在辊式矫直机上，按照每个辊子使轧件产生的变形程度，可以分成多种矫直方案，大变形矫直方案就是其中的一种。

大变形矫直方案是在第二、第三辊上采用很大的反弯曲率，使轧件各部分的弯曲变形总曲率均达到很大数值，这样就可以使残余曲率的不均匀性迅速减少。第四辊以后，轧件的反弯曲率可逐渐减少，使轧件趋于平直。

采用大变形矫直方案，可以用较少的辊子获得较好的矫直质量。但应指出的是：大变形量矫直方案过多增大轧件的变形程度，有时是不利的。特别对加工硬化明显的材料以及大断面系数的轧件，采用过大的反弯曲率将会增加轧件内部的残余应力，影响产品质量，还会增大矫直机的能耗。

12 卷 取 机

351. 什么是卷取机?

在热、冷连续式带钢轧机和可逆与不可逆式单机座带钢冷轧机及线材轧机中,轧出来的轧件往往长达数十米至数百米甚至更长。为了钢材的收集、运输和贮存的需要,必须用专门的设备将长轧件卷绕成钢板卷或线材卷,这个设备就称为卷取机。卷取机是轧钢车间的重要辅助设备,轧钢生产实践证明,卷取机的工作状态直接影响着轧机生产能力的发挥。卷取机被应用在主轧制线、酸洗、平整和剪切、镀锡、镀锌等机组中。

卷取机的类型很多,按其用途主要分为三大类,即热带钢卷取机(图 12-1)、冷带钢卷取机(图 12-12)和线材卷取机(图 12-16)。

用热连轧机生产带钢时,要求把热态(550～750℃)带钢卷绕成卷,故采用热带钢卷取机。它有多种形式:地上式、地下式、有卷筒式、无卷筒式等。卷取机常采用地下卷取机(安装在车间地坪以下,故称为地下卷取机)。为了使卷取机取得良好卷取效果,一般在卷取过程中采用一定卷取张力。

在成卷生产冷轧带钢时,采用冷带钢卷取机来实现带钢的卷绕成卷。根据轧制工艺及卷取冷带钢要求,一般在卷取过程中采用较大的张力。目前大多数采用卷筒式张力卷取机。

在带钢连续精整机组(如退火、酸洗、剪切、涂层等)中,机组尾部采用卷筒式张力卷取机来实现卷绕带钢;机组头部要求把成卷带钢展平,“展”和“平”则分别由开卷设备和直头设备来完成。

线材卷取机的发展经历了两个重大阶段。20 世纪 60 年代之前旧式线材卷取机只有单纯的打卷功能，而现代线材卷取机除此之外还与其他设备一起完成了线材轧后的控制冷却。

352. 带钢生产工艺对卷取有哪些要求？

带钢（冷、热）生产工艺对其卷取提出如下要求：

（1）为保证板型，降低轧制力矩和确保卷取质量，冷、热带钢卷取机均在一定的张力下进行卷取；

（2）要保证在卷取的始、终有恒定的卷取张力，卷取机的转速要可调；

（3）由于张力的结果，带钢被卷筒卷紧，因而卷取机在结构上必须便于卸卷；

（4）由于张力的作用，在卷筒上作用有巨大的径向力，要求卷筒机有足够的强度刚度。

353. 带钢卷取机由哪两部分组成？

带钢卷取机主要有卷取装置和传动装置两大部分组成。卷取装置是使带钢成卷的装置。带钢成卷有空心成卷和实心成卷两种方式。由于空心成卷有钢卷卷取不紧、不齐，卷取速度不高等缺陷，因此，冷、热带钢卷取机基本都利用实心成卷的卷取方式。传动装置的形式与卷筒所要求的调速有关。卷取过程中带卷的直径不断增大，为保证带卷始终在恒定张力下进行轧制，卷取机的卷筒转速应相应减慢。在整个卷取的过程中，卷取机不断地调速，其调速方法有机械、电动和液压调速三类。

354. 地下式卷取机由哪些装置组成？

地下式卷取机主要由上、下张力辊及其前、后导尺、导板装置、助卷辊及助卷导板、卷筒及卸卷装置组成。图 12-1 为 1700 热连轧地下卷取机主要装置示意图。在张力辊之前设置气动导板为带钢导向，使带卷边缘整齐，导板开度略大于带宽，由机械气动双重控制。张力辊之后设置导板，构成张力辊与卷筒之间的通

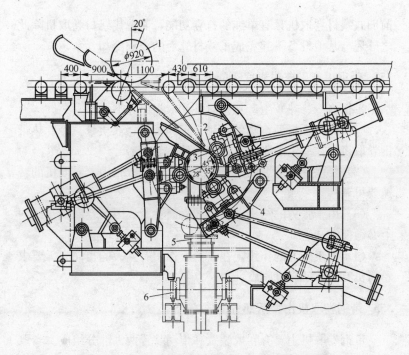

图 12-1　1700 热连轧地下卷取机主要装置示意图

1—张力辊；2—助卷辊；3—卷筒；4—助卷辊支承机构；

5—卸卷小车；6—运卷车

路。张力辊抬升时导板封闭地下卷取机入口，使带钢通向后一架卷取机。

此外，在卷取区域还需配置一些其他辅助设备，如事故剪切机、卸卷小车、翻卷机、运输链和打捆机等。

355. 地下式卷取机的卷取工艺过程是什么？

热带钢卷取机的主要作用有两点，即控制轧机出口张力和将带材卷绕成卷。以三辊式地下卷取机（图 12-1）为例，说明卷取的工艺过程。

带钢头部从精轧末架轧机出来时，卷取机已处于准备工作状态：上张力辊 1 下压，三个助卷辊 2 围抱卷筒。卷取时张力辊前导尺正确导向，首先带材应以低速咬入张力辊，借助于导板装置、助卷辊和助卷导板，顺利地绕上卷筒。当卷取 3~4 圈后，带钢在卷筒和轧机之间既能建立稳定张力，上张力辊抬起，助卷辊全部打开，助卷辊和轧机一起加速到最高速度，进入正常卷取和轧制状态。当带钢尾部即将离开轧机时，卷取机进入收卷状态，轧机与卷取机同时降速，上张力辊下降压紧带钢，使张力辊和卷筒间建立张力，避免带尾跑偏。当带尾即将离开张力辊时，助卷辊全部合拢压住钢卷，防止外层松散，直至卷完。卷完后上张力辊抬起（轧线上卷取机布置三台，其中两用一备，两用者是交替使用），第二助卷辊打开，卸卷小车上升托起钢卷后，第一、三助卷辊打开，卷筒收缩，卸卷小车移出卸出钢卷。此后该卷取机处于下次交替使用状态。现代化热连轧厂卷取速度可达到 30m/s，卷重达 45t，带钢厚度达 25mm。

356. 地下式卷取机分哪些类型？

地下式卷取机按助卷辊的数目分类可分为八辊式、四辊式、三辊式、滑座四辊式和二辊式，如图 12-2 所示。它们的主要差别在于助卷辊的数目、分布情况、控制方式及卷筒结构的不同。

表 12-1 列出了热带地下式卷取机的主要技术性能。

357. 地下式卷取机张力辊的作用及结构是怎样的？

张力辊（图 12-3）的作用是带尾离开轧机时保持卷取张力，并在卷取开始时咬入带钢，迫使带钢头部向下弯曲，沿导板方向进入卷筒与助卷辊间的缝隙，进入卷取，故又称张力辊为送料辊或夹送辊。

上、下张力辊分别由两台直流电机分别传动，用电气同步控制保持上、下辊速度匹配。为了改善收入条件和使带钢头部向下弯曲，取上辊直径比下辊直径大（这里是两倍），上辊圆周速度略高于下辊，且上辊中心线要向出口方向偏移一段距离。

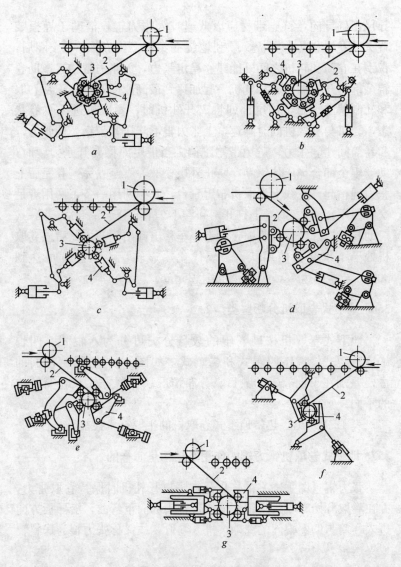

图 12-2 地下式卷取机的类型

a—八辊四滑道集体定位式；b—八辊无滑道集体定位式；c—四辊集体定位式；

d—三辊单独定位式；e—四辊单独定位式；f—二辊单独定位式；g—四辊滑座式

1—张力辊；2—带钢；3—卷筒；4—助卷辊

表 12-1 热带地下式卷取机主要技术性能

	厂 名	本钢 1700	武钢 1700	2300（日）	1700（日）
	形 式	三辊式	三辊式	三辊式	四辊式
带钢	宽度/mm	750~1550	500~1550	最大 2180	1600
	厚度/mm	1.2~10	1.2~12.7	最大 25.4	12.7
钢卷	内径/mm	φ800	φ762	φ765	φ762
	外径/mm	φ1200~φ2000	φ1000~φ2000	φ915~φ2600	φ1930
	重量（最大）/t	20	30	45	28
	上辊直径/mm	φ900	φ920	φ920	φ914
	下辊直径/mm	φ400	φ460	φ510	φ406
	辊身长度/mm	1800	1700	2300	1727
张力辊	电动机 功率/kW	250（直）	150/300（直）	500（直）	150（直）
	转数/r·min^{-1}	750/1000	0/525~1050	460/1100	700/1050
	数量/台	2	2	2	2
	速比	17	1.969	1.8	2.25
	上下辊中心偏移角/(°)		20	15	15
	换辊周期			2 个月	4 个月

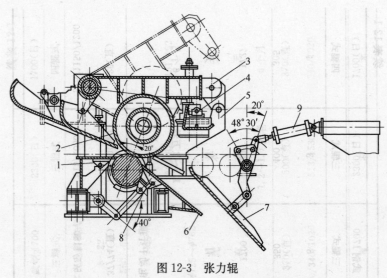

图 12-3　张力辊

1—下张力辊；2—上张力辊；3—摆动辊架；4—千斤顶辊缝调整机构；5—机架；

6—溜板；7—张力辊后上导板；8—张力辊后下导板；9—气缸

上辊装在摆动辊架上，由气缸控制其开闭。最大压紧力达270kN。下辊在张力作用下承受很大压力，多采用实心锻钢辊，而上辊一般采用空心焊接结构，辊面涂有一层硬质合金。用摆动辊架的压下位置控制和调整辊缝，辊缝值一般比带钢厚度小0.4mm左右。用两侧的调整机构实现同时或单侧调整辊缝的平行度。

358. 地下式卷取机助卷辊的结构是怎样的？

1700 三辊式卷取机的三个助卷辊为单独位置控制，助卷辊由辊子、摆动臂、助卷导板、辊缝调整装置及传动装置组成，见图 12-4。辊子轴承座 3 和摆动臂 4 之间设有缓冲弹簧 2，以减缓带头冲击，缓冲行程为 10mm。为调整助卷辊 1 与卷筒之间的辊缝和消除各环节的间隙，装设了带有蝶形弹簧的调整杆 5。助卷辊的开合由气缸控制，最大压紧力为 250kN。助卷辊与卷筒间辊缝隙值的大小对卷取质量有很大影响，辊缝值过大，卷的不

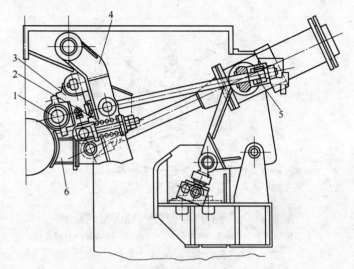

图 12-4 助卷辊轴承支承机构
1—助卷辊；2—缓冲弹簧；3—轴承座；4—摆动臂；
5—调整杆；6—弧形导板

紧，头几圈可能打滑；辊缝值过小，会产生冲击，引起辊子跳动而打滑。辊缝值应比带钢厚度小 0.5~1mm。

图 12-5 为助卷辊与卷筒间的辊缝调整装置。由电动机 5 经涡轮减速器 4 和螺旋千斤顶推动三角架控制调整杆来实现辊缝调整。助卷辊的辊缝大小由自同步机 6 指示，自同步机每转一转，辊缝变化量为 1mm。

卷取过程中，层叠的带钢头部通过助卷辊辊缝时，会产生强烈的冲击，冲击力达到 100kN 以上。助卷机往往是整个卷取机的薄弱环节。助卷机采用实心辊子时可提高强度，但也增加其惯性质量，对冲击更为敏感。各助卷辊都有直流电机单独传动。各助卷辊之间由助卷导板衔接，助卷导板的弯曲半径略大于卷筒半径，且呈偏心布置，使各助卷导板与卷筒之间形成一楔形通道，使带钢顺利卷上卷筒。辊子和导板表面都堆焊有硬质合金以防磨损。现代热卷取机助卷辊采用液压或气液开闭控制系统，可以实

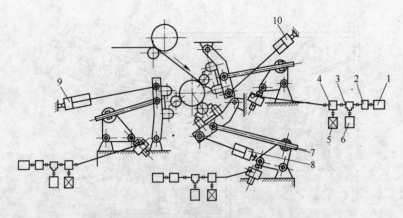

图 12-5　助卷辊与卷筒间辊缝调整装置示意图

1—主令控制器；2、3、4—减速器；5—直流电动机；6—自同步机；

7—调整杆；8、9、10—汽缸

现位置、压力两种控制方式，图 12-6 为液压助卷辊伺服控制系统原理。

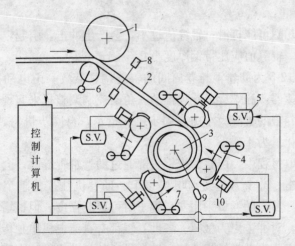

图 12-6　液压助卷辊伺服控制系统原理

1—张力辊；2—带钢；3—卷筒；4—助卷辊；5—伺服阀；

6—张力辊测速计；7—加速度计；8—激光测速计；

9—卷筒测速计；10—液压缸

359. 地下式卷取机卷筒的结构是怎样的？

卷筒是卷取机的核心部件，要在热状态下进行高速张力卷取重达 45t 的带卷，需要冷却和润滑，并要在较大的带材压紧力作用下缩小直径，以便卸卷，这就要求卷筒具有足够的强度、刚度和良好的使用性能，也就决定了卷筒结构的高度复杂性。常用的卷筒结构有连杆式、斜面柱塞式和棱锥式，其中后两种的工作原理基本相同。

用于图 12-1 所示的卷取机上的卷筒就是斜面柱塞式，其结构见图 12-7。卷筒的主轴为空心主轴 5，轴上有圆孔，沿卷筒轴向定位斜面柱塞 7。四个扇形块 6 布置在传动轴的周围，两端有护圈和径向压紧弹簧 10，将其压在斜面柱塞 7 上。棱锥轴芯 8 通过主轴的中心部分，卷筒胀开时，胀缩缸的牵引棱锥芯轴 8 向左移动，借助于斜面推动斜面柱塞 7，使卷筒胀开。卷筒胀开后，压紧弹簧 10 处于强制压缩状态。卷筒收缩时，胀缩缸推动棱锥芯轴右转，弹簧可使扇块收缩复位。

更换卷筒时，拆开联轴器 3 和卡板 4，用卸卷小车托住卷筒，借助胀缩缸的推力使卷筒和前主轴承一起从花键联结处抽出。注意卷筒内的通水冷却及柱塞与棱锥之间滑动面的润滑。

卷筒传动有电动机直接传动和经减速机传动两种方式。

上述的卷筒采用的是"一级胀缩"，对于卷取带钢厚度范围较广的卷取机，利用"二级胀缩"操作，效果较好，这种操作有利于卷紧带钢和卸卷。

360. 什么是热卷箱？

在带钢热轧机组中，由于粗轧机与精轧机间距离大，轧件的头、尾温差较大，影响产品质量。在现代热连轧机组中广泛采用升速轧制，这就导致轧机主传动功率增大，电控设备费用也随之增大。而热卷箱是将粗轧机轧出的中间带坯在进入精轧机组以前，先在无芯卷取机上卷取，然后再反向开卷，头尾交换后进入精轧机组，进行边开卷边轧制。它可实现恒速轧制，又能消除带钢头尾温差。

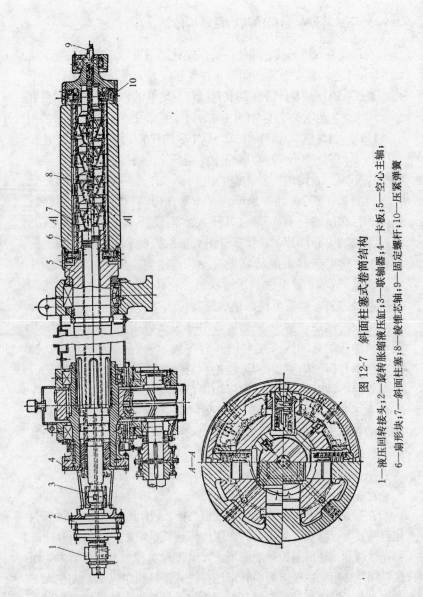

图 12-7 斜面柱塞式卷筒结构

1—液压回转接头；2—旋转胀缩液压缸；3—联轴器；4—卡板；5—空心主轴；
6—扇形块；7—斜面柱塞；8—棱锥芯轴；9—固定芯轴；10—压紧弹簧

热卷箱的结构及其布置如图 12-8 所示。热卷箱设置在最末架粗轧机后和精轧机组切头飞剪前。它由导向辊组、弯曲辊组、无芯卷取、开卷等部分组成。

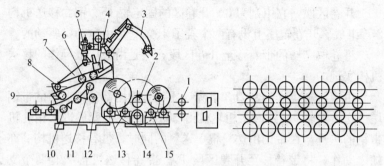

图 12-8 热卷箱的结构及其布置

1—送料辊；2—钢卷移送机构；3—开卷刮刀；4—设定成形间隙的升降机构；5—调节液压缸；6—上弯曲辊；7—摆动臂；8—摆动臂铰点；9—上导向辊；10—下导向辊；11—下弯曲辊；12—成形辊；13—升降托辊；14—移送机构的两个伸缩轴的支座；15—开卷区的固定辊

导向辊组是用来引导带钢的，它由两个下导向辊 10 和一个上导向辊 9 组成。下导向辊 10 固定在台架上，台架升降用液压缸来实现。

弯曲辊组用来将带钢弯曲、使头部向下，在成形辊的帮助下实现下卷取方式或无芯卷取。它由两个可调的上弯曲辊 6 和一个固定下弯曲辊 11 组成。调节液压缸 5 可使摆动臂 7 绕摆动臂铰点 8 摆动。安装在摆动臂 7 上的升降机构 4 动作，从而实现上弯曲辊位置的调整。两个上弯曲辊同速，但比下弯曲辊速度低 5%。这个速度差能使带钢经弯曲辊组后头部向下。

无芯卷取段用来实现带钢无芯卷取。它由成形辊 12 和卷取辊座以及辊座上的两个升降托辊 13 组成。成形辊和卷取辊座的摆动均采用液压驱动。辊 12、13 均由电动机驱动，三个辊子速度同步，其速度比弯曲辊速度超前 5%～10%。卷取时，带钢在成形辊 12 作用下，使带钢弯曲成卷，无芯卷取机上的两个升降托辊 13 上升，托住正在成形的带卷外圈，并随带卷直径增大而自动下降，直至带钢全部卷取完毕，此时升降托辊 13 已下降到水平位置。

开卷区段，它由刮刀 3、开卷区的固定辊 15、钢卷移送机构 2 等组成。开卷辊座上设有两个辊子 15，它是由电动机驱动的。

将卷取完毕的带卷移至开卷区段，它是由液压缸操作的移送机构实现的。

由液压缸操作的刮刀 3 下降，压住带钢尾部，把展平的带钢尾部送进料辊 1，这时将粗轧机出口带钢的尾部变成进入精轧机带钢的头部。在带钢由送料辊 1 送料的同时，带卷移送机构 2 亦随之动作，将带卷移至开卷区段 15。带卷移送机构 2 有两个支座 14，分别装在辊道的两侧，两个支座各装有一个伸缩的悬臂轴。当这两个可伸缩的悬臂轴对准带卷中心时，分别向带卷中心插入。悬臂轴只起定位作用，防止钢卷被拉走。可伸缩的悬臂轴与钢卷一起移送至开卷区段。带钢向前移动，经切头剪切头，进入精轧机组。

361. 冷轧带钢卷取机有哪些主要类型？

目前冷轧带钢的卷取大多数利用卷筒式卷取机，其设备配置主要有卷筒及其传动系统、压紧辊、活动支承和推卷、卸卷等装置组成。

图 12-9 为冷轧带钢张力卷取机的布置图。图 12-9a 为在单机座可逆式冷轧机上，卷取机安装在轧机前后的布置。在单机座不可逆式冷轧机和连续式冷轧机组中，卷取机只装在冷轧机后面（图 12-9b、c）。在其他精整连续机组中，卷取机也装在机组的最后面。

冷带钢卷取机按用途分为大张力卷取机和精整机两类。按卷筒的结构特点可分为：

(1) 实心卷筒卷取机；

(2) 弓形块卷筒卷取机；

(3) 扇形块卷取机；

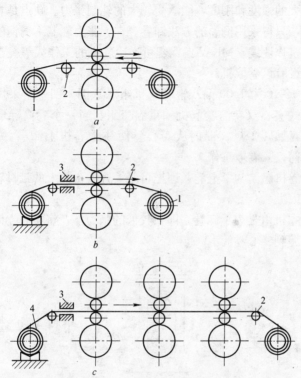

图 12-9 冷轧带钢张力卷取机的布置图

a—可逆式单机座轧机；b—非可逆式单机座轧机；c—连续式冷轧机

1—张力卷取机；2—导向空转辊；3—带导板的压紧台；4—开卷机

（4）链板式卷筒的卷取机；

（5）棱锥式卷筒的卷取机；

（6）可控胀缩卷筒卷取机；

（7）倒棱锥卷筒卷取机；

（8）高速卷筒结构的卷取机。

362. 什么是实心卷筒式卷取机？

实心卷筒卷取机一般为两端支承，卷筒呈实心圆柱形，具有机械钳口，用以夹紧带钢头部。由于其实心卷筒除结构简单外，具有很大的强度和刚度，能承受较大的轧制张力。缺点是卷筒不能胀缩，只得采用倒卷的方法卸卷。在大张力轧制不锈钢的森吉米尔轧机作业线，MKW偏八辊可逆冷轧机的工作线等，都在轧机前后设有该卷取机。

图12-10为1400偏八辊冷轧机组示意图。图中所采用的就是转盘式实心双卷筒卷取机和重卷机组。当一个卷筒卷取终了时，转盘回转180°，带钢从实心卷筒往重卷机上卸卷并重卷，另一卷筒投入卷取工作。

倒卷机组是为了上卷，即把可胀缩开卷机筒上的带材卷缠到实心卷筒上。

重卷机组是为了卸卷，即在较低的张力下，将实心卷筒上的带材卷缠到实心卷筒上。

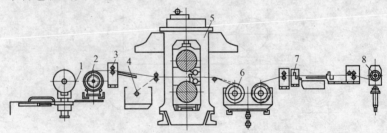

图 12-10　1400 偏八辊冷轧机组示意图

1—钢卷小车；2—开卷机；3—送料辊；4—卷取机；5—1400 偏八辊冷轧机；
6—双卷筒转盘式卷取机；7—剪切机；8—重卷机

363. 什么是弓形块卷筒卷取机？

卷筒的胀缩方式有凸轮式、轴向缸斜楔胀缩式和径向缸式三种。前二者已不再使用，而径向缸式由于结构紧凑，使用可靠而得到普遍采用。图12-11为径向活塞弓形块卷筒结构图。

卷筒由主轴和弓形块等部分组成。在主轴内沿卷筒长度方向布置有5～7组缸体互相套叠的径向活塞缸，用以撑开弓形块和夹紧钳口。活塞内和弓形块上都有碟形弹簧，用来收缩弓形块和放松钳口。径向活塞缸与卷筒心部轴向设置的增压缸接通。当

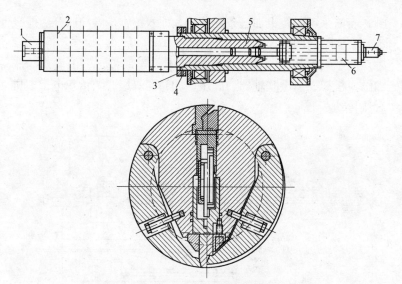

图 12-11　径向活塞弓形块卷筒结构图
1—平衡缸；2—卷筒；3—压盖；4—牙嵌式接头；5—增压缸；
6—胀缩缸；7—回转接头

6.3MPa 的压力油经回转接头进入胀缩缸时，胀缩缸活塞带动增压缸柱塞移动，增压缸油压逐渐增高（可达到 25MPa）便由径向缸压紧钳口并撑开弓形块，卷筒胀径。

卸卷时，胀缩缸反向移动，增压缸内油压降低，借蝶形弹簧的作用，使钳口松开、弓形块收缩、卷筒缩径。卷筒端部设有平衡缸，油压增大时，平衡缸活塞外移。当增压缸因泄漏等原因油量减少时，平衡缸活塞反向移动（在弹簧的作用下）保压。

弓形块卷筒的主要不足是卷筒结构不对称，高速卷取时平衡性能差，不能在高速大负荷下工作。

364. 什么是扇形块卷筒卷取机？

扇形块卷筒卷取机的卷筒结构有四棱锥、八棱锥和四斜楔等形式。

为了解决卷筒胀径时扇形块间的缝隙对薄带钢表面质量的影

响，卷筒采用四棱锥加镶条的结构，即八棱锥，卷筒胀开后能成为一个完整的圆柱形。

图 12-12 为 1700 冷连轧机的八棱锥卷取机，它由卷筒、胀缩缸、机架、齿型联轴器、底座、卸卷器等组成，由双电枢电机直接传动。

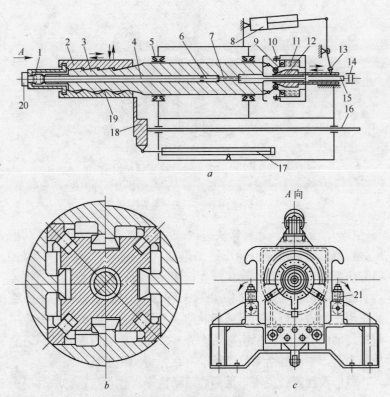

图 12-12 八棱锥卷取机结构

a—结构示意图；b—卷筒剖视图；c—卷取机轴向视图

1—碟形弹簧；2—扇形块；3—棱锥轴；4—拉杆；5—滚动轴承；6—花键轴；
7—花键；8—胀缩油缸；9—胀缩连杆；10—调节螺栓；11—环形弹簧；
12—胀缩滑套及斜块；13—杠杆拨叉；14—齿形联轴器；15—传动轴；
16—卸卷器导杆；17—卸卷器油缸；18—卸卷器推板；19—镶条；
20—头套；21—连接螺栓

卷筒由扇形块、镶条、八棱锥轴、拉杆、花键等组成。电机经齿形联轴器 14，传动轴 15、花键轴 6 带动棱锥轴 3 和卷筒旋转。棱锥轴有两个支点支撑。卷筒的悬臂端设有活动支撑。拉杆4 的端部螺纹拧入花键轴 6 的螺孔中，并伸入棱锥轴的轴孔中。花键轴的另一端支承在传动轴 15 上。

胀径时，油缸 8 通过杠杆及其拨叉 13 推动缩滑套及其上两个斜块 12 向左移动，使四个胀缩连杆 9 伸直，并推动环形弹簧11 及座圈，而花键轴 6 和拉杆 4 右移。棱锥轴 3 是不能移动的，因此，连杆带动头套 20 使扇形块 2 及镶条 19 沿棱锥轴斜面向右移动而胀径。胀径时弹簧 1 受压。

缩径时，油缸通过拉杆拨叉将斜块拨出，拉杆无拉力，胀缩连杆便在弹簧 1 作用下折曲，扇形块、拉杆、花键轴等也在弹簧1 作用下复位，卷筒收缩。

365. 带钢卷取机传动装置调速的方式有哪些？

卷取机传动装置的形式与卷筒所要求的调速有关。卷取过程中带卷的直径不断增大，为保证带钢在恒张力下进行轧制，卷取机的卷筒的转速应相应减慢。在整个卷取的过程中，卷取机不断地调速。

卷取机的调速方式有机械、电动和液压调速三种。

机械调速方式是利用卷取机传动装置的摩擦片、摩擦锥、皮带轮等零件的摩擦传动来实现的，如图 12-13 所示。这种方式调速，由于张力不能保证完全恒定，因此目前只在国内老式的中小型不可逆四辊冷轧机上使用。

电动方式调速是由卷取机的直流电机采用弱磁恒功率调速实现的。图 12-14 是 1700 热连轧带钢轧机的卷取机驱动图。卷筒由 $D_c 2 \times 370 kW$，$340/1020 r/min$ 双电枢直流电机通过 $i = 2.46$，$i = 1:1$ 的双挡变速齿轮箱和 $i = 1.73$ 的齿轮减速器驱动卷筒。为了满足不同带厚的卷取速度变化的需要，通过变换双挡变速齿轮箱的速比与 $i = 1.73$ 的齿轮减速器的配比，可获得不同的总传速比，见表 12-2。

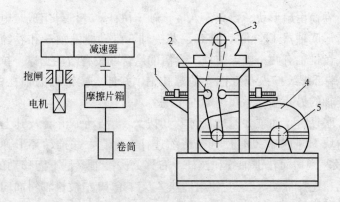

图 12-13 机械调速方式

1—丝杠；2—张紧轮；3—电机；4—减速器；5—卷筒轴

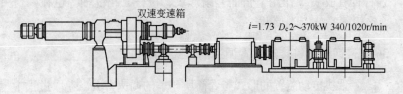

图 12-14 卷取机驱动系统图

表 12-2 不同的总传速比

减速箱速比	双挡变速箱速比	总传速比	所卷板厚规格/mm
1.73	1 : 1	1.73	1.2~9
1.73	2.46 : 1	4.256	7.5~12.7

　　电动调速方式在国内、外冷、热带钢轧机的卷取机上得到了广泛的应用，就是因为它既能保证张力的恒定，又使传动部分的机械设备变得十分简单。

　　液压调速方式是利用油马达调速原理来实现的。图 12-15 是国外某四辊可逆冷轧带钢的卷取机液压调速传动简图。轧机的动力为一恒速交流电机 1，通过具有三根输出轴的减速器 2 带动三个油泵 A、B、C。油泵分别向拖动轧机和两侧卷取机的三个油马达输入高压油。根据轧辊和卷取机的速度范围来确定三个油泵的调速范围。在轧制过程中，为使带钢保持一定的张力，卷取机的传动系统中附有独立的张力控制装置3，用油马达进行恒功率控制。当主油路系统的压力变化时，就改变油马达的油量，从而使卷取机维持一定的线速度。由于油马达具有快速性，因而减短了传动原件加速的过渡时间，这对高速轧制具有十分重要的意义。

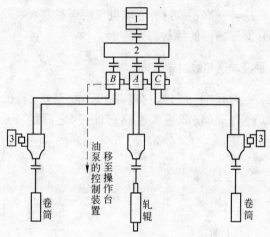

图 12-15　四辊可逆冷轧带钢卷取机液压传动系统
1—电机；2—减速器；3—张力控制装置

366. 什么是线材卷取机？

为便于线材运输和堆放，需要将线材卷绕成卷。线材卷取机就是将线材卷绕成卷的机械设备。最常用的线材卷取机两种主要的结构形式为轴向进料的（钟罩式）卷取机和径向送料的卷取机。现代化的高速线材生产采用吐丝机来卷取线材，近年来又发明了棒材筒卷线生产技术。

367. 什么是轴向送料钟罩式线材卷取机？

图 12-16 为钟罩式线材卷取机。由轧机送来的线材，经导管

1轴向进入空心旋转轴（钟罩）2，从轴的锥形端的螺旋管3出来以后，进入自由地挂于轴上的卷筒5与外壳4之间的环形空间，成圈地自由落下。轴2安装在轴承上，由电机经齿轮传动。线材卷好后，活动底板6打开，线卷落到传送带上运走。

　　由于钟罩轴不断旋转，而落下的线圈不动，故可卷取速度高达25m/s以上的线材。因为是轴向进料，在卷取时钟罩每绕一圈，线材将扭转一次，故这种卷取机仅用于卷取直径较小的（如$\phi \leqslant 15mm$）圆形断面的线材。

368. 什么是径向送料线材卷取机？

　　图12-17为径向送料线材卷取机。卷筒1与托钩2一起旋转，金属经管3沿切向进入卷筒与外壳4之间的环形空间。卷

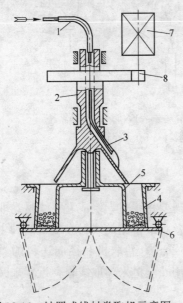

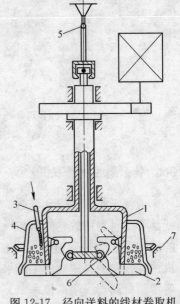

图12-16　钟罩式线材卷取机示意图
1—导管；2—旋转轴；3—螺旋管；
4—外壳；5—卷筒；6—活动底板；
7—电机；8—齿轮

图12-17　径向送料的线材卷取机
1—卷筒；2—托钩；3—管；4—外壳；
5—曲柄机构；6—辊子支架；7—锥座

取时，外壳支在托钩上一同回转。卷取终了，卷取机停止，在曲柄机构 5 的作用下使辊子支架 6 升起，托钩被掀向卷筒内侧，外壳 4 落到圆锥座 7 上，从而使成品卷落到运输机上。在下次卷取开始前，卷取机加速到稳定速度。

369. 什么是吐丝机？

在现代化的线材车间，采用了 45°交角的无扭连轧机组，轧制速度很高（达 100m/s 以上），盘卷重（达 2.5t）。为了改善成品的冷却条件，保证产品质量，采用了卧式吐丝散卷冷却工艺（图 12-18）。线材由吐丝机轴心进入，切向出料，吐出呈螺旋形立式线圈，逐渐倒在不断前进的链式平板（或辊道）运输机上，送往集卷机。线材在运输过程中进行了强制通风冷却而得到了热处理，改善了线材的机械性能。运输机终端集卷机将冷却至收集温度的线圈收集成卷，用推料机推出，运往线材打捆机打捆。

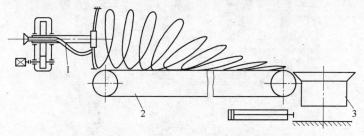

图 12-18　吐丝机用于散卷冷却工艺示意图

1—吐丝机；2—平板运输机；3—集卷机

370. 什么是棒材筒卷（大棒卷）？

棒材成卷是人们一直关注的热点问题，棒材轧制速度的提高除受其本身技术的限制外，同时受到后部冷床、收集方式等制约。热轧棒材能无扭转成卷，大的卷重和紧凑的外形尺寸就意味着更高的金属收得率、设备利用率和低廉的卷材运输、处理和贮存的成本。高的筒卷生产线操作速度可使棒材轧制速度提高成为可能，使轧机生产率提高，尤其是在小尺寸棒材生产、多流切分轧制方面更加明显。

热轧棒材能无扭转成卷就说明能安全、无扭曲地开卷以便直接向下游冷加工线供料，而不必通过任何别的中间步骤，这样转换成本可节省。高的供料速度和安全的开卷使下游冷加工线有更高的生产率和效益。

Ferriere Nord（Pittini 集团）是世界上第一个工业化应用达涅利摩伽莎玛卷轴式大棒卷技术的公司，自 1996 年开始，与达涅利公司就开始合作，研究生产一种具有同高线冷处理（开卷、拉直、成卷）的过程相同的热轧状态棒卷，直接提供给下游冷加工线，以节省转换成本。2002 年 4 月筒卷线试轧成功，生产成卷的无扭转螺纹钢。图 12-19 为 Ferriere Nord 生产出的无扭棒卷。图 12-20 为 Ferriere Nord 筒卷线平面图。

图 12-19　Ferriere Nord 生产出的无扭棒卷

371. Ferriere Nord 棒材筒卷生产线工艺特点如何？

筒卷过程是把热轧棒材有规则地以均匀的层次分布在筒卷机的旋转筒上，从而形成卷材。无论是圆棒或方/扁棒都能卷成外形良好且非常紧凑的卷材，具有很高充填系数，图 12-21 为卷筒进行无扭卷取。

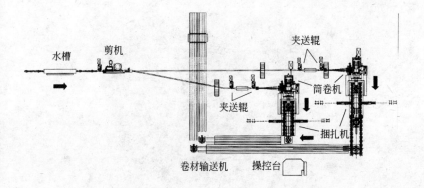

图 12-20 Ferriere Nord 筒卷线平面图

图 12-21 卷筒进行无扭卷取

筒卷工艺适应于生产：

直径 8～32mm（淬水或加钒）；

直径 8～52mm 的圆钢；

（20×3）～（70×20）mm 扁钢；

12～50mm 方钢；

16～40mm 六角钢。

图 12-22 为无扭卷取的筒卷扁钢卷。

卷材重量可达 3500kg。筒卷线工作速度可达 35m/s（最高设计速度达 40m/s）。筒卷适用于轧态普钢和特钢钢种。对特钢

图 12-22　卷轴式无扭卷取的扁钢卷

根据用户最终用途可能要机械除鳞，化学除鳞试验正在试验过程中。

穿水冷却的成品可以低温卷取，对于其他产品可根据材料要求，任意选择、设定卷取温度。在任何情况下，应选择合适的卷取温度，以避免"回火"。

卷材有一标准的高度和内径，而外径则随卷重变化呈正比，与其他传统成卷工艺相比，有非常高的填充系数，其平均填充系数为 0.7（加勒特棒卷为 0.3，线材卷为 0.1），由此得到非常密实的棒卷。

372. Ferriere Nord 棒材筒卷生产线是由哪几部分设备组成？

Ferriere Nord 棒材筒卷生产线基本由三大部分组成，即运输系统、筒卷区和精整区，如图 12-20 所示。此条生产线安装在 Ferriere Nord 现有小时产量为 100t 棒材轧线上。

运输系统：在精轧机架出口侧淬水槽和筒卷区之间装有在线棒材温度控制和运输系统。运输线在现有的冷床旁边；在双流棒材下料系统一侧，有一系列水槽和运输辊道。

筒卷区：主要组成有"智能"夹送辊和保证无张力卷取及对每层棒材均匀、整齐布卷的活套器。棒材喂线器用于将棒材整齐、一致地卷到筒上，形成外形完美的棒卷。两台筒卷机交替工作，当一台卷取时则另一台卸卷。每台由成卷的旋转卷筒和启动卷取的棒材头部夹持/导向装置组成。卷筒有胀缩扇形段可以卸卷。旋转90°的机器人操作器从卷筒卸下卷材并以垂直状态摆放在棒卷输送设备上。在筒卷机入口处有一切头/尾剪。

精整区：将卷材自动打捆、称重后送到成品收集区。图12-23为卷材打捆器。整个筒卷线由智能控制系统控制，监控从整齐卷取、布卷、成层以及棒卷层分布设定，直到卷取完成。

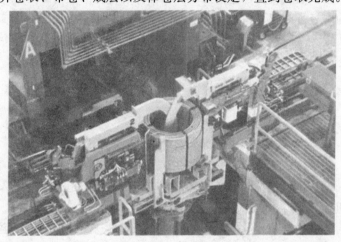

图12-23　卷材打捆器

13 冷 床

373. 什么是冷床?

大多数热轧机,包括开坯机和各种成材轧机,轧件被其轧制后均应经过冷却、精整、清理的工序,以保证轧出的半成品或成品质量。冷床就是用来冷却和同时运输轧制后轧件的设备。冷床虽然是轧钢车间后部工序的一个辅助设备,但在许多情况下,它的结构、主要参数却直接影响到轧机的产量和质量。

374. 冷床的基本结构由哪几部分组成?

冷床的基本结构由三部分组成:

(1) 冷床床体。它是轧件在其上进行冷却的台架。

(2) 进料机构。它是将轧件由冷床的输入辊道送入冷床床体的机构。

(3) 送出机构。它是将轧件由冷床床体送至冷床输出辊道的机构。

在某些冷床上,进料机构和冷床床体中的横移轧件的机构合为一体,送出机构和冷床床体中的横移轧件的机构合为一体。也有进料机构、送出机构和冷床床体合为一体的。

375. 什么是固定床体式冷床?

固定床体式冷床是指具有单独的、用以支撑轧件的床体台架和横移轧件机构的冷床。这种冷床的床体台架是用钢轨或平板组成的固定结构,另有一套机构将轧件在台架上移动。

这种冷床的优点是:冷床床体结构简单、冷床运动部分重量轻、保养成本低;缺点是:易擦伤轧件表面(轧件在台架上滑动)、不易保证轧件的平直度。

　　固定床体式冷床的进料机构、送出料机构分别有绳式拖运机（图 13-1）、链式拖运机、曲柄连杆机构（图 13-2）和齿条—齿轮推钢机等几种。

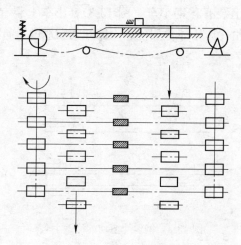

图 13-1　绳式拖运机示意图

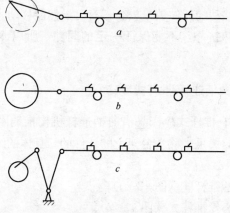

图 13-2　曲柄连杆机构传动形式

a—曲柄推杆式；b—偏心轮推杆式；c—偏心摇杆-推杆式

376. 什么是绳式冷床?

　　钢丝绳拖运机冷床简称绳式冷床,它是由绳式拖运机(图13-1)与床体台架组成。绳式拖运机由卷筒带动钢丝绳做往复移动,钢丝绳上装有移钢小车(图13-3),小车上装有活动拨爪,单向将轧件沿冷床床体台架拉入冷床并间歇地做横向移动,将轧件冷却。

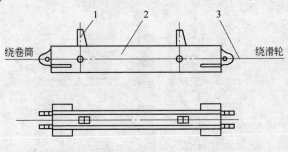

图 13-3　钢丝绳拖动的移钢小车
1—拨爪;2—车体;3—钢丝绳

　　绳式冷床广泛应用于轨梁、大、中型型钢和中厚板车间,其不足是每次移动的轧件数量较少,有时虽然能移动一批轧件,但轧件与轧件却挤靠,不能保证一定的间隙,所以冷却效果不是很好。

377. 什么是曲柄连杆-推杆式冷床?

　　曲柄连杆-推杆式冷床是借曲柄连杆机构推动刚性的推杆和装在推杆上的拨爪来移动台架上的轧件的。具体的结构形式有以下几种(图13-2):

　　(1) 曲柄推杆式(图13-2a);

　　(2) 偏心轮推杆式(图13-2b);

　　(3) 偏心摇杆-推杆式(图13-2c)。

　　(1)、(2) 两种传动方式为曲柄滑块机构。

当电动机驱动时，通过曲柄或偏心轮带动连杆、推杆（滑块）做往复运动，推杆上的可倾倒活动拨爪将轧件沿冷床床体台架往前单向移动一个进程，然后拨爪从轧件下面退回原处准备进行下一次的移动。

该冷床能移动定间距（不挤靠）的轧件，轧件的冷却均匀效果好，它广泛地应用于中、小型开坯机和型钢轧机上。

378. 什么是曲柄摇杆式冷床？

曲柄摇杆式冷床（图 13-4）是借用曲柄摇杆机构带动小车做往复运动，将轧件推到床尾。

当电动机驱动时，通过曲柄 1、摇杆 2 推动小车 3 做往复运动，小车上装有多个可倾倒活动拨爪，将轧件沿冷床床体台架往前单向移动一个进程，然后拨爪从轧件下面退回原处准备进行下一次的移动。

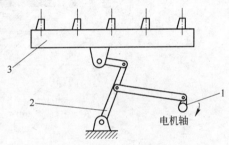

图 13-4　曲柄摇杆式移钢机构
1—曲柄；2—摇杆；3—小车

该冷床与曲柄连杆-推杆式冷床性能相似。

379. 什么是运动床体式冷床？

为了保证断面较小、长度较大的细长轧件不致因冷却过程而造成附加的弯曲和扭转，并防止轧件表面擦伤，故冷床床体多做成轧件往复运动或旋转运动式，属于这一类型的有步进齿条式冷床、摆式冷床和斜辊式冷床，且以步进齿条式冷床应用最广。

步进齿条式冷床由两组齿条组成，其一组为动齿条，另一组为静齿条。做往复上下运动的动齿条组用来完成轧件的步进运动，而静齿条则用来支撑、冷却轧件。

380. 什么是步进齿条式冷床?

图 13-5 为典型的小型型钢用步进齿条式冷床的结构简图。

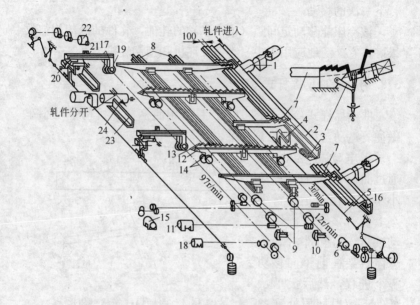

图 13-5　步进齿条式冷床的结构简图

1—输入辊道；2—托板；3—托臂；4—杠杆；5—拉杆；6、11、15、18、22—电动机；
7—动齿条；8—钢梁；9、14、19—偏心轮；10—重锤；12—平板条；13—固定齿条；
16—矫正槽；17—短板条；20—辊子；21、23—挡板；24—输出辊道

冷床由进料机构、冷床床体和送出机构三部分组成。

进料机构，它由固定在托臂 3 上的托板 2、杠杆 4、拉杆 5
和电动机 6 以及减速装置组成。其作用是把沿冷床输入辊道 1 送
来的轧件通过托板 2 的旋转拨入矫正槽 16 中。

冷床床体由两组交替排列的齿条组成，一组齿条 13 是固定
的，另一组齿条 7 是可动的。两组齿条的齿形交叉排列。当冷床
床体动齿条不动作时，固定齿条 13 的齿面高于动齿条 7 的齿面，
轧件放在固定齿条的齿里面或在矫正槽中；冷床床体动齿条工作

时，启动电动机 11，经减速机带动偏心轮 9，使固定在钢梁 8 上并通过滚子压在偏心轮上的动齿条 7 沿圆周做平面移动，把轧件从固定齿条或矫正槽上移至固定齿条的另一个点上或固定齿条上，并进而使固定齿条上的轧件依次递进地横移一个距离。

轧件的送出是成束的，即先将冷却好的轧件收集成排，然后再送到冷床的输出辊道上去。送出机构由短板条 17 及其传动系统组成。短板条成对配置，其一端分别支撑在两个偏心呈相反配置的偏心轮 19 上，另一端则共同支撑在辊子 20 上。启动电动机 18，使偏心轮 19 转动，可使来自冷床床体的轧件在挡板 21 前收集成束，然后通过电动机 22 及其传动系统使辊子 20 升降，即可将轧件送至输出辊道上。

381. 如何确定冷床的主要参数？

冷床的主要参数是冷床的面积，也即冷床床体台架的面积，它决定了轧件在冷床上的冷却能力。

（1）冷床床体宽度 B，它是指冷床在轧件长度方向上的尺寸。它与需要冷却的各种轧件的长度有关。冷床床体的宽度以其中最长的轧件定尺为依据而确定。过宽，则占地面积和投资费用增大；过窄，则轧件两端伸出端过长，轧件易弯，重者使冷床无法正常工作。

（2）冷床床体长度 L（m），它是指冷床在轧件移动方向上的尺寸。可由下式确定：

$$L = \frac{Q}{G}at$$

式中　Q——轧机的最高小时产量，t/h；

　　　G——轧件重量，t；

　　　a——冷床上的轧件间距，m；

　　　t——一根轧件在冷床上的冷却时间，h。

冷床应有足够的面积，以便在最高的轧机产量条件下能使轧件冷却到所需要的温度。

　　这里要指出的是，若对旧车间改造，由于厂房宽度过宽，使冷床长度受限制的话，可以考虑并联放置 2～3 个短冷床，使 t 适当增大，同样可以达到冷却的目的。如抚钢方扁钢连轧车间就是采取的这种方案。

14 辊道、升降台

382. 辊道的作用是什么?

在轧钢车间里，辊道是用来纵向运输轧件的，可把地面的各种机械设备按生产流程连接成生产流水作业线。例如，轧件进出加热炉、在轧机上往复轧制及轧后输送到精整工序等工作，均由辊道来完成。由于辊道的重量占轧钢车间设备总量的 40％ 左右，因此，合理设计、使用和维护辊道对轧钢车间生产率和产品质量的提高具有十分重要的意义。

383. 辊道是如何分类的?

辊道按其用途分类见表 14-1。

表 14-1　辊道按其用途分类

类 型 名 称	用途与特点
受料辊道和出炉辊道	安装在初轧机前，接受钳式吊车运来的钢锭；或安装在钢坯加热炉后，接受从炉内滑出的加热钢坯。负荷较重，经常承受冲击
工作辊道:	靠近轧机，将轧件喂入轧机和接受轧出的轧件，工作频繁，负荷较重
(1) 主要工作辊道	紧靠轧机，工作最频繁
(2) 辅助工作辊道	当轧件长度超过主要工作辊道时才参加工作，也称延伸辊道
(3) 机架辊	安装在机架中的工作辊道，以便尽可能地靠近轧辊，可靠地将轧件送入轧辊
运输辊道	专作运输轧件用的辊道，可分为输入和输出辊道，负荷较轻

续表 14-1

类 型 名 称	用途与特点
特殊用途辊道:	辊道架或辊子按照其用途做成特殊形式
(1) 收集辊道	用于将轧完的轧件收集成排，常装在剪切机的前后，辊子斜放，也称斜辊道
(2) 移动辊道	辊道可沿轧件运动方向移动，常装在剪切机后面，使切头落入切头运输机上及时运走
(3) 升降辊道	用于使轧件上升或下降，例如三辊轧机上的摆动升降台；安装在上切式剪切机后面的摆动辊道
(4) 炉内辊道	装在钢板退火炉内作为炉底，采用链传动，传动装置设在炉外，辊子是空心的，通水冷却
(5) 双层辊道	用于中小型型钢车间，安装在三辊轧机后面以代替机后升降台
(6) 翻钢辊道	用于中小型轧钢车间，能使轧件在行进过程中自动翻钢，辊子形状有槽形或菱形

(1) 工作辊道；

(2) 运输辊道；

(3) 其他类型辊道。

辊道按其传动方式可分为：

(1) 集体传动辊道；

(2) 单独传动辊道；

(3) 无动力空转辊道。

384. 什么是运输辊道？

运输辊道就是用于运输轧件的辊道。若将轧件运往轧机，此辊道叫输入辊道；若将轧后的轧件运往其他辅助设备，此运输辊道叫输出辊道。

如图 14-1 中的辊道 4、5。

385. 什么是工作辊道？

工作辊道就是根据辊道所在的位置不同，靠近轧机，将轧件喂入轧机和接受轧出的轧件，工作频繁、负荷较重的辊道。它包括主要工作辊道（图 14-1 中 2）、辅助工作辊道（图 14-1 中 3）和机架辊。

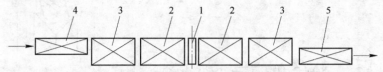

图 14-1 辊道布置示意图

1—轧机；2—主要工作辊道；3—辅助工作辊道；

4—输入工作辊道；5—输出工作辊道

主要工作辊道位于轧机前后，它在整个轧制周期里处于工作状态。

辅助工作辊道是位于主要工作辊道后面增加的一段辊道，当轧件长度超过主要工作辊道时才参加工作，也称为延伸辊道。

机架辊是安装在机架中位于轧辊出、入口两侧的工作辊道，目的是为了尽可能地靠近轧辊，可靠地将轧件送入轧辊，如 ϕ850 初轧机就安装了前、后各两个机架辊，两端轴承座支承设有弹簧缓冲器。

386. 什么是其他类型辊道？

其他类型辊道这里指的是除运输辊道、工作辊道之外的辊道，如加热炉的炉内辊道、升降辊道、移动辊道（图 14-2）、双层辊道（图 14-3）、翻钢辊道（图 14-4）。其他类型各种辊道的用途和特点见表 14-1。

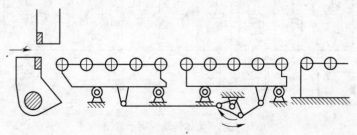

图 14-2 剪切机后移动辊道示意图

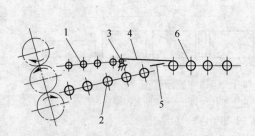
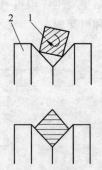

图 14-3 活板式双层辊道示意图

1—上层辊道；2—下层辊道；3—铰链；

4—活板；5—盖板；6—延伸辊道

图 14-4 在菱形辊道

上翻钢示意图

1—轧件；2—菱形辊道

387. 什么是集体传动辊道？

集体传动辊道就是由一个电动机传动若干个辊子，如图14-5所示。它是由电动机 1 经过齿轮减速机 3 和伞齿轮 5 传动各个辊子。它的特点是用一个电动机带动几个辊子，故电力传动投资较

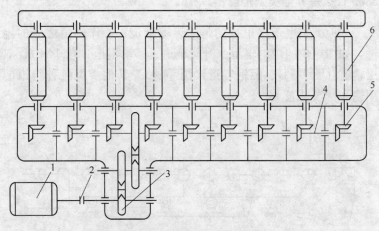

图 14-5 集体传动辊道示意图

1—电动机；2—联轴器；3—减速机；4—传动轴；5—伞齿轮；6—辊子

少，尤其在轧件长度较短，负荷集中在少数辊子上时，采用这种传动方式较好。另外，这类辊道一般辊距较小，如果采用单独传动，在设备布置上也有困难。初轧机、厚板轧机或开坯机等大型轧机的输入辊道和工作辊道常采用这种传动方式。集体传动辊道所用电动机，当启动工作制时采用异步电动机或串激电动机，当连续工作制时采用异步电动机。

388. 什么是集体传动辊道大箱体传动结构？

在集体传动辊道中，根据辊道传动箱的不同，分为大箱体结构和小箱体结构。所谓大箱体传动箱就是将数个辊子的传动装置装在一个大的铸造箱内，它一般适用于辊距小的集体传动辊道。同时，采用大箱体结构对于保持辊道传动装置相互位置的稳定有利。

大箱体传动箱的结构如图 14-6 所示。电动机 2 通过联轴器将扭矩传动给减速齿轮 8 和传动轴 7，而轴 7 的旋转通过圆锥齿轮 11 带动辊子 4 转动。所有传动部件均装在一个大箱体 1 内，大箱体与辊道底座 6 用横梁 15 刚性地连接起来。箱体用箱盖 9 罩住所有的传动件，并在箱盖与下底的接合面处用漆密封，然后用螺钉固结。

389. 集体传动辊道圆锥齿轮转动轴是如何装配的？

集体传动辊道的大箱体结构中圆锥齿轮传动轴（见图 14-6 中 7）的设计应本着两个原则，一是轴的结构要简单易于加工；二是要方便伞齿的拆装。

辊道圆锥齿轮传动轴的结构如图 14-7 所示。有八个圆锥齿轮套在传动长轴 13、14 上。为防止轴过长不便于加工，在两根轴的中间用半齿形联轴器 8 联结起来。为了防止轴由于锥齿的轴向力引起的轴向窜动，各采用了一个圆锥滚子轴承 6 承受其轴向力，传动轴其余支点的轴承均采用调心轴承，以便当轴局部弯曲时能自动调整。圆锥齿轮靠斜键 10 做径向固定，斜键长度为斜

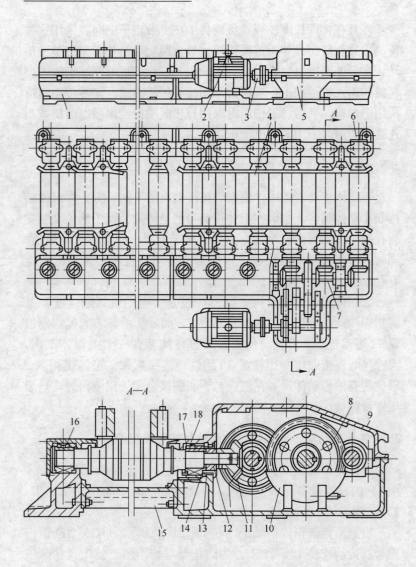

图 14-6　集体传动辊道的大箱体传动结构

1—辊道箱体；2—电动机；3—齿形联轴器；4—空心辊子；5—减速机；6—辊道
底座；7—传动轴；8—大齿轮；9—箱盖；10—油槽；11—圆锥齿轮；12—轴套；
13—定位盖；14—圆锥滚子轴承；15—横梁；16、18—轴承盖；17—调整半环键工作部分长度的两倍，用挡板 11 及螺钉 12 固定斜键 10 的轴向窜动。斜齿尾端面顶在轴承的内套上，内套靠止推键 4 做轴向固定。该结构的特点是：装拆方便和固定效果好。长期工作后，一旦圆锥齿轮移动，可用斜键进行补偿。

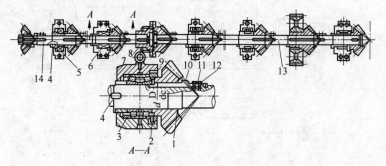

图 14-7　辊道（圆锥齿轮）传动轴装配图

1—圆锥齿轮；2—调整环；3—调整半环；4—止推键；5—球面滚子轴承；
6—圆锥滚子轴承；7—轴承盖；8—半齿形联轴器；9—定位盖；
10—钩头斜键；11—挡板；12—螺钉；13、14—传动长轴

390. 什么是集体传动辊道小箱体传动结构？

在集体传动辊道中，根据辊道传动箱的不同，分为大箱体结构和小箱体结构。所谓小箱体传动箱就是将 1～2 个辊子的传动装置单独地装在一个小的铸造箱内，然后将各箱体安放在铸造或钢板焊接的长底座上。这种小箱体传动箱多使用于辊距较大的集体传动辊道。这样，可节省金属，减轻设备重量。

391. 什么是单独传动辊道？

单独传动辊道就是每个辊子单独由一个电动机传动的辊道，它广泛用在运输长轧件的辊道上。由于每个辊子单独传动，所以其结构和传动系统均比较简单，维护检修也较方便，尤其当某个辊子发生事故时不至于影响生产的进行。图 14-8 为单独传动辊道的装配图。电动机 4 经过减速机 3 带动辊子轴颈上的大齿轮 7

使辊子 2 转动。

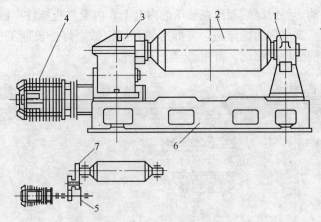

图 14-8 单独传动辊道装配图

1—轴承座；2—辊子；3—减速机；4—电动机；5—甩油环；6—底座；7—大齿轮

单独传动辊道，根据电动机固定方式可分为普通地脚固定式（图 14-9）、法兰盘式（图 14-10）和空心轴端部悬挂式（图 14-11）。

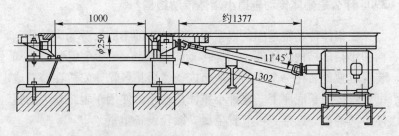

图 14-9 采用普通地脚固定式电动机的单独传动辊道

单独传动辊道有两种传动方式，一种是由电动机直接传动辊子轴（图 14-10、图 14-11）；另一种是在电动机与辊子之间设有减速装置（图 14-8）。

单独传动用电动机，一般为鼠笼式异步电机，还可选用转矩大、耐高温、能频繁启制动工作的 JG_2 辊道专用电机。要求调速范围大时，则采用直流电机。

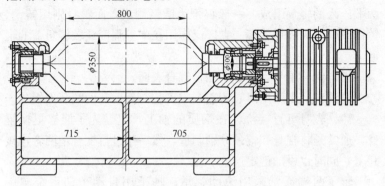

图 14-10 采用法兰盘式电动机的单独传动辊道

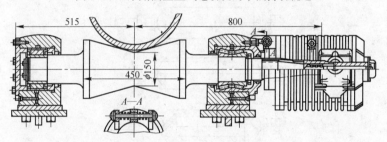

图 14-11 采用空心轴端部悬挂式电动机的单独传动辊道

392. 什么是无动力空转辊道？

无动力空转辊道是由一些无传动动力的空转辊子组成，它在轧件运动方向上与水平成一倾斜角度，于是轧件靠其自重作用沿辊道面移动，这种辊道又称重力辊道。

393. 常用的辊道辊子结构形式有哪些？

辊道辊子常用的结构形式为两种，即实心辊子和空心辊子。

（1）实心辊子（图 14-12a）。它是整个辊子由锻钢或铸钢制成的，由于这种辊子能够承受较大的冲击负荷，所以多用在工作比较沉重的辊道上，但其造价较高。

（2）空心辊子（图 14-12b、c、d、e）。它多由筒形的辊身和两端压入的辊颈组成。一般辊颈为锻钢制成，而辊身则用铸钢、铸铁或厚壁无缝钢管等。它广泛应用在中等程度或较轻负荷的辊道上。

无缝钢管辊身，可不用加工辊身表面。

铸钢辊身多采用离心铸造制成工艺，然后在两端装上辊颈。

铸铁辊身可直接浇注在钢质的轴上，但是为了能够更换辊身，通常是将辊身和辊颈分别制造，然后用过盈配合把两者连接起来，同时也可加键定位。

辊子两端通常采用滚动轴承。轴承用自动干油系统集中润滑。

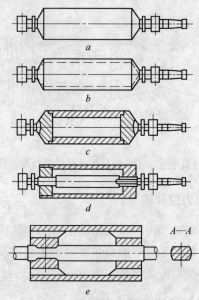

图 14-12　辊道辊子结构

a—实心锻钢辊子；b—具有锻造轴端的空心辊子；
c—具有焊接轴端的空心辊子；d—铸铁辊子；
e—直接浇注在钢轴上的铸铁辊子

394. 常用的辊道辊子辊身形状有哪些?

辊道辊子的辊身形状,主要取决于辊道的用途。圆柱形辊子应用最广(图14-12);阶梯形辊子只用做开坯机的前几个辊子,它们的直径随轧辊孔型深度的不同而不同;花形辊子只用于中厚板轧机的主要工作辊道,能较平稳地运送板坯和有利于氧化铁皮的脱落;一端带凸缘的锥形辊则用于中小型车间齿条式冷床的输入辊道上;双锥形辊子用于运输管坯和钢管(图14-11)最为有利;而翻钢辊道的辊子则按翻钢要求做成特殊形式(图14-13)。

395. 辊道的基本参数有哪些?

辊道的基本参数包括辊子直径 D、辊身长度 L、辊距 t 和辊道速度 v。

396. 如何确定辊道辊子的直径?

辊道辊子直径 D:为了减少辊子重量和飞轮力矩,辊子直径应尽可能地选得小些。辊子最小直径主要受强度条件限制;当需要在辊道上横移轧件时,它还受轴承座和传动机构外形尺寸的限制。一般轧钢机采用的辊子直径列于表14-2。

表14-2　各种轧钢机辊道的辊子直径

辊子直径 /mm	辊 道 用 途
600	装甲钢板轧机和板坯轧机的工作辊道
500	板坯轧机、大型初轧机和厚板轧机的工作辊道
450	初轧机的工作辊道
400	小型初轧机和轨梁轧机的工作辊道,板坯轧机和大型初轧机的运输辊道
350	中板轧机的辊道,初轧机和轨梁轧机的运输辊道
300	中型型钢轧机和薄板轧机的工作辊道和部分运输辊道
250	小型型钢轧机的辊道,中型型钢轧机和薄板轧机的运输辊道
200	小型型钢轧机冷床处的辊道
150	线材轧机的辊道

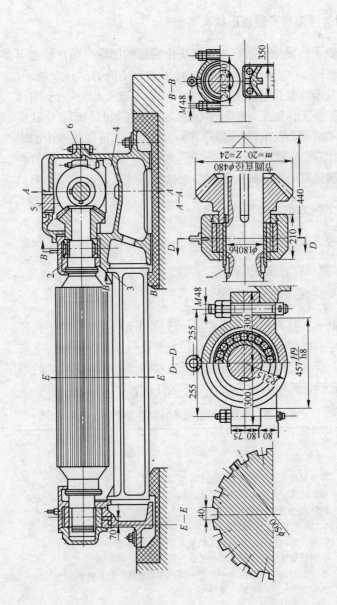

图 14-13 1150 初轧机受料辊道辊子的剖面图

1—异形键；2—剖分套筒上半环；3—带有凸缘的剖分套筒下半环；

4—带有横向隔板的油箱；5—观察孔盖板；6—挡油凸缘

397. 如何确定辊道辊子的辊身长度？

辊道辊子的辊身长度 L，一般根据用途来确定：

（1）主要工作辊道辊子辊身长度 L：对于钢板轧机，一般等于轧辊的辊身长度；对于型钢轧机，一般比轧辊的辊身长度大 $100 \sim 200 \mathrm{mm}$；对于初轧机和一些开坯轧机，要比轧辊辊身长度大一些（为了设置推床导板）。

（2）辅助工作辊道辊子辊身长度 L：对于型钢轧机，要比轧辊辊身长度短。

（3）运输辊道辊子的辊身长度 L：它决定于运输轧件的宽度 b，并留有适当的余量 Δ，即

$$L = b + \Delta$$

式中，b 应取最大值 $b_{\max}$。若同时运送几根轧件，则应 $b_{总} = n b_{\max}$。Δ 可根据运输的轧件种类确定，对于窄轧件 $\Delta = 150 \sim 200 \mathrm{mm}$；对于宽轧件，$\Delta = 250 \sim 300 \mathrm{mm}$；在出炉辊道上，$\Delta = 300 \sim 500 \mathrm{mm}$。

398. 如何确定辊道的辊距？

辊距 t 取决于轧件的长度和厚度。运输短轧件时，辊距不能大于短轧件长度的一半，以便轧件至少同时有两个辊子支承，如运输钢锭时，辊距不能大于钢锭重心到"大头"端面的距离（图 14-14），否则轧件会撞击辊子或在辊道盖板上顶住打滑。

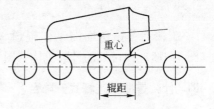

图 14-14 运输钢锭时辊道的辊距

运输长轧件时，为了避免热轧件因自重产生附加弯曲，辊距不宜太大。运输容易弯曲的轧件时，可在传动辊子中间增设空转辊。

辊距 t 一般取值为：

$1.2 \sim 1.6 \mathrm{m}$（大型轧机）

0.9~1.0m（中板轧机）

0.5~0.7m（薄板轧机）

399. 如何确定辊道速度？

辊道速度 v 一般根据辊道用途确定。工作辊道的速度通常根据轧制速度选取，机后工作辊道速度应选得比轧制速度大 5%~10%。对于冲击负荷较大的炉前辊道，应选较低速度，一般取 1.2~1.5m/s。炉后辊道和轧机前输入辊道的速度应取得大些，一般取 1.5~2.5m/s。机后运输辊道一般比轧制速度大 5%~10%。

400. 升降台的作用是什么？

升降台一般装设在二辊叠轧薄板轧机、三辊型钢轧机和三辊钢板轧机的前后，用来升降和运输轧件。

例如，在三辊式轧机上，机后升降台用来接收从中、下辊轧出来的轧件，并将轧件抬高送入中、上辊轧制。机前升降台用来接受中、上辊轧出来的轧件，并使其下降后再送入中、下辊轧制。当然，也有的车间三辊式轧机只设机后升降台和机前翻钢板，还有的三辊式轧机设机后双层辊道和机前翻钢板，而不设升降台。

升降台是由台面的工作辊道（叠轧板升降台台面是链条）（图 14-15）和台架的升降机构（图 14-16）两部分组成。

401. 什么是曲柄连杆式升降台？

图 14-16 为曲柄连杆式升降台简图。图 14-17 为 650 轧机的重锤平衡的曲柄连杆式升降台结构图。

升降台台面辊道采用集体传动，电动机和减速机都设置在升降台台架上。由于电动机设置在升降台摆动点处，因此有利于减轻升降台的摆动负荷，升降机构采用曲柄连杆机构并采用重锤平衡。由一台交流电动机通过两级圆柱齿轮减速机减速，带动输出

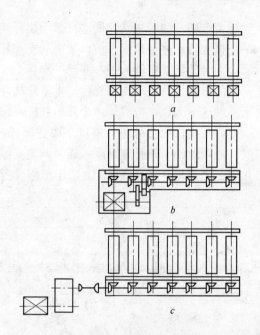

图 14-15 升降台台面辊道传动示意图

a—单独传动；b—电机置于台架上的集体传动；

c—电机置于基础上的集体传动

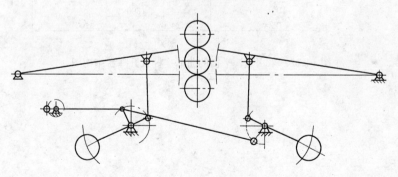

图 14-16 曲柄连杆式升降台简图

轴上的曲柄。连杆两端分别与曲柄（曲轴）和铰接在主轴上的摇

杆相铰接。平衡杆固接在主轴上，其一端为重锤，另一端与支撑

杆相铰接,支托着台架。曲轴每转一周连杆带动摇杆使主轴转动一个角度,平衡杆也转动一个角度,使台架下的支撑杆做近于垂直的升降运动,则台架以支座轴为中心摆动一次。

平衡杆一端的重锤与另一端支承着台架重量与轧件重量的支撑杆,相对于主轴这个支点,构成了一个简单杠杆系统。

通过改换连杆与摇杆固接处垫片厚度来改变摇杆摇动半径,改变摆动幅度,进而达到调整升降高度;通过调整支撑杆与平衡杆固接处垫片厚度来调整升降台台面的上、下极限位置。

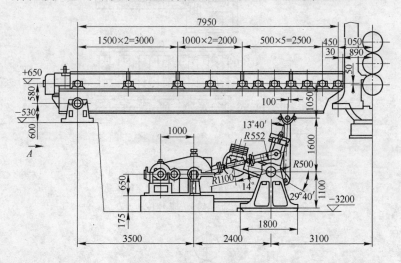

图 14-17 采用重锤平衡的曲柄连杆式升降台结构图

参 考 文 献

1　周建男. 钢铁生产工艺装备新技术. 北京：冶金工业出版社. 2004

2　国家冶金工业局. 指标解释. 北京：冶金工业出版社. 1999

3　杨宗毅. 实用轧钢技术手册. 北京：冶金工业出版社. 1995

4　刘战英. 轧钢. 北京：冶金工业出版社. 1995

5　高速轧机线材生产编写组. 高速轧机线材生产. 北京：冶金工业出版社. 1995

6　邹家祥. 轧钢机械. 北京：冶金工业出版社. 2004

7　国家冶金工业局. 指标解释. 北京：冶金工业出版社. 2003

8　金兹伯格 V B. 高精度板带材轧制理论与实践. 北京：冶金工业出版社. 2002

9　梁爱生. 钢铁生产新技术. 北京：冶金工业出版社. 1993

10　李茂基. 轧钢机械. 北京：冶金工业出版社. 1998

11　钟庭珍等. 短应力线轧机的理论与实践. 北京：冶金工业出版社. 1999

12　刘文等. 轧钢生产基础知识问答. 北京：冶金工业出版社. 1994

13　文庆明. 轧钢机械. 北京：化学工业出版社. 2004

14　黄华清. 轧钢机械. 北京：冶金工业出版社. 1980

15　刘宝珩. 轧钢机械设备. 北京：冶金工业出版社. 1984

16　中国机械工程学会摩擦学学会. 润滑工程编写组. 润滑工程. 北京：机械工业出版社. 1986

17　周建男等. 轧钢机械滚动轴承. 北京：冶金工业出版社. 2001

18　西北工大机械原理及零件教研组. 机械设计. 北京：人民教育出版社. 1979

19　袁建路等. 轧钢设备维护与检修. 北京：冶金工业出版社. 2006

20　周建男. 1200 冷轧机的刚度设计研究. 抚钢科技，1997(29)

21　周建男. 提高轧钢机人字齿轮寿命的实践. 重型机械. 1994(5)

22　周建男. 850 初轧机主电机轴轴向串动原因分析及对策. 辽宁冶金，1992(4)

23　冶金工业部统编. 中型钢材精整工艺. 北京：冶金工业部内部培训教材. 1985

24　崔甫. 矫直原理与矫直机械. 北京：冶金工业出版社. 2005

25　周国盈. 带钢卷曲设备. 北京：冶金工业出版社. 1992

26　周建男. 预应力轧钢机刚度的研究. 抚钢科技，2000(31)

27　周建男. 高精度扁钢生产线粗轧机的选型. 特殊钢，1999(4)

28　周建男. 抚钢引进 WF5—40 方扁钢专用轧机. 特殊钢，2002(1)

29　陈长征，周建男. 轧钢机力能参数神经网络预测. 重型机械，2000(4)

30　周建男. 中级压齿轮润滑油的应用. 冶金设备，1988(6)

31　周建男等. 提高 771/630 轴承使用寿命的措施. 冶金设备管理与维修，1984(4)

32 周建男. 大型四列圆锥滚子轴承最佳游隙值的确定. 轴承, 1987(3)

33 周建男. 关于771/630轴承游隙不等配制的试验原理分析. 合金钢, 1986(18)

34 论文集编辑组. 21世纪前叶冶金装备发展及对策讨论会论文集. 北京: 冶金工业出版社. 1998

35 周建男. 高精度扁钢轧制工艺技术及装备. 冶金设备, 2003(6)

36 Hans Gedin et al. Application of Short Stress Path Stands in Elifferent Types of Rolling Mills, Iron and Steel Engineer, 1974, 10

冶金工业出版社部分图书推荐

书　名	定价（元）
冶金职业技能培训丛书	
热轧带钢生产知识问答（第2版）	35.00
冷轧带钢生产问答（第2版）	45.00
高炉生产知识问答（第2版）	35.00
高炉热风炉操作与煤气知识问答	29.00
转炉炼钢问答	29.00
电炉炼钢500问（第2版）	20.00
球团矿生产知识问答	19.00
金银生产与应用知识问答	22.00
高速轧机线材生产知识问答	33.00
二十辊轧机及高精度冷轧钢带生产	69.00
型钢生产知识问答	29.00
中国冷轧板带大全	138.00
轧机轴承与轧辊寿命研究及应用	39.00
英汉金属塑性加工词典	68.00
高精度板带材轧制理论与实践	70.00
板带轧制工艺学	79.00
中国热轧宽带钢轧机及生产技术	75.00
轧钢生产实用技术	26.00
轧钢生产新技术600问	62.00
高精度轧制技术	40.00
中厚板生产	29.00
中型型钢生产	28.00
高速线材生产	39.00
矫直原理与矫直机械（第2版）	42.00
高速轧机线材生产	75.00
小型连轧机的工艺与电气控制	49.00
轧机传动交流调速机电振动控制	29.00
小型型钢连轧生产工艺与设备	75.00
高技术铁路与钢轨	36.00
液压传动技术	20.00
液压润滑系统的清洁度控制	16.00
冷轧薄钢板生产（第2版）	69.00